新・生命科学シリーズ

植物の生態
―生理機能を中心に―

寺島一郎／著

太田次郎・赤坂甲治・浅島　誠・長田敏行／編集

改訂版

裳華房

Plant Physiological Ecology

revised edition

by

Ichiro TERASHIMA

SHOKABO

TOKYO

「新・生命科学シリーズ」刊行趣旨

　本シリーズは，目覚しい勢いで進歩している生命科学を，幅広い読者を対象に平易に解説することを目的として刊行する．

　現代社会では，生命科学は，理学・医学・薬学のみならず，工学・農学・産業技術分野など，さまざまな領域で重要な位置を占めている．また，生命倫理・環境保全の観点からも生命科学の基礎知識は不可欠である．しかし，奔流のように押し寄せる生命科学の膨大な情報のすべてを理解することは，研究者にとっても，ほとんど不可能である．

　本シリーズの各巻は，幅広い生命科学を，従来の枠組みにとらわれず，新しい視点で切り取り，基礎から解説している．内容にストーリー性をもたせ，生命科学全体の中の位置づけを明確に示し，さらには，最先端の研究への道筋を照らし出し，将来の展望を提供することを目標としている．本シリーズの各巻はそれぞれまとまっているが，単に独立しているのではなく，互いに有機的なネットワークを形成し，全体として生命科学全集を構成するように企画されている．本シリーズは，探究心旺盛な初学者および進路を模索する若い研究者や他分野の研究者にとって有益な道標となると思われる．

新・生命科学シリーズ
編集委員会

改訂版まえがき

　生態学の発展はとどまるところを知らない．地球環境や生物多様性などさまざまな課題に多くの研究者が挑み，分子生物学や情報科学を駆使した成果があげられている．研究前線に立とうとする学生や大学院生は，他にも多くを学ばなければならないが，是非，生態系機能の基礎となる一次生産者「植物」の生理生態も学んでほしい．こう願って，2013 年に植物生理生態学の基本的な教科書として本書初版を上梓した．このたび改訂の機会を得たので，気になっていた箇所を修正するとともに，基本的な記述を充実する方針で改訂した．植物生態学，植物生理学，植物分子生物学を学ぼうとする学生に，より一層役立つ本になったと思う．

　本書では，植物生理生態学の基本を丁寧に解説した．物理や化学の知識を必要とする箇所では正面突破を試み，難しい題材からも逃げずに言葉を尽くして説明した．このため，発展的な内容を「補遺」（裳華房のウェブサイト https://www.shokabo.co.jp/mybooks/ISBN978-4-7853-5877-8.htm からダウンロードできる）に移したにも関わらず，ずいぶん厚い本になった．しかし，本書を通読すれば，各分野の専門書を読む力がつくと思う．生命現象の理解を「おはなし」のレベルにとどめてはいけない．ましてや，植物の生理生態学は定量的な学問である．本書を読む際には，対象の大きさ，時間スケール，あるいは生命現象の裏にある物理学や化学の法則に思いを馳せていただきたい．その助けになるように本文や補遺には練習問題を設けた．是非，自身で解いてみてほしい．

　昨今，日本の科学研究に勢いがないと言われる．その原因の大部分は研究費を含む研究環境の劣化にある．しかし，研究者自身の姿勢も変化してきたように思う．急いで成果をあげようと付け焼き刃で焦るのではなく，基礎研究にじっくりと取り組んでほしい．本書では，日本で行われた独自性の高い研究を随所で紹介した．日本にもこのような研究を醸成する環境が存在して

いたし，じっくりと研究を展開する研究者がいた．これからもそうでなければならない．

　本シリーズの編集委員である長田敏行教授にすすめられて初版の執筆に取りかかったのは 2008 年だった．以来，先生は初稿と二稿を綿密に査読され，根本的なご意見をくださった．原稿段階あるいは初版出版後，池田 博，大條弘貴，岡島有規，小口理一，小野田雄介，河野 優，熊谷朝臣，後藤栄治，西郷 孝，坂本敏夫，佐藤長緒，佐藤 豊，曽根恒星，園池公毅，田副雄士，谷口光隆，種子田春彦，野口 航，蜂谷卓士，藤田貴志，舟山（野口）幸子，矢守 航，由良 浩，吉田啓亮（五十音順）の各氏からは，貴重なご意見をいただいた．この中には，原図を提供してくださった方もある．また，大橋一晴，木下晃彦，佐藤 豊，高木慎吾，田副雄士，長嶋寿江，福原達人，矢野覚士氏（五十音順），H. Lambers, R. Sage, M. W. Shane（アルファベット順）各氏には，写真掲載をご快諾いただいた．裳華房編集部の野田昌宏氏は，初版に続いて今回も綿密な編集作業をすすめてくださった．みなさまのお名前をここに記し，厚くお礼を申し上げる．恩師，佐伯敏郎教授と原 襄教授，上司であった加藤 栄教授，及川武久教授のご指導にも深く感謝したい．

　紙数の都合で本書の文献リストは完全ではないが，本書に根拠のない記述はないつもりである．「この部分の記述はどういう根拠に基づくのか？」という質問があれば必ず回答する．その他，本書の内容に関する質問や誤りのご指摘なども歓迎する．電子メールで連絡していただきたい（terashimaichiro6@gmail.com）．重要な質問とそれらへの回答，および誤植などの正誤表は，裳華房のウェブサイト（https://www.shokabo.co.jp/mybooks/ISBN978-4-7853-5877-8.htm）に掲載する．

2024 年 9 月

寺島 一郎

目　次

■ 1 章　はじめに：生態学とはどういう学問なのだろうか　1
- 1.1　生態学という言葉　1
- 1.2　生態学の定義　1
- 1.3　生態学の歴史　2

■ 2 章　生物の環境適応　7
- 2.1　環境とニッチ　7
- 2.2　環境への適応のメカニズム　9
  - 2.2.1　適応度　9
  - 2.2.2　遺伝的変異と自然選択　9
  - 2.2.3　進化　12
  - 2.2.4　適応による進化の限界　13
  - 2.2.5　適応と順化　14
  - 2.2.6　育種　14
- 2.3　トレードオフ　17
- 2.4　「種の存続のため」という考え方は正しくない　20

■ 3 章　陸上植物の進化　22
- 3.1　陸上植物の誕生　22
- 3.2　陸上は乾燥している　24
  - 3.2.1　陸上の乾燥　24
  - 3.2.2　クチクラ　24
  - 3.2.3　気孔　25
  - 3.2.4　世代交代　27
  - 3.2.5　菌類　27
- 3.3　陸上植物の体制の進化　28

■ 4 章　植物の特徴：個体，細胞，組織と器官　29
- 4.1　植物の個体　29
  - 4.1.1　分節構造（くり返し構造）　29
  - 4.1.2　クローナル植物　30
- 4.2　植物の細胞　32
  - 4.2.1　細胞壁　32
  - 4.2.2　色素体　34
  - 4.2.3　液胞　34
  - 4.2.4　細胞分裂と原形質連絡　34
  - 4.2.5　アポプラストとシンプラスト　34
  - 4.2.6　外骨格型と風船型の形態保持　40
  - 4.2.7　分裂組織　41
- 4.3　組織と組織系　42
- 4.4　器官　44
  - 4.4.1　葉　44
  - 4.4.2　根　46
  - 4.4.3　茎　49

■ 5 章　植物と水　52

- 5.1　化学ポテンシャルと水ポテンシャル　52
- 5.2　気相の水ポテンシャル　56
- 5.3　植物体全体の水の流れ SPAC　57
  - 5.3.1　蒸散　57
  - 5.3.2　蒸散中の葉は道管・仮道管内の水を引っ張る　63
  - 5.3.3　100 m 水をもちあげるメカニズム　64
  - 5.3.4　土壌から植物への水の流れ　67
- 5.4　植物体の通水コンダクタンス，水分状態の日変化　71

■ 6 章　植物の光環境と光吸収　75

- 6.1　太陽光　75
  - 6.1.1　太陽光の波長組成　75
  - 6.1.2　太陽光のエネルギー総量　79
- 6.2　反射率と射出率　81
- 6.3　植物による光吸収　83
  - 6.3.1　クロロフィルによる光の吸収　83
  - 6.3.2　葉緑体の光吸収　85
  - 6.3.3　葉の光吸収　85
  - 6.3.4　葉群の光吸収，葉群内部の葉の光吸収　89
- 6.4　植物の光環境応答　93
  - 6.4.1　フィトクロム　93
  - 6.4.2　フォトトロピン　96
  - 6.4.3　クリプトクロム　97

■ 7 章　光合成のあらまし　99

- 7.1　光合成の場　99
- 7.2　光合成のあらまし　100
  - 7.2.1　光合成色素による光の吸収　101
  - 7.2.2　励起エネルギーの移動と電荷分離　103
  - 7.2.3　電子伝達，それに伴う H^+ の移動，NADPH と ATP の合成　103
  - 7.2.4　還元的ペントースリン酸回路　109
  - 7.2.5　光呼吸　112
- 7.3　C4 と CAM　116
  - 7.3.1　C4 と CAM の代謝系　116
  - 7.3.2　C4 の進化　120
- 7.4　光合成とその効率　121
- 7.5　ファーカー（G. D. Farquhar）の光合成モデル　124

■ 8章　光合成の生理生態学　131

- 8.1　気孔コンダクタンス，葉肉コンダクタンス　131
  - 8.1.1　気孔コンダクタンス　131
  - 8.1.2　葉肉コンダクタンス　139
- 8.2　葉の光合成の環境依存性および可塑性　140
  - 8.2.1　光　140
  - 8.2.2　CO_2 濃度依存性　142
  - 8.2.3　窒素栄養　144
  - 8.2.4　水分　146
  - 8.2.5　温度　147
  - 8.2.6　温度と光　148
  - 8.2.7　ルビスコの性質と環境依存性　148
- 8.3　光阻害とその回避，修復　153
  - 8.3.1　受光量の調節　153
  - 8.3.2　励起エネルギーの熱散逸　155
  - 8.3.3　D1タンパク質の損傷と修復　157
- 8.4　個葉の光合成　159
- 8.5　葉群の光合成　162

■ 9章　呼吸と転流　168

- 9.1　呼吸　168
  - 9.1.1　呼吸の代謝　168
  - 9.1.2　構成呼吸と維持呼吸　175
- 9.2　転流　185

■ 10章　無機栄養の獲得　189

- 10.1　栄養塩吸収の場　189
- 10.2　栄養塩吸収の基礎　190
- 10.3　N　192
  - 10.3.1　土壌中のN　192
  - 10.3.2　NO_3^- の吸収とシグナルとしての NO_3^-　195
  - 10.3.3　NH_4^+　195
- 10.4　P　196
- 10.5　Fe　199
- 10.6　Al　200
- 10.7　Si　201
- 10.8　重金属耐性植物　201
- 10.9　菌根　201
- 10.10　窒素固定　204

■ 11 章　成長と分配　208

- 11.1　成長解析　208
- 11.2　成長と窒素利用効率　210
- 11.3　物質再生産過程　211
- 11.4　地上部と地下部の比率　213
- 11.5　繁殖器官への分配　217
  - 11.5.1　包括的モデル　217
  - 11.5.2　最適切換え　221
  - 11.5.3　多年生草本や木本のように毎年種子をつくる場合の生涯の繁殖量　221
  - 11.5.4　二年生草本の繁殖戦略　222
- 11.6　樹木の成長解析　223
  - 11.6.1　パイプモデル　223
  - 11.6.2　枝の自律性　224

■ 12 章　陸域生態系の生態学　227

- 12.1　世界の陸上生態系　227
  - 12.1.1　大気の大循環と気候帯の成立　227
  - 12.1.2　大気の循環と気候　227
  - 12.1.3　土壌　230
  - 12.1.4　陸域の生態系　233
- 12.2　純一次生産　240
  - 12.2.1　純一次生産　241
  - 12.2.2　生態系の一次生産量の推定　243
  - 12.2.3　渦相関法とリモートセンシング　245
- 12.3　世界の植生の一次生産　247
- 12.4　遷移　254
- 12.5　地球環境変化　257

参考文献・引用文献　264
索引　272

コラム 1.1	自然保護の先駆者：三好 学と南方熊楠	6
コラム 2.1	スケトウダラの卵数がもつ意味	10
コラム 2.2	ダーウィンの自然選択説	11
コラム 2.3	水平伝播（horizontal gene transfer）について	12
コラム 2.4	How 疑問と Why 疑問	21
4 章 BOX	化学ポテンシャル	37
コラム 4.1	樹木を補強する「あて材」	51
コラム 5.1	洗濯物を早く乾かすには	63
コラム 6.1	$r \cdot K$ 戦略と CSR 戦略	97
コラム 7.1	ルビスコ：地球上でもっとも多いタンパク質	110
7 章 BOX	葉のガス交換速度の測定	122
コラム 9.1	酸素安定同位体法によるシアン耐性呼吸経路の活性測定	173
コラム 10.1	枯渇しつつあるリン資源	197
コラム 11.1	根分法（split root technique）と接ぎ木（grafting）	217
コラム 11.2	花成のメカニズム	222
コラム 12.1	空気の断熱膨張とフェーン（Föhn, Foehn）現象	229
コラム 12.2	草，常緑樹と落葉樹，雨緑樹と夏緑樹，葉の寿命	238
コラム 12.3	IBP における光合成生産力の測定	246
コラム 12.4	水圏の生産	252

補遺（PDF ファイル）などは下のウェブサイトからダウンロードできる．
https://www.shokabo.co.jp/mybooks/ISBN978-4-7853-5877-8.htm

1章 はじめに
: 生態学とはどういう学問なのだろうか

　まず，生態学という言葉が用いられるようになった経緯を述べる．次に，過去のすぐれた教科書や辞典による生態学の定義や生態学の歴史に基づいて，生態学の対象について考える．生態学に関連する現在の状況を把握した上で，次章以降を読み進めてほしい．

1.1 生態学という言葉

　生態学は古い用語ではない．1866 年に「個体発生は系統発生をくり返す」という言葉で有名な**ヘッケル**（E. Haeckel）が，『一般生物形態学』で用いた Ökologie（ドイツ語，英語は ecology）がその起源で，ギリシア語の oîkos（家，棲むこと）＋ logos（言葉，学問）からの造語である．なお，経済（economy）や経済学（economics）は，oîkos ＋ nomia（管理）という語源をもっている．

　ヘッケルは，**ダーウィン**（C. Darwin）が『種の起源』（1859）で示した自然界の経済学（economy of nature）という観点を重要視して，生態学を「生物とそれをとりまく外界との関係についての総合学問，自然界の経済学に関する知識の集大成」と定義している．経済学と生態学が同じ語源をもつことになったのはこのためである．また，ここでいう外界は環境に等しい．昨今，環境に優しいという意味で「エコ」という言葉が用いられるが，ecology には「環境に優しい学問」という意味はない．

　なお，生態学は，植物生理学者の三好 学が，当初ドイツ語 Biologie の訳語として用い（1895），Ökologie の訳語に転用したものである（三好 学については，章末のコラム 1.1 も参照のこと）．

1.2 生態学の定義

　生態学はどのような学問であろうか．生態学を特徴づけるキーワード

の1つは**環境**であり，ヘッケルが「外界」と呼んだものに相当する．環境（environment）とは，ある主体をとりまくすべてのものをさす．生物の環境といえば，生物をとりまくものすべてである．環境は生物の形態や機能に影響を及ぼす．これを**作用**と呼ぶ．たとえば光の量は葉の機能である光合成の速度を規定する．逆に，生物も環境に影響を及ぼす（**反作用**，あるいは**環境形成作用**と呼ぶ）．このような生物と環境の相互作用を研究する学問が生態学である．なお，環境という言葉自体にとりまくという意味があるので，「生物をとりまく環境」というと二重表現になる．「生物の環境」が正しい．

　同種の個体の集団を個体群（population），複数の生物種からなる集団を群集（community, 植物の場合には群落ともいう）と呼ぶ．生物学の各分野が，対象を分析的（還元的）によりミクロなレベルで理解しようとするのに対し，生態学はその対象として個体以上のレベル，すなわち**個体群や群集レベルの現象**も取り扱う．最近では，分子レベルから生態系レベルに至るさまざまなレベルの問題を通して研究する**スケーリング**も盛んになってきた．また，生態学には**自然誌**（natural history）[*1-1]としての役割もある．DNAバーコーディングや遺伝子進化理論の発展による系統分類学の推進を基礎として，近年，生物の分子データを利用した生態学（エコゲノミクス）が興隆している（生態学の定義については，1章補遺1S.1を参照のこと．補遺はhttps://www.shokabo.co.jp/mybooks/ISBN978-4-7853-5877-8.htm からダウンロードできる）．

1.3　生態学の歴史

　表1.1に，植物生態学および生理生態学の視点から生態学史をまとめた（出典は補遺を参照のこと）．フンボルト（A. von Humboldt）は，世界各地の植物群落を見た目（相観，physiognomy）によって森林，低木林，疎林，草原

---

*1-1　historyという語は本来，調査する，あるいは記述するという意味をもつ．歴を記述するのが歴史である．自然史というと歴史というイメージがぬぐいがたく，化石などを扱う古生物学と誤解もされるので，ここでは自然誌を使った．

1.3 生態学の歴史

表 1.1 植物生態学・生理生態学の視点にたった生態学略史

年	人物	内容
1805	A. von Humboldt（独）	南米探検の経験から相観に基づく植物地理学を提唱.
1859	C. Darwin（英）	『種の起源』を著す（コラム2.2参照）.
1866	E. Haeckel（独）	生態学を造語.
1884	G. Haberlandt（独）	『植物生理解剖学』を著す.
1907	C.C. Raunkiær（デ）	生活形の分類によって植物地理学の生理学的基礎を築く.
1916	E. Clements（米）	植物群落の遷移を体系化した『植物の遷移』刊行（12.4節参照）.
1925	H. Lundegårdh（スウェーデン）	『気候と土壌』を著し植物実験生態学を提唱.
1927	C.S. Elton（英）	食物連鎖，ニッチ，個体群動態などの内容をもつ『動物生態学』を著す.
1927	P. Boysen Jensen（デ）	『植物の物質生産』を著す.
1928	J. Braun-Blanquet（スイス）	植物群落の分類に関する『植物社会学』を著す.
1935	A.G. Tansley（英）	生態系を提唱.
1942	R.L. Lindeman（米）	栄養段階のエネルギー論，累進効率（12.2節参照）.
1953	門司正三と佐伯敏郎	植物群落内の光環境に注目した物質生産の研究の創始（6.3節参照）.
1953	E.P. Odum（米）	『生態学の基礎』による生態系生態学の提唱.
1968	木村資生	『分子進化の中立説』を著す.
1967	R.H. MacArthurとE.O. Wilson（米）	『島の生態学』で，r-, K-戦略を提唱（コラム6.1参照）.
1970	大野 乾	『遺伝子重複による進化』を著す.
1974	D. Müller-DomboisとH. Ellenberg（独）	『植生生態学の目的と方法』を著す.
1976	吉良龍夫	『陸上生態学－概論』森林の物質生産生態学を主導（12章参照）.
1975	W. Larcher（オーストリア）	『植物生態生理学』を著し，個体生理学に基づく生態学を展開.
1977	J.L. Harper（英）	『植物個体群生態学』を著す.
1979	J.P. Grime（英）	『植物の戦略と植生プロセス（第2版）』(2001年) を著し，3つの生存戦略を提唱（コラム6.1参照）.
1982	D. Tilman（米）	『資源をめぐる競争と群集構造』を著し，多様な植物の共存を議論（12.4節参照）.
1987	根井正利	『分子進化遺伝学』を著す.
2003	P.D.N. Hebert（カナダ）	『DNAバーコーディングによる生物の同定』を著し，分子データを利用したエコゲノミクスの基礎を築く.

原典については，1章 補遺（1S.1節）を参照のこと.

などに区分して記載した．進化論で有名なダーウィンは，近代生態学の祖でもある．ダーウィンの『種の起源』は，『自然誌』（1749から刊行）を著したビュフォン（G. L. L. Buffon）らに代表される**自然誌**，『人口論』（1798）を著したマルサス（T. R. Malthus）らの集団生物学，それに『コスモス』（1845から刊行）を著したフンボルトらの**生物地理学**などが統合されたものとして捉えることができる．

　植物の生態学としては，フンボルトらに続いて植物群落の記載や分類が行われた．ラウンキエは，越冬芽の位置をもとに植物の**生活形**（life form）を分類し，植物の形態の環境適応を研究した．これがのちの機能型分類のもとになっている．やがて，**植物群落の分類**を目的とする植物社会学が大陸ヨーロッパで展開した（たとえば，ブラウン・ブランケ（ブロン・ブランケとも）に代表されるチューリヒ-モンペリエ（Zürich-Montpellier）学派）．これに伴い，植物群集の成立要因の生理学的な研究もすすめられた（ミューラー・ドンボアとエレンベルク）．**クレメンツ**は植物群集をあたかも1個の有機体であるように捉え，**植生の遷移**を有機体の一生に見立てた．**タンズレー**はこれに異を唱え，群落の個々の構成種，環境要因，それらの相互作用などの総体を**生態系**（ecosystem）と呼んだ．これが，生態系における物資やエネルギーの流れを研究する**生態系生態学**（**オダム**ら）の基礎となっている[*1-2]．個々の構成種のふるまいや環境要因を解析的に研究し，システム全体の成立基盤を探るような研究もなされてきた．個々の種を解析するのが不可能な場合には，常緑広葉樹，落葉広葉樹，針葉樹，多年生双子葉草本，多年生イネ科型草本，一年生双子葉草本，一年生イネ科型草本などのように，**機能型**（functional type）別に研究するのが一般である．光合成のタイプ（C3, C4など）によって機能型を分ける場合も多い．

　個体群動態の解析に基づいて多くの植物種の**適応戦略**が研究された（ハー

＊1-2　タンズレーの「生態系」の提唱から，湖沼生態系における栄養段階間のエネルギーの流れを明らかにしたリンデマンの研究（12章参照）などを経て，生態系生態学が隆盛に至るまでには約20年を要した．

パーら).4章に述べるように,植物個体は,根,茎,葉という3種類の器官のつくるくり返し構造によって成立している.個体群動態の研究手法は個体内のこれらの**器官（モジュール）**の動態解析にも適用できる.

1965年に開始された国際生物学事業計画（IBP：International Biological Program）では，植物生産の基礎を明らかにすべく，生物群集の生産力が測定されるとともに，その基礎となる生理生態学的な研究も行われた．門司正三や吉良龍夫らの**物質生産**研究は世界をリードした．なお，門司らの物質生産生態学の源流は，ボイセンイェンセンの一連の研究や著書である．

個体生理学に基づく個体レベルの生態学は，とくに**個生態学**（autecology）と呼ばれる．個生態学は，まず，ドイツをはじめとするヨーロッパ諸国で展開した．植物生理学者ペッファー（W. Pfeffer）は，生態学を「**野外の生理学**」と位置づけた．ルンデゴルドは**実験生態学**を提唱した．個体を対象とする個生態学，生理生態学は，農学や林学においても重要である．生理学，生化学，分子生物学の手法や知見を取り入れ，生理生態学の進化は続いている．フィールドにおける分子生物学・分子生理学から生態系レベルの機能解析に至る，異なるレベルの研究を有機的に結びつける**スケーリング**も，生理生態学の大きな柱となっている．

エベール（P.D.N. Hebert）らが推進したDNAバーコーディングによる系統進化学の推進を端緒として，DNAの配列データを利用した生態学，エコゲノミクスが興隆している．その基礎には木村資生，大野 乾らの分子進化理論や根井正利らの統計的手法の開発がある．

これまでの微生物を対象とした研究では，まず寒天培地上で単離株を得るというのが王道であった．ところが寒天は酸性では固まらないので，酸性環境の微生物の多くが未知のままだった．土壌や水の環境サンプルから直接回収されたゲノムDNAを解析するメタゲノミクスによって，土壌や水界の微生物生態学研究が一気に加速している．

大気中のCO_2などの温室効果ガス濃度の急激な上昇による温暖化など，地球環境の変化が社会的にも大きな問題になっている．

コラム 1.1
自然保護の先駆者：三好 学と南方熊楠

　三好 学（1862-1939）は，東京大学を卒業後，ドイツ・ライプチヒ大学のペッファー（W. Pfeffer）の研究室で植物生理学を学び，1885年に帰国と同時に東京大学理学部教授となり，講座名を植物生理学及生態学講座とした．これが日本における生態学のはじまりである．東京大学の植物園長もつとめ，1919年に施行された史蹟名勝天然紀念物保存法（当時は記ではなく紀を用いた）の策定にも努力した自然保護の先駆者である．桜博士の異名をもつほどで，自身も全国の桜やその他の名木を天然紀念物に指定した．しかし，この法律による自然保護は「点」の保護である．国立公園などによる「面」の保護は，1936年の日光国立公園の指定まで待たねばならない．

　菌類や変形菌（粘菌）などの生物学や民俗学を在野で研究した南方熊楠（1867-1941）は，1912年に明治政府の行った神社合祀（多くの神社の神々を合わせ祀ること）に強く反対した．神社の森には本来の森林の姿をとどめているものが多いので，神社統合による森の破壊が許せなかったのである．また，昭和天皇の神島（和歌山県田辺市の無人島）行幸に際して，神島に道を切り拓くことにも反対した．柳田国男宛の書簡には，神島について，「実に世界に奇特希有のもの多く，昨今各国競うて研究発表する植物棲態学 ecology を，熊野で見るべき非常の好模範島……」と述べている（鶴見和子，1981）．魚つき林としての森林の機能にも気づいていた．このように，熊楠は「面」の保護の先駆者と言えよう．「棲態学」という訳語にも注目したい．語源にも忠実であり，生物の棲息様態に関する学問という感じがよく出ている．

　わが国では古くより，森林資源は過剰に利用される傾向にあり，森林保護令がたびたび出された．最初のものは飛鳥時代の天武天皇（676）によるものであるという（太田猛彦，2012）．

2章 生物の環境適応

　生物がその生育環境によく合った形態や機能をもつ状態にあることを，環境に適応しているという．この章では，生物が自然選択によって環境に適応するメカニズムを解説する．環境適応のメカニズムを理解することは，生態学のみならず，生物学を学び研究する上でもっとも重要なことの1つである．適応と馴化の違い，自然選択と育種の類似点と相違点，自然選択の限界などについても，例をあげながら述べよう．

2.1　環境とニッチ

　生物の環境（environment）を形成する要因は多様である．生態学では，これらを非生物的要因と生物的要因とに分ける．非生物的要因を，さらに物理要因と化学要因や，気候的要因と地質的・土壌的要因に分けることもある（表2.1）．生物個体が他の生物の影響を受けずに単独で存在することはほとんどないので，生物的要因は重要である．たとえば，多くの植物は光，水，栄養塩などをめぐって他の植物個体と競争している．また，植物体内外に菌類や細菌類が多数存在する．菌類や細菌類と共生する植物も多い．
　ダーウィンは生物の生育する**時空間的な**「**場**」を place という言葉で表現している．この「場」を，鳥類学者グリンネル（J. Grinnel）は**ニッチ**

表2.1　さまざまな環境要因

非生物的（無機的）環境要因
・気候的要因：光，温度，水，大気組成（湿度，CO_2濃度など），火事
・土壌的要因：地形，地質，土壌（地温，水分，無機栄養，pH，通気性など）
生物的（有機的）環境要因
・種内関係：資源をめぐる競争，異性関係，同性関係，血縁関係など
・種間関係：資源をめぐる競争，病原菌，被食・捕食関係，共生，寄生など

（黒岩澄雄，1993，および松本忠夫，1993を改変）

(niche，生態学的地位ともいう）と呼んだ（1917）．ニッチの原意は，洞窟や回廊の壁にあるロウソクなどを置くくぼみ（竈）のことである．エルトンは食物網のなかに動物のニッチを位置づけた（1927）．ハッチンソン（G. E. Hutchinson, 1957）は，**多次元空間**を用いてニッチを表現した（図2.1）．たとえば，植物種AとBがどのような光条件と温度条件を好むのかは，二次元空間，すなわち平面上で表現できる．それに水分条件が加わるとすると，これらの植物が好む環境を三次元空間にプロットすることができる．次々と環境要因の数を増やすと多次元空間になる．さらに時間的な要素も加われば，それこそ無数のニッチが想定されよう．ハッチンソンは，その種が単独の場合に存在しうるニッチを**基本（的）ニッチ**と呼んだ．他の種の存在下で実現するニッチ（**実現ニッチ**）は，**種間相互作用**のため基本（的）ニッチよりも狭いことが多いが，基本ニッチ外での生活・繁殖を余儀なくされることもある．

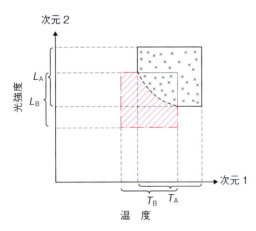

図2.1　二次元空間で表したハッチンソンの超空間ニッチ（1957）の概念図
T_A：温度に対する種Aの基本ニッチ．T_B：温度に対する種Bの基本ニッチ．L_A：光に対する種Aの基本ニッチ．L_B：光に対する種Bの基本ニッチ．×部分：種Aと種Bが共存する場合の種Aの実現ニッチ．斜線部：種Aと種Bが共存する場合の種Bの実現ニッチ．（嶋田正和ら，2009を改変）

最近の進化論では，地球上のすべての生物の祖先は単一の生物だったとされる（**単一起源説**）．生物の「もと」は，偶然の重なりから生まれた自己複製をする有機物のかたまりであっただろう．このようなものができる確率はきわめて低いはずである．これが単一起源説の1つの根拠となっている．一見かけはなれている動物，植物，微生物の細胞が，基本的には同じ構造と機能をもち，多くの遺伝子が類似していることも単一

起源説に立つとよく説明できる．

多次元空間には無数のニッチが想定できる．実際には，このような潜在的ニッチのほとんどが実際に生物のニッチとなっている．そして，それぞれの生物は，そのニッチあるいは環境によく合った構造や機能を示す．もともとは同じであった生物が，どのようなメカニズムで，多様な環境のそれぞれによく適合した形態や機能をもつ多様な生物となったのだろうか．生物がそれぞれの環境によく合った形態や機能をもつようになることを，**適応**（adaptation）という．環境が何かの原因で変化したり，生物が何かの原因で環境の異なる場所に移動したりすれば，生物はやがて新しい環境に適応し，もとの生物とは異なった形態や機能をもつようになる．これが，多様な環境のそれぞれに適応した生物が存在するようになることの基本原理である．生物が環境に適応するメカニズムを議論しよう．

2.2　環境への適応のメカニズム

2.2.1　適 応 度

生物の環境適応の度合を**適応度**（fitness）と呼び，個体が残す繁殖可能な子の数と定義される．たとえば1個体の♂と1個体の♀とで3個体の子をつくり，これらが生殖可能な個体になったとすれば，親個体の適応度は$3/2 = 1.5$と計算できる．多産の生物はおびただしい数の子をつくるが，繁殖可能な状態にならないうちに死んでしまう子は適応度に貢献しない(コラム2.1)．

2.2.2　遺伝的変異と自然選択

同種個体の集団（個体群）を考えよう．**個体群**はある空間に存在する同種個体の集合として定義される．

遺伝子複製の誤りや，減数分裂の際の組換え，紫外線や宇宙線による遺伝子破壊などによって遺伝的変異は次々とつくり出される．したがって，個体群内の個体間には**遺伝的変異**があるのが一般的である．

個体群内の生物のある遺伝子座に注目しよう．この遺伝子座に座乗する野生型の遺伝子をAとする．この遺伝子に変異が起こり変異遺伝子aができたとしよう．変異遺伝子の多くは適応度に大きく影響しない中立的なもので

■ 2章　生物の環境適応

> **コラム 2.1**
> **スケトウダラの卵数がもつ意味**
>
> 　たとえば，スケトウダラの卵を考えてみよう．一腹のタラコが200 g，直径が 1 mm 程度の卵 1 個の重さが 0.6 mg だとすれば，一腹の卵は 3.3×10^5 個である．これらのすべてが，繁殖可能な体積 1000 cm³ （$= 1 \times 10^{-3}$ m³）のスケトウダラの個体になるとしよう（♂♀の比率は半々とする）．これを何世代くり返すとスケトウダラの体積が海の体積と同じになるだろうか？　地球の半径が 6400 km，表面積の 7 割が海，海の平均深度が 3800 m であるとすれば，海の体積は 1.37×10^{18} m³ である．また一腹の卵のうち♀の卵は 1.65×10^5 個なので，
> $$1.37 \times 10^{18} = (1 \times 10^{-3}) \times (1.65 \times 10^5)^{n-1} \times 3.3 \times 10^5 \quad 2\text{C}.1$$
> これを解くと $n = 3.99$ となる．世代ごとに親は死滅するとしても，4世代目が成魚になれば，♂♀のスケトウダラの体積の合計は，海の体積よりも大きくなってしまう．

あるが，適応度に大きな影響を及ぼすものが生じることもある．変異遺伝子 a をもつ個体の適応度が遺伝子 A をもつ個体よりも大きいとして，変異遺伝子 a をもつ個体が**集団内に存続**すれば，この個体群では，世代を経るにつれて a をもつ個体が相対的に増加し，最終的には a をもつ個体ばかりになり，a は固定される[*2-1]．逆に適応度を小さくするような変異遺伝子 a' をもつ個体の子孫は世代を経るにつれて減っていく．このように，世代を経るにつれて適応度を高める遺伝子をもつ個体が増え，適応度を低下させる遺伝子をもつ個体が減ることを，「**自然選択（natural selection）**」という．

[*2-1]　集団内のある個体が，適応度を著しく高めるような変異遺伝子をもっていたとしても，この変異がこの集団内に固定されるとは限らない．この個体がたまたま子を残さなければ集団からこの変異遺伝子はなくなってしまう．このように，固定は確率の問題でもある．ここで単純化して述べている過程は，集団遺伝学で理論的に取り扱われている．詳しくは集団遺伝学の教科書を参照してほしい．

自然選択を最初に唱えたのはダーウィンである．自然選択とは，適応度の定義の同語反復ともいえるような，「**子を残しやすい個体の子が残る**」というプロセスである．まさに自明の真理であり，ダーウィンに先を越されたウォレス（A. W. Wallace）が悔しがったのもうなずける．

コラム 2.2
ダーウィンの自然選択説

遺伝子の概念は，エンドウの実験をもとにしてメンデルが1865年（論文の公表は1866年）に導入したものである．メンデルは遺伝子を 'Element（ドイツ語）' と呼んだ．遺伝子の存在を知らなかったダーウィンは，自然選択を「ある生物の生活条件（＝環境，ただしダーウィンは環境という言葉は使っていない）において，他の個体よりも適したふるまいができるように変化した個体は生存確率が高いので，その変化が遺伝し集団内にひろがる傾向にある」と説明した．2.2.2項で述べた自然選択の定義はこの現代版である．一方のメンデルは，『種の起源』の訳を読んでいたことがわかっている．メンデルの論文には『種の起源』は引用されていないが，メンデルは論文の別刷をダーウィンに送ったようだ（長田敏行，2017）．

環境が安定していれば，このような自然選択のプロセスを多くの遺伝子座について幾世代もくり返すことにより，生物はその生育環境に適した（すなわちその環境で繁殖可能な子をもっとも多く残すような）形態や機能をもつようになる．これが適応のメカニズムである．

ここまでの記述から明らかなように，個体群内のすべての個体が遺伝的に均一であれば適応は起こらない．適応の原動力は遺伝的変異である．生物は正確な遺伝子複製を行い，突然変異の割合を低く抑えていると考えられている．一方で，複製には誤りがある．また，配偶子形成時の遺伝子組換えや突然変異によって遺伝的変異が生じる．変異を増やすような遺伝子（mutator gene，突然変異誘発遺伝子）をもつ微生物も存在する．生育環境が激変する場合には，このような遺伝子を発現させる方が有利である．植物においても，ストレス条件下ではゲノムの相同組換えの頻度が上昇し，しかもそれが後代に伝わることも知られている．これらはエピ遺伝学の関わる現象である．

実際には環境は安定しているとは限らない．生物が存在し活動することによっても環境は変化する（生物の環境形成作用，1.2 節参照）．環境の変化に追随して，適応度が高まるように変貌するのが生物の姿である．これが，生物は現在の環境ではなく「近過去の環境」に適応しているなどともいわれる所以である．進化のもう一つの駆動力は水平伝播である（コラム 2.3）．

2.2.3 進　化

適応に見られるような生物の変化を進化と呼ぶ．**進化**は evolution の訳語であるが，evolve という言葉そのものには，「進」という文字で示されるような正の価値観はない．むしろ，「ころころと」変化すること，偶然に，確

コラム 2.3
水平伝播（horizontal gene transfer）について

　自然条件下で生物が進化する駆動力は，遺伝的な変異が常にもたらされることである．本文に変異をもたらす要因をいくつかあげた．この他に一群の遺伝子のセットが生物群間を移動する「水平伝播」も起こる．

　Agrobacterium tumefaciens と呼ばれる細菌は，植物への外来遺伝子の導入に用いられる．水平伝播の研究は 1980 年代前半に，この細菌のプラスミドの遺伝子の一部が植物側の遺伝子に組み込まれることの発見などが端緒となって進んだ．なお，この種の現在の分類名は *Rhizobium radiobacter* である．

　とくにバクテリアでは水平伝播が頻繁に起こっている．抗生物質耐性遺伝子が異種の細菌に伝わるのも，水平伝播によっている．生物の系統進化においても水平伝播は大きな役割を果たしている．

率的に変化することを示す．したがって，正の価値観を示す「進化」は誤訳とも言えるが，用語として定着しているので，本書では次のように定義して使う．すなわち，進化は**「個体群の遺伝子頻度が世代につれて変化すること」**である．二倍体の生物種を考えよう．n個体からなる個体群のある遺伝子の遺伝子座の数は$2n$である．その遺伝子座に座乗する対立遺伝子（たとえば，A，a，a'……など）それぞれの頻度を求める（図 2.2）．その頻度が世代によって変化すれば，「進化」が起こったことになる．座乗する遺伝子によって適応度が異なるとすれば，適応度を高める遺伝子の遺伝子頻度は世代ごとに高くなり，適応度を低くするような遺伝子の遺伝子頻度は低くなる傾向にある．すなわち，世代間で遺伝子頻度が変化するので，進化が起こっている．

```
AA   AA   AA   AA   AA   AA
Aa   Aa   Aa   Aa
Aa'  Aa'  Aa'
aa   aa   aa
aa'  aa'
a'a' a'a'
```

全体で 20 個体　40 遺伝子座

遺伝子 A の頻度＝19/40
遺伝子 a の頻度＝12/40
遺伝子 a' の頻度＝9/40

図 2.2　遺伝子頻度
20 個体の遺伝子座に，対立遺伝子 A，a，または a' が座乗する場合の遺伝子頻度の計算例．

これらをまとめると，次のように表現することができる．「**ある集団の個体間に遺伝的変異がありそれが適応度に影響する場合，自然選択による進化が起こる．これを多くの遺伝子座において幾世代にもわたってくり返すことにより，生物は環境に適応する．**」

2.2.4　適応による進化の限界

ジャコブ（F. Jacob）[*2-2]は，生物の進化は，「エンジニアが設計図にしたがって目的とする物をつくるのとは異なり，やっつけ仕事の日曜大工（フランス語 bricoleur）が，目的もなく有り合わせのものを使って何かをつくるようなものである」とした．**偶然に起こる遺伝子の変化を利用して，「やっつけ仕事でつぎはぎに」**というのが，進化の本質である．適応は完璧なものでは

[*2-2]　遺伝子のオペロン説の提唱により，モノー（J. L. Monod）とともに 1965 年ノーベル賞を受賞した．モノーには『偶然と必然』，ジャコブには『生命の論理』という名著がある．

なく，祖先から受け継いだ遺伝子や，偶然によってもたらされる 1 つ 1 つの変異に依存するプロセスである．

2.2.5 適応と順化

個体全体あるいはその一部が一世代の間に環境に適した形態や機能をもつようになることを**順化**（馴化とも書く，acclimation）と呼び，適応と区別する．植物が生育光環境によって陽葉や陰葉をつくるのは順化の例である．マラソン選手が高地トレーニングをするのは，高地の低分圧の酸素に心肺機能などを順化させ，酸素分圧が高い低地のレースで楽に走ることができるようにするためである．気候への順化をとくに acclimatization（ac（〜へ）＋ climate ＋名詞語尾）という場合もある．順化が一世代内で起こるのに対して，適応は一世代では起こらないので，順化と適応とは区別されなければならない．しかし，順化の能力そのものは遺伝的に定められているので環境に適応しうる現象である．一般に，変動環境にある生物は環境順化による形態や機能の変化幅（すなわち可塑性）が大きい．可塑性が大きいことは，変動環境下では適応的であろう．

2.2.6 育　種

集団内の個体のもつ遺伝的変異を原動力として，自然環境が選択圧となってその環境下で適応度の高い生物を生み出すメカニズムが自然選択である．一方で人間の都合が「選択圧」となる場合もある．

たとえばイネやコムギなどの作物の祖先種（図 2.3）では，熟した果実は穂から脱離する．この性質を**脱粒性**と呼ぶ．この性質をもたらす遺伝子に変異が入り，果実が穂にいつまで付着していて穂の上で発芽（穂発芽）する，あるいは，果実が穂についたまま穂が地面に落ちるとしよう．その芽生えどうしが，光や水，栄養塩をめぐって競争する．これらの場合，生殖可能な段階まで生き残る個体は少なくなり，生き残った個体当たりの果実数も少なくなるだろう．つまり，このような変異は，適応度を低下させるはずである．一方，収穫する立場からは，熟した果実が脱粒すると収穫しづらい．突然変異によって生じた脱粒性のない個体から穂を摘み取れば，多くの果実を容易に収穫することができる．収穫して残った果実を次のシーズンに播けば，脱

2.2 環境への適応のメカニズム

図 2.3 栽培イネ（ジャポニカ T65）と野生イネ（*Oryza rufipogon*）の穂（左上），種子（右）と開花後の穎果（左下）

穂の写真は野生イネの強い脱粒性を示している．芒や剛毛がある野生イネの種子は，降雨によって地面で動き土壌に潜り込む．これにより流失が防がれる．また，ネズミなどによる食害も減る．剛毛の方向によって，発芽時に幼芽は上向き，幼根は下向きになる利点もある．芒の剛毛はこの写真では見えないが，その方向は穎の表面の毛の方向と同じである．浮稲では，種子が芒の存在によって水面に浮くので散布に役立つ．野生イネは開花の際，黒色の柱頭が穎（種子の籾殻になる）からはみ出て，他殖を助ける．写真は開花後すでに葯が落ちた状態である．柱頭の受粉能力はこの後も数日にわたって保たれる．（国立遺伝学研究所の野生イネ遺伝資源の写真，佐藤 豊氏提供）

粒性のない変異体が残る．脱粒しないという性質は，もともとは突然変異によってもたらされたものである．それが栽培種に固定されたのは自然選択ではなく人間が選んだためである．このような**人為選択による「進化」**を，**育種**（breeding）という．

表 2.2 には，野生種と栽培種のイネの性質が比較してある．野生種には自身の花粉では受精しにくいという**自家不和合性**がある．子孫の遺伝的多様性

■2章 生物の環境適応

表2.2 栽培イネと野生イネの違い

形質		栽培イネ	野生イネ
繁殖体系		種子繁殖	栄養繁殖と種子繁殖
自殖か他殖か	種子繁殖の様式	自殖性(他殖は例外的)	他殖性が主
	柱頭のサイズ	野生イネの約1/2	栽培イネの約2倍
	花粉数*	700〜2500	3800〜9000
	花粉の寿命	3分	6分以上
	花粉の拡散	短距離	約40 m
種子の繁殖機能	脱粒性	落ちにくい	非常に落ちやすい
	種子の休眠	弱い,または無い	強い
	種子の寿命	短い	長い
	芒(のぎ)**	短い,または無い	長い強靭な芒がある
生産形質	種子の大きさ	大きい	小さい
	種子の数	多い	少ない
	穂のかたち	集約型で大きい	散形で小さい
	耐肥性***	強い	弱い
生態的形質	光周性(短日性)	敏感〜鈍感 品種によって分化	敏感
	低温耐性	強い品種もある	弱い

* 1穎花あたりの花粉数.
** イネの籾殻である内穎と外穎のうち外穎の先端につく長いトゲ(のげ とも読む).
***肥料を与えても植物体が軟弱にならずに倒れにくいこと. 多肥による生産性の向上のためには不可欠な性質
(高橋成人,1982による)

がこれにより確保される. また,種子の休眠性が深く,発芽に好適な環境下でも一斉に種子が発芽することはない. また,外穎には芒がある(図2.3). これがあると,地面に落ちた種子が雨滴に打たれた際などに土に潜る. 自然環境と栽培環境を思い浮かべながら,野生種と栽培種を比較してみよう.

イヌの祖先はオオカミである. 1万年前ごろから,エジプトやメソポタミアで牧畜がなされた際に,飼い馴らされてできたシェパードのような品種をはじめとして,大はグレートデーンから小はチワワまで多様な品種がつくられてきた. 1942年,**マイヤー** (E. Mayr) は,「同種」であることを,「**交配が可能で,うまれた子に稔性がある**(子をつくることができる)」と定義した(網谷祐一,2002). しかし,グレートデーンとチワワの交配は,もはや物理的に不可能であろう. 育種によってもたらされる生物の変化は,短期間

16

に種のレベルを越えてしまうほど大きい.

このように, 作物や家畜の品種の成立は, 自然選択ではなく育種によっている. 果物屋や花屋の店先を眺めれば, 生物がもたらした遺伝的変異を利用すれば, いかに多様な品種をつくりだしえるかが理解できるだろう.

自然選択による進化は, 育種に比べていかにも遅いプロセスのように思えるかも知れない. しかし, 自然選択による進化がきわめて迅速に起こる場合もある. たとえば, 観賞魚として人気のあるグッピーの♂は派手な色彩をもち♀を引きよせる. ところが, 捕食者がいる環境では, 捕食者にも見つけられやすくなるので, 地味な色のもののほうが適応度が高くなる. 水の濁りや捕食者の有無によって, 色彩は数世代で変わる.

進化の速さは, 次々と開発される抗生物質や農薬に対して, 耐性菌や耐性雑草が続々とうまれることなどからも実感できるだろう[*2-3].

2.3 トレードオフ

生物の生態を考える上で重要な概念の1つに, **トレードオフ**（trade-off）の関係がある. 生物が使いうるエネルギーや資源は有限である. 生物が, ある性質を実現するためには資源やエネルギーを使う. したがって, 性質Aを実現しようとしてエネルギーや資源をつぎ込むと, 性質Bを実現するためのエネルギーや資源が貧弱になる. あれもこれもというわけにはいかない.「あちらを立てればこちらが立たず」なのである[*2-4]. このような理由で, どのような環境においても他の生物よりも高い適応度を示すような生物（スーパー生物）は存在しえない.

ニクラス（K. Niklas）は, 力学的安定性, 繁殖成功率, 受光効率という, いずれも植物の適応度にとって重要な要素と形態との関係を理論的に調べた. まず, 原始的なシダ植物がもつようなY字形の植物個体をコンピュー

[*2-3] 薬剤耐性菌の進化においては, 水平伝播が主役を果たしている.
[*2-4] 二律背反という訳語もあるが, 生態学で用いる用語としてはしっくりこないので, トレードオフと呼ぶことが多い.

■ 2章　生物の環境適応

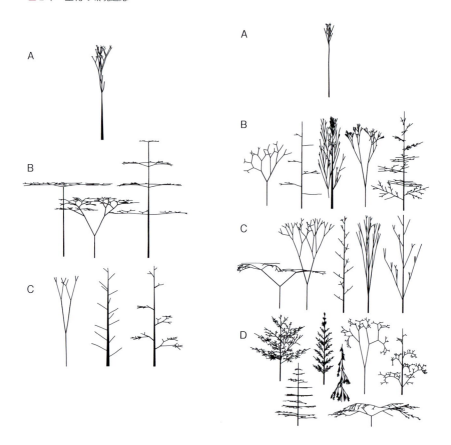

図 2.4　ニクラスによる植物形態のシミュレーション
　原始的な Y 字形植物を想定して，適応度にとって重要な 3 要素，力学的安定性，繁殖成功率，受光効率を最適にする形態をシミュレーションによって求めた．
　左図 A, B, C：3 要素のうち 1 要素のみを最適化する場合．
　A：繁殖成功率，B：受光効率，C：力学的安定性を最適化する形態．
　右図 A, B, C：3 要素のうち 2 要素を同時に満たす場合．
　A：繁殖成功率＋力学的安定性，B：受光効率＋力学的安定性，C：繁殖成功率＋受光効率．
　右図 D：3 要素とも満たす形態．
　（Niklas, 1997 による）

タ中に構築し，その形態を一定量変化させ，そのなかで問題とする要素の効率が最適になるような形を求め，さらにその形態を一定量変化させるという操作をくり返した（形態空間の適応的ウォーキング：adaptive walking in morphospace, 図2.4)．これら3つの要素のうち1つのみの効率を最適となるような仮想植物の形態からは，どの要素の効率を最適化しようとしたのかが明らかである．たとえば繁殖には，胞子を遠くに飛ばすことに有利な，枝先高く胞子嚢をつけた箒を逆さまにしたような形が適している．ところが，2つの要素の効率を同時に最適値にするような仮想植物の形態は，力学的安定性と繁殖との効率を同時に最適値にする場合以外には，一見して明らかというほどではない．3つの要素の効率を同時に最適値とするような形態は多数あり，形態の特徴を簡単に述べるのは難しい．

このように，ある要素の重要性が他を圧倒するような場合の植物の形態は，外見からもそれとわかる．しかし，満たすべき要素が増加すれば，最適値をしめす形態も複数あり，形態的特徴も不明瞭になる．その中の最適値においてもそれほど適応度が上昇するわけではない．温和な環境下で目につく植物の形態が多様であるのは，このような状況を反映している．ニクラスはこの関係を概念図に表し（図2.5)，エンジニアが機械をデザインする場合にたとえて，「ある1つの機能に特化した装置をつくろうとすると，装置のデザインは1つに収斂しその機能は充分に発揮される．一方，多目的の装置をつくろうとすると，この形でなければならな

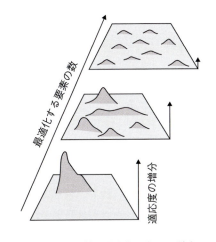

図2.5 植物の形態に見られるトレードオフ
1つの要素の効率を最適化する形態は特化しており，その形態をとることによる適応度の増分は大きい．最適化する要素の数が増加するにつれて，多様な形態をとりうるようになるが，そのような形態をとって実現される適応度の増分は小さくなる．(Niklas, 1997による)

いということはなくなり，それぞれの機能もそれほど充分に発揮されるわけではない.」と解説した.

2.4 「種の存続のため」という考え方は正しくない

「生物は，種の存続のために，○○の形態や機能をもつ.」という表現をしばしば見かける．しかし，適応度を考えるレベルは「種」や「集団」ではなく「個体」である．

たとえば，個体間で光を譲り合い，お互いの光合成生産ひいては適応度を同等に高める性質をもつ植物があったとする．もし，ここに突然変異によって光を自身のためにできる限り奪い取る葉を水平に保つような個体が生じたとすれば，光を譲り合う性質を保つ個体はたちまち競争に負けてしまうだろう（8.5 節参照）．この例が示すように，全体のためにという性質は進化しえない．「種の存続のため」という**目的論**は正しくないのである．

では，適応度を考えるレベルは常に「個体」でいいのだろうか？　アリ，ハチ，シロアリなどの社会性昆虫や哺乳動物のなかには，自身の子は残さないのに，群れや集団内の近親の産んだ子の子守り，食餌の採取や巣の防衛を専門とする個体が存在する．キノコシロアリのように木材片を畑として集団の食料となるキノコ（栽培により，難分解性の材の成分を可食化することができる）を栽培するものや，ミツツボアリのあるカーストのように巣の天井にぶら下がり蜜の貯蔵をもっぱらとするものある．ダーウィンも悩ませた，自身の子を残さないこれらの行動がどのように進化しうるのかという課題を解いたのが，ハミルトン（W. A. Hamilton, 1964）である．ハミルトンによる包括適応度 WI は，社会性行動を行わず自身が子を残す場合の適応度（子の数）を W，社会性行動のために働く場合のコスト C，社会性行動によって残すことができた近親個体の子の数 N と近親個体との血縁度 γ によって以下のように表される：

$$WI = W - C + \Sigma_i N_i \cdot \gamma_i$$

血縁度とは，個体間の同祖遺伝子（祖先を同じとする遺伝子）の割合である．哺乳類のような倍数性の生物の兄弟姉妹間の血縁度は 0.5 である．

2.4 「種の存続のため」という考え方は正しくない

　食害にあった植物個体が発散する揮発物質によって，近隣の血縁度の大きな同種個体の防御体制が整えられるような利他的なふるまいは，包括適応度を考えれば理解できる．このような場合，適応度は同祖遺伝子のレベルで考えることになる．適応度を考えるレベルは一般には「個体」，特殊な場合には「同祖遺伝子」なのである．これらの問題については進化生態学の教科書を参照してほしい（酒井聡樹ら，2012；河田雅圭，2024 など）．

コラム 2.4
How 疑問と Why 疑問

　生物の示す形態や機能を研究する際に，大きく分けて 2 つの疑問を発することができる．How 疑問と Why 疑問である．

　たとえば，多くの植物は，春に花を咲かせる．開花に及ぼす積算温度の効果や，日長を感知して開花にいたるメカニズムを問うのが How 疑問である．これに対して，Why 疑問は，ある性質をもつことによってどう適応度が高まるのか，と問う．春に訪花昆虫の活動が活発となることが適応度の上昇に重要な役割を担っているのであれば，それは Why 疑問への答えである．How 疑問は，ある生物現象をもたらすメカニズムなどの至近要因を追究するもの，Why 疑問は，適応度に関する究極要因を追究するものといえる．

　どちらの疑問も大切である．How 疑問への答えにさらに Why？と追究することで，How 疑問そのものの内容も深められる．このように，How 疑問と Why 疑問は生物の理解を深めるための車の両輪なのである．

　Why/How ロゼット植物は，冬，地面に這いつくばっているのか．Why/How ロゼット植物は春の開花時に抽薹（ちゅうだい）するのか．Why/How 陽葉は陰葉よりも厚いのか．Why/How 葉は緑色なのか．このなかには解かれた疑問もあるが，種々の新しい Why/How 疑問を読者自ら見いだし，そして解明してほしい．

3章 陸上植物の進化

　現生の植物の形態や機能は，その祖先の形態や機能を受け継いだものである．地球の環境の変化と陸上植物の進化過程の理解は，現生の植物の生態を学び，研究する上でも重要である．陸上植物の進化のあらましを述べよう．

3.1 陸上植物の誕生

　46億年前の地球の誕生当時には O_2（分子状酸素）はほとんど存在しなかった．一方，CO_2 濃度はきわめて高かった．地球の誕生後まもなく細菌（真正細菌）あるいは古細菌（アーケア）[*3-1] の祖先が活動を開始した．6章に述べるように，太陽から地球にやってくる放射には紫外線（UV）が含まれている．紫外線はDNAを損傷する有害な放射である．水は紫外線をよく吸収するので，紫外線は水中深くには到達しえない．このため，当時，生物の存在は水中に限られていた．約27億年前，葉緑体の祖先である**シアノバクテリア**（藍藻，藍色細菌ともいう）[*3-1] が水を分解して O_2 を発生するタイプの光合成（**酸素発生型光合成**，$2H_2O + CO_2 \rightarrow (CH_2O) + H_2O + O_2\uparrow$，ここで (CH_2O) は炭水化物を表す）を始めた．こうして地球の大気に O_2 が蓄積した（図3.1，補遺3S.2 地質時代も参照）．

　O_2 の蓄積は，生物による環境形成作用としてもっとも重要なものの1つであり，生物にとって画期的な意味があった．その1つは，好気呼吸が行えるようになったことである．O_2 がない嫌気条件では，グルコース1分子から嫌気呼吸（発酵，無酸素呼吸ともいう）によって獲得できるATPは2分子である．一方，9章で述べるように，好気呼吸（酸素呼吸ともいう）を行

[*3-1] 細菌（bacteria）または真正細菌（eubacteria）．古細菌またはアーケア（archaebacteria, archaea）．シアノバクテリア（cyanobacteria）．

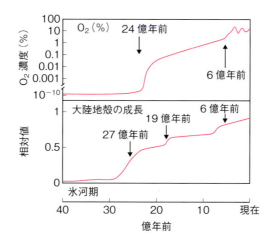

図 3.1 大気中の酸素濃度（上）と大陸地殻の成長（下）
27 億年前にシアノバクテリアが酸素発生型の光合成を始め，24 億年前ごろから酸素濃度の上昇が顕著になった．6 億年前には陸地の面積が増えるとともに，浅い海で緑藻類が進化した（川上紳一，2000 を改変）．地球環境の歴史については，多田隆治，2017; 日本地球惑星科学連合，2020; 田近英一，2021 を参照のこと．

えば，グルコース 1 分子から 30 分子以上の ATP を獲得することができる．このことにより生命活動は一挙に活発になった．

もう 1 つは，大気中の O_2 に紫外線が当たると光化学反応によりオゾン（O_3）が生成し蓄積することである．大気中の O_2 濃度が上昇するにつれて大気中のオゾン濃度が増加した[3-2]．オゾンが紫外線を充分に吸収するようになって，生物の地上への進出が可能になった．約 6 億年前，浅い海がひろがり多細胞化した緑色植物が進化した（図 3.1）．これらの条件のすべてが整ったシルル紀（4.5〜4.1 億年前）の初期，植物の祖先が陸上に進出した．

一方，O_2 は，**活性酸素**[3-3] 生成のもととなる危険な分子でもある．また，

[3-2] 大気中の O_3 の濃度は，O_2 濃度（高度が高いほど気圧は低いので単位体積当たりの O_2 のモル数は小さい）と紫外線量（高度が高いほど多い）の兼ねあいによって決まる．O_3 はおもに高度 10〜40 km に存在し，オゾン層を形成する．

[3-3] O_2^-（スーパーオキシドラジカル），H_2O_2（過酸化水素），$^1O_2$（一重項酸素），・OH（ヒドロキシルラジカル）などをまとめて活性酸素（reactive oxygen species, ROS）と呼ぶ．

■ 3章　陸上植物の進化

高濃度の O_2 は光合成の炭酸固定反応を阻害する．植物の進化には，O_2 発生型の光合成による自身の環境形成作用のつけを払っているという側面もある．これらについては7, 8章で詳しく述べる．

3.2　陸上は乾燥している

3.2.1　陸上の乾燥

　植物の祖先は水中に生息し，体の表面から光合成の原料である CO_2 や HCO_3^- および無機栄養分を吸収していた．海水中でも細胞を脱水する力はそれほど大きくない．したがって，水たまりや湖沼が干上がりでもしない限り乾燥ストレスに出会うことはなかっただろう．

　5章で水ポテンシャルを導入して詳しく述べるが，海水（約 0.6 mol L^{-1} の NaCl に相当する）の浸透ポテンシャル（浸透圧に負号をつけたもの）を計算すると，約 -3 MPa（M = 10^6）である．1 MPa は約 10 気圧に相当する．死海の NaCl 濃度は通常の海水の約7倍であり，その浸透ポテンシャルは -21 MPa である．死海で水浴する際に水しぶきが目に入ると脱水されて痛いという．一方，25℃において，相対湿度が100%，80%，50%の空気の乾燥の度合いを水ポテンシャルで表すと，100%のときにはもちろん 0 Pa（0気圧）だが，じめじめした感じのする湿度80%のときでも -30.7 MPa（303気圧）であり，死海の水の水ポテンシャルよりもはるかに低い．湿度が50%のときの水ポテンシャルは，実に -95.3 MPa（941気圧）にものぼる．このように**陸上の乾燥は厳しい**．

3.2.2　クチクラ

　シルル紀初期に最初に上陸した植物は，緑藻類のなかで細胞分裂の際に隔膜形成体（4章4.2.4項を参照）をつくる隔膜形成体植物（車軸藻類，コレオケーテ類，接合藻類など）のうち，接合藻類（アオミドロやミカヅキモ）の祖先だったようだ．その後，前維管束植物（デボン紀半ばに絶滅），ツノゴケ類，ゼニゴケなどの苔類，スギゴケなどの蘚類からなるコケ植物，イワヒバやヒカゲノカズラなどの小葉植物，その他のシダ植物，シダ種子植物（デボン紀後期から中生代ジュラ紀にかけて栄え絶滅），そして裸子植物，被子植物が

進化してきた．コケ植物は単系統群であり，シダ植物，裸子植物，被子植物などの直接の祖先だったとは考えにくい．これらの直接の祖先は絶滅した前維管束植物だったかもしれない（3S.2 節，図 3S.1 参照）[*3-4]．

　上陸した植物は，その体表面を**クチクラ**（cuticle, キューティクルと発音）で覆った．クチクラ層は，細胞壁の外側に分泌された不飽和脂肪酸を主成分とする**クチン**（cutin, キューティンと発音）やロウ（wax）から成り立っている．これによって，体内の水分は失われにくくなった．しかし，光合成反応を営む植物にとって不可欠の CO_2 も透過しにくくなった．陸上植物の最大のジレンマは，「水を失わずに，CO_2 を吸収する」ということである．現生の植物についても，このことに変わりはない．

3.2.3　気　孔

　陸上植物最大のジレンマに，植物はどのように対処してきただろうか．苔類のゼニゴケの葉状体は，一辺が 200 μm 程度の光合成のための部屋（気室，air chamber）をもっている（図 3.2）．気室の中には葉緑体をもった細胞がつながった同化糸が多数存在している．同化糸をもつことにより細胞の表面積が大きくなるので，葉緑体の CO_2 吸収に有利である．気室を覆う表皮には気室孔（air pore）がある．気室の内部の湿度は 100％に近く，蒸発が起こるのは気室孔の近傍の小さな面積に限られるので，同化糸が直接大気に接する場合に比べて乾燥が緩和される．気室孔は気孔のような開閉運動を行わない．葉状体

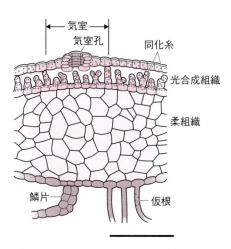

図 3.2　ゼニゴケ（苔類）の葉状体の断面
スケールは 0.2 mm．（Raven *et al.*, 1999 を改変）

[*3-4] 伊藤元己（2012），西田治文（2017），長谷部光泰（2020）などを参照されたい．

■ 3章　陸上植物の進化

が乾燥し，気室孔を形成する細胞の膨圧がなくなると気室孔の開口部の面積は小さくなるが，水分の蒸発は続くので，乾燥状態が続けばゼニゴケは干上がってしまう．

　自在に開閉する気孔をもつ現生植物は，コケ植物であるツノゴケ類や蘚類の胞子体，シダ植物，裸子植物，被子植物である．気孔は表皮に開いた穴で，一般には2個の孔辺細胞によって形成される．蘚類のヒョウタンゴケのように，孔辺細胞が中央に気孔を抱くドーナツ形の1個の細胞からなる例外もある．気孔の孔辺細胞は，細胞内の溶質濃度を調節することによって膨圧を変化させる．これによって細胞の形が変わり，気孔が開閉する．気孔の孔辺細胞に隣接する副細胞がこれを助けるものもある．孔辺細胞の形態には，腎臓型と亜鈴型がある．イネ科植物は細い亜鈴型の孔辺細胞と副細胞をもつ．腎臓型の孔辺細胞をもつ植物のなかにも孔辺細胞に隣接して副細胞をそなえるものもある(図3.3)．気孔は，水分が充分な条件では開き，乾燥すると閉じる．光合成に好適な明所では開き，暗所では閉じる．葉内のCO_2濃度が低下すると開き，上昇すると閉じる．一方，コケ植物の胞子体の気孔は，その他の

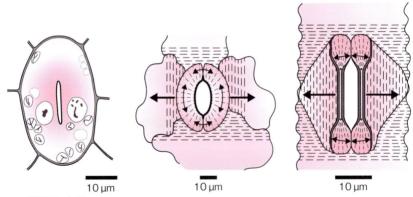

図3.3　気孔
　左：ヒョウタンゴケ（蘚類）の気孔．1対の孔辺細胞ではなく2つの核をもつ1つの細胞が孔辺細胞となっている（Sack & Paollilo, 1983より著者描く）．中：ソラマメの腎臓型の気孔．右：トウモロコシの亜鈴型の気孔．破線の方向はセルロース微繊維の配向を示す（島崎研一郎, 2023より転載）．ヒョウタンゴケを含む蘚類の気孔は胞子体の胞子嚢基部にある．光合成ではなく，成熟した胞子の乾燥に役立っている．

植物の気孔とは役割が異なり，胞子が成熟中に開き，胞子の乾燥を促進する．

気孔をもつことによって植物の**水利用効率**（蒸散によって失う水当たりの炭素獲得量，mol CO_2 mol^{-1} H_2O）は格段に向上したが，CO_2を取り込むためには必ず気孔を開かねばならず，ジレンマは根本的に解決されたわけではない．

3.2.4 世代交代

多くの植物は単相の**配偶体**と複相の**胞子体**が互いをつくり合う生活環をもつ．このような生殖サイクルを**世代交代**と呼ぶ．世代交代において，鞭毛や繊毛をもつ精子や遊走子が植物体外の水中を泳ぐことによって遺伝子を運搬していた植物は，配偶体が微視的になり胞子体が大きくなるにつれて，徐々に水中移動距離を短くし，ついには乾燥条件でも世代交代が可能になった（3S.1 図 3S.2 参照）．世代交代には**減数分裂**のプロセスが含まれている．2本の相同染色体が倍加して並ぶ際に組換えが起こる．また，これらがランダムに分かれて配偶子に入る．この**遺伝子のシャッフル**が，集団内に遺伝的多様性を保つことに役立っている．

3.2.5 菌　類

シルル紀に出現しデボン紀の中頃に絶滅した前維管束植物のアグラオフィトン（*Aglaophyton major*）の仮根には，現在のアーバスキュラー菌根の樹枝状体と似た構造が観察される（10 章参照）．植物の祖先の上陸後の早い時期に，根・茎・葉の器官分化に先立って**菌根**が成立していたことを示している．菌根は，植物への無機栄養供給に大きな役割を果たしたと想像される．

火山活動によって大気CO_2濃度が増加した 3 億 5000 万年前の石炭紀，小葉類シダの祖先である鱗木（りんぼく）（*Lepidodendron* 属），トクサ類の祖先の蘆木（ろぼく）（*Calamites* 属）などの高木が繁茂した．これらの高木の存在を可能にしたのは茎の材が発達したことと，リグニン（4 章参照）などの細胞壁を堅固する物質である．当時の菌類はリグニンを分解できなかったので，これらの植物遺体は化石燃料として蓄積した．石炭紀の終期となる 3 億年前には，リグニンを分解する担子菌類が登場，植物遺体がほぼ完全に分解されるようになった．

■ 3 章　陸上植物の進化

3.3　陸上植物の体制の進化

　植物が上陸した当初は，地上の植物の密度は低かったであろう．しかし，条件のいい場所では植物の密度が徐々に高まり，植物間で光をめぐる競争が起こるようになった．コケ植物，とくに蘚類にはかなりの体制の分化が見られるものの，根，茎，葉の分化はない．シダ植物の祖先も，当初は茎に相当する器官だけしかもたなかったが，しだいに，光合成器官である葉が形成され（図3.4），それを地上高く拡げるようになった．水や無機栄養を吸収し植物体を力学的に支える丈夫な根をもつものが現れた．また，葉と根をつなぐ茎には，糖やアミノ酸を運ぶ篩部と水や無機栄養分を運ぶ木部とからなる維管束が発達した．

　背丈を高くするためには，力学的に丈夫である必要がある．石炭紀の光合成生産の主役であった巨大なシダ類や小葉類は，二次木部を生産する材をもっていたが，現生の樹木のような形成層はもっていなかった．やがて円筒状の形成層をもつ裸子植物が出現し，形成層によって根や茎の効率的な肥大成長が可能になった．石炭紀の植物の細胞壁にもリグニンが含まれていたことはすでに述べた．裸子植物，被子植物も道管（裸子植物にはない），仮道管，繊維などの厚い細胞壁にリグニンを沈着させ力学的強度を増している．植物の形態については4章でやや詳しく学ぶ．

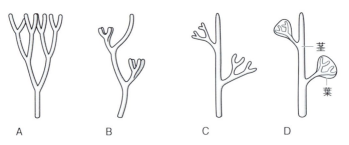

図 3.4　テローム説による大葉の進化
立体的に配置した枝的な器官が折りたたまれ平面化し，癒着することによって葉（大葉）が進化したというツィメルマン（Zimmermann）の telome 説．（伊藤元己，2012 による）

4章 植物の特徴
：個体，細胞，組織と器官

　植物の諸機能を生態学的に議論する際にも，器官学，形態学，解剖学，細胞生物学の知識は不可欠である．この章ではこれらの基本的な事項を整理する．また本書でよく用いる化学ポテンシャルを導入する．

4.1　植物の個体

4.1.1　分節構造（くり返し構造）

　「ネコを1匹つかまえて来い．」と言われれば，それがうまくいくかどうかは別として，命令の意味自体がわからない人はいないだろう．それは哺乳類や昆虫の個体性がはっきりしているからである．このような個体を単位性のはっきりとした個体という意味で**ユニタリー個体，単位（性）個体**（unitary organism）と呼ぶ．では，「裏山からタケを1個体もってこい．」と言われたときにはどうだろうか．1本，2本と数えることができるタケは地下部でつながっていて，ことによると裏山全体のタケが1個体かもしれない．このように，植物の中には個体性がはっきりしないものも多い．

　たとえばネコは，親ネコでも子ネコでも，眼を2つ，胃を1つ，心臓を1つ……，という具合に多種類の器官を少数もっている．一方，**植物の器官は，根，茎，葉の3種類だけである**．葉がついた茎を**シュート（苗条）**と呼び，これを単位として取り扱うこともある（図4.1）．花も花茎のまわりに花葉が配されたシュートである．葉の付け根には腋芽があり，これが発生すれば新たなシュートとなる．根からは側根が次々と発生する[*4-1]．このように，植物

[*4-1] 茎に葉のつく位置を節と呼ぶ．イネ科植物では節のすぐ上と下の節間部分から不定根が形成される．ある節，そこに位置する葉，その下の節間，節間下部の腋芽，および節間から生じる不定芽からなる単位を，ファイトマー（phytomer）と呼ぶことがある．

■4章 植物の特徴：個体，細胞，組織と器官

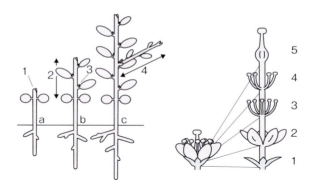

図4.1 シュート
左：茎に葉が配したものがシュートである．茎において葉がつく位置を節（node），節と節の間の部分を節間（internode）と呼ぶ．葉の基部と茎の間（葉腋, axil）に腋芽（axillary bud, 3）が発達する．1〜4はシュートを示している．腋芽もシュートである．
右：花は，茎的な器官に萼片（1），花弁（2），雄蕊（3,4），心皮（5）などの花葉（floral leaf）が配したシュートである．（原 襄，1994による）

は単位となる構造（モジュール）をくり返すことによって体をつくる（反復的成長，iterative growth）．モジュールがくり返す構造をもっているので，**分節（性）個体，モジュラー個体**（modular organism）と呼ばれる．動物にも分節個体をつくるものがある（ヒドロゾアなど）．

　植物の細胞は細胞壁で囲まれている．細胞をレンガとすれば，それを積み重ねたような体制をもつ．したがって，いったんでき上がった部分を大きくすることは難しい．しかし，モジュールを継ぎ足せば，環境に応じた体制を無理なくつくることができる．好適な条件下では，基本構造を何度もくり返して大きく育つ．一方，条件が悪いときには，正常な器官を少数もつ小さな個体をつくる．

4.1.2 クローナル植物

　植物にはクローンによって殖えるものもあり，上に述べた分節構造がクローンをつくる基礎となる場合が多い．タケやススキは，地下茎でつながっている**クローナル植物**（clonal plant）である．オランダイチゴのように地上を匍匐する走出枝によってつながるものもある．このように地下茎や走出枝でつながった遺伝的に均一な植物全体を**ジェネート**（または**ジェネット**，

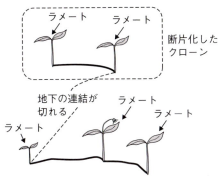

図 4.2 クローナル植物
左：5つのラメートからなるジェネートが描かれている．このうち点線で示した部分の連絡が切れると，2個体となる．（大原 雅，2010による）
右：ドクダミの地下茎とラメート．上の地下茎には3個，下の地下茎には2個のラメートがある．黒線は5 cm．（原図）

genet）という．またススキの株立ち部分など，ジェネート内のひとまとまりの部分を**ラメート**（または**ラメット**，ramet）と呼ぶ．ラメートはジェネートから独立して個体となりうる部分である．シャベルで地下茎の連絡を断てば，その瞬間にラメートは独立した個体となる．また，ヤマノイモ，ムカゴユリの「むかご」は，親個体から落ちる瞬間に新たな個体となる．コダカラベンケイ（ハカラメ（葉から芽）とも呼ばれる），コモチシダなどのように，葉縁にシュートと根の揃った幼個体をつくるものもある．このようなクローン生殖をする植物の種数は，世界の種子植物の70％以上にものぼる（図 4.2）．

大きな樹木個体も，シュートのくり返し構造から成り立つ．樹木ではひときわ目立つ構造である幹は茎の肥大したものである．樹木を，タケやススキのように平面的にひろがるクローナル植物を立体的にした分節構造体として捉えることもできる．

4.2　植物の細胞

　細胞（cell）は，生物のからだをつくる単位である．植物と動物の細胞には共通する性質も多いが違いもある．その違いを簡単に述べ，その違いがもつ意味について考えてみよう．

4.2.1　細 胞 壁

　細胞壁をもつことは植物細胞の大きな特徴である．細胞壁は**セルロース**，**ヘミセルロース**，**ペクチン**，**リグニン**，タンパク質などからなる．この中でも，セルロースの量がとくに多い．植物の細胞壁の構造は，鉄筋コンクリートにたとえることができる（図4.3）．鉄筋コンクリートは，鉄筋をコンクリートで固めたものである．細胞壁中で鉄筋に当たるのがセルロースである．セルロースは，グルコースがβ1-4結合により重合したものである．細胞でセルロースがつくられる際には，細胞膜のセルロース合成酵素複合体がセルロースを数十本（36本説が有力）束にした**セルロース微繊維**（cellulose microfibril）をつくって細胞壁側に押し出す．セルロース微繊維は丈夫で，とくに張力に対して強い．鉄筋を束ねる針金に相当するのが，セルロース微繊維を束ね連結する架橋性多糖で，ヘミセルロースと呼ばれるものである．この代表は双子葉類では**キシログルカン**（xyloglucan）[4-2]，イネ科植物などではグルクロノアラビノキシラン（glucuronoarabinoxylan）[4-3]である．ヘミセルロースはゴルジ体で合成され，エクソサイトーシス（exocytosis）によって細胞壁に分泌され，セルロースを架橋する．

　コンクリートに当たるのが，**充填性多糖**の**ペクチン**（pectin）である．ガラクトースにカルボキシ基のついたウロン酸（ガラクツロン酸，galacturonate）の重合体であるガラクツロナンが主体である．イオン化したカルボキシ基（-COO$^-$）が存在するので，Ca^{2+}などによって架橋され

[4-2]　glucoseの重合体がglucan，側鎖にはキシロースxyloseが存在するので，xyloglucanと呼ぶ．ザイログルカンと発音する．
[4-3]　glucoseにカルボキシ基がついたグルクロン酸（glucuronate）やアラビノース（arabinose）が側鎖にあるxyloseの重合体（xylan）．

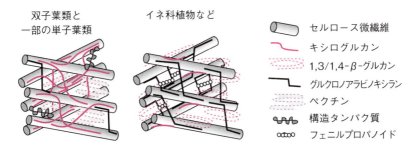

図 4.3　被子植物一次壁の細胞壁の構造とその構成要素
　細胞壁の構造は，鉄筋コンクリートによく似ている．双子葉類（と一部の単子葉類）とイネ科植物では，鉄筋に当たるセルロース微繊維間をつなぐ架橋性多糖が異なる．イネ科植物は双子葉類に比べてペクチン含量が少ない．（西谷和彦，2012による）

る[*4-4]．また，細胞同士が接着する部分は，細胞分裂時の仕切りである細胞板に由来し，中葉（middle lamella）と呼ばれる．中葉は主としてペクチンよりなる．このように，ペクチンには細胞同士を接着する役割もある．

　ペクチンもゴルジ体でつくられ，エクソサイトーシスにより細胞壁へ放出される．このときペクチンのカルボキシ基はメチルエステル化（–COOCH$_3$）されているので，互いに結合せずに細胞壁に送り込まれる．細胞壁中のエステラーゼの作用でイオン化したカルボキシ基が剥き出しになると，Ca^{2+}などの2価カチオンよって架橋される．コンクリートを流し込んで固めるのに似ている．イネ科植物は双子葉類に比べてペクチンの含量が少ない．

　薄い細胞壁は細胞膜のすぐ外側に配置するので，細胞の環境という意味においても非常に重要である．分裂したての若い細胞も細胞壁に囲まれているが，それが伸張する際には，細胞壁は若い細胞を保護しつつ，伸張するという「はなれわざ」をやってのける．細胞壁の伸長帯の低pH条件では，セルロース微繊維をつないでいるヘミセルロースのつなぎかえ酵素が活性化する．またペクチンのカルボキシ基もプロトン化され -COOH となるので，2価カチ

[*4-4]　ペクチンを酸性条件下で脱塩して乾燥した粉に，牛乳をかけて混ぜると固まる（商標名フルーチェなどが食品として市販されている）．これは，牛乳に含まれるCa^{2+}がペクチンを架橋するからである．

オンを介した結合がなくなる．

　セルロース，ヘミセルロース，ペクチンが多糖類であるのに対して，**リグニン**は，フェニルプロパノイド（フェニル基にプロパンが結合した，⟨◯⟩–C–C–C を基本骨格とする化合物群 phenylpropanoids）が重合したものである．

　細胞が伸張しているときにつくられる細胞壁を一次壁，伸張停止後につくられるものを二次壁と呼ぶ．リグニン重合は，中葉，一次壁，二次壁の順に起こる．リグニンが沈着すると，細胞壁強度が増し病害虫にも強くなる．とくに道管，仮道管，繊維の二次壁にはリグニンが多く含まれる．一方，成熟した細胞にもリグニンをもたないものもある．

4.2.2　色素体

　二重の膜をもつ葉緑体，白色体などの**プラスチド**と総称される細胞小器官（オルガネラ）も植物に特有なものである．このうち葉緑体は，光の物理エネルギーを炭水化物の化学エネルギーに変換する光合成を行う重要なオルガネラである．植物の生態を学ぶ上でも，葉緑体の機能はきわめて重要である．

4.2.3　液胞

　植物の細胞は大きな液胞をもつ．液胞は，細胞の恒常性や浸透ポテンシャルの維持，物質の貯蔵，細胞構成成分の分解などの役割をもっている．

4.2.4　細胞分裂と原形質連絡

　動物の細胞が外側からくびれて分裂（fission）するのに対して，植物の細胞は細胞の分裂面に，まず**隔膜形成体**（phragmoplast）が形成され，それがやがて**細胞板**（cell plate）に発達することによって分裂する．その際，小胞体（ER）が細胞板に挟まれ，2つの娘細胞がこの部分によって連絡されることがある．こうしてできる**原形質連絡**（plasmodesma, 複数形 plasmodesmata）を一次原形質連絡という（図 4.4 左）．細胞分裂後に新規に形成される原形質連絡を二次原形質連絡と呼ぶ．

4.2.5　アポプラストとシンプラスト

　細胞どうしが原形質連絡で連絡されている場合には，低分子量の物質やイオンは濃度勾配に応じて細胞間を行き来できる．このように原形質連絡で連

4.2 植物の細胞

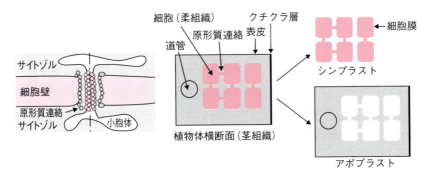

図 4.4　シンプラストとアポプラスト
左：原形質連絡の模式図．小胞体が貫通しており，その隙間を代謝産物，シグナル分子が移動する．一部のウイルスは，原形質連絡の経路を拡げて通過することができる．（西谷和彦，2012 による）
右：シンプラストとアポプラストの概念図．原形質連絡でつながった細胞群の細胞膜の内側が 1 つのシンプラストである．この図には 2 個の細胞からなるものと，4 個の細胞からなるものの 2 つの異なるシンプラストが描かれている．（桜井直樹，1997 を改変）

絡された細胞群の細胞膜およびその内側の空間を**シンプラスト**（symplast）と呼ぶ．シンプラストの外側を**アポプラスト**（apoplast）と呼ぶ（図 4.4 右）．アポプラストは，主として細胞壁からなる．死細胞である道管要素や仮道管もアポプラストに含まれる．シンプラストの中にある液胞を，さらに別の空間であると捉えることもできる．

　植物の細胞膜には H^+-ATPase（H^+ 輸送性 ATP 分解酵素，プロトンポンプ）が存在し（図 4.5），呼吸や光合成によって得られた ATP のエネルギーを使って H^+ を細胞壁に放出している．サイトゾルの pH が 7〜7.4 付近に保たれるのに対して，細胞壁のアポプラスト液の pH は酸性であり pH 5 程度にまで下がる．サイトゾルから細胞壁へ正電荷をもつ H^+ を放出するので，細胞膜の内外に内側が負となる**電位差**を形成することになる．こうして植物の膜電位は，内側の方が外側よりも 100〜200 mV 程度低くなる．膜電位は，膜の外側を基準にするので −100〜200 mV ということになる．H^+ の放出は濃度勾配と電位差に逆らうので，呼吸や光合成によって得られた ATP のエネルギーが必要なのである．また，液胞膜にも H^+-ATPase と H^+-ピロホスファターゼがあり，ATP やピロリン酸（PP_i，高エネルギー結合をもつ）のエネ

■4章 植物の特徴：個体，細胞，組織と器官

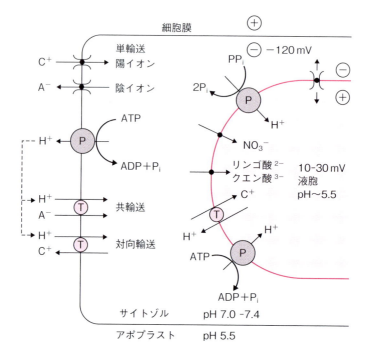

図 4.5 細胞の模式図
アポプラスト，サイトゾルと液胞のコンパートメント．アポプラストと液胞のpHはサイトゾルのpHよりも低い．細胞膜電位は，アポプラスト側よりもサイトゾル側が低い．液胞膜電位はサイトゾル側よりも液胞側が高い．P：プロトンポンプ，T：輸送体，●(：化学ポテンシャル差によるイオンチャネル，A^-：陰イオン，C^+：陽イオン．（Larcher, 2003 を改変）

ルギーを利用して H^+ を液胞内に送る．液胞液の pH は一般にはサイトゾルよりも低く，液胞膜とサイトゾルの間にも電位差がある．つまり，アポプラスト液中の H^+ とサイトゾルの H^+，液胞液中の H^+ とサイトゾルの H^+ の間には**化学ポテンシャル**（電気化学（的）ポテンシャルとも呼ばれる）の差がある．これを利用すれば，細胞にとって必要な物質はサイトゾル中の濃度が高い場合にも取り込むことができるし，不要な物質は，たとえ外界（アポプラスト）の方がその物質の濃度が高くとも排出（あるいは液胞に貯蔵）することができる．

アポプラスト液の体積は小さくする方が有利であろう．アポプラストの体積が大きいと，アポプラストの pH を低く保つために，多くの ATP を使わなければならない．細胞壁は張力に強く丈夫なので薄くすることが可能である．一方，被食防御や寿命が優先される際には厚い丈夫な細胞壁が有利となる．

細胞内外の pH と膜電位との関係をより定量的に取り扱うためには，化学ポテンシャルについて理解する必要がある．化学ポテンシャルは本書で頻出する重要事項なので，時間をかけて 4 章 BOX を読んで理解してほしい．

4 章　BOX
化学ポテンシャル

物質は，高濃度や高圧の状態にあり，絶対値の大きい電位を示す位置にあって電位と同じ符号の電荷を多数もち，それが高い位置にあるほど，エネルギーレベルが高く仕事ができる状態にある．これを定量的に考えてみよう．

ある系（溶液系でも細胞でもよい）における成分 i の化学ポテンシャル（μ_i）とは，温度 T，圧力 P，電位 E，高さ h，および系に存在する問題とする成分 i 以外の各成分の量を一定に保ちつつ，その系の成分 i を極微量（dn_i）変化させたときの系のギブスの自由エネルギー（G）の変化を表す．単位は mol 当たりのエネルギーを示す J mol^{-1} である．数式で表現すると

$$\mu_i = \left(\frac{\partial G}{\partial n_i}\right)_{T,P,E,h,n_j(j \neq i)}$$

他の条件を一定にして問題とする成分のみを極微量変化させるので，偏微分の式が用いてある．この定義から明らかなように，化学ポテンシャルとは，ある状態において成分 i がもつ部分モルギブス自由エネルギー（partial molar Gibbs free energy）である．化学ポテンシャル

が高いということは，仕事ができる状態にあることを意味する．

溶液中のある成分 i の化学ポテンシャル μ_i は，標準状態（たとえば 25℃，1気圧（101.3 kPa））の化学ポテンシャルを μ_{i0} とすると，

$$\mu_i = \mu_{i0} + RT \ln a_i + P\tilde{V}_i + z_i FE + m_i gh$$

ここで，R は気体定数（8.314 J mol^{-1} K^{-1}），T は絶対温度（K），a は活量（無名数），P は系の圧力(Pa = N m^{-2})，$\tilde{V}_i$ は i の部分モル体積(m^3 mol^{-1})，z はその物質のもつ電荷の数（正の電荷なら+，負の電荷なら−），F はファラデー定数（9.65 × 10^4 C mol^{-1}，C = J V^{-1}），E は電位（V），m は質量（kg），g は重力加速度（9.8 m s^{-2}），h は高さ（m）である．ln は自然対数（底が e の対数）である．部分モル体積とは，その系に極微量の当該成分を加えた場合の系全体の体積の増分を，1mol 当たりで表したものなので，m^3 mol^{-1} という単位になる．

$$\tilde{V}_i = \left(\frac{\partial V}{\partial n_i}\right)_{T,P,E,h,n_j(j \neq i)}$$

活量 a は，活量係数（γ_i，activity coefficient）とその物質の部分モル比濃度（N_i，系に含まれるすべての物質の mol 数の和に対するその物質の mol 数）の積で表される（$a_i = \gamma_i N_i$）．希薄溶液の場合には $\gamma = 1$，問題とする物質が水のような溶媒の場合でも希薄溶液の場合にも，$\gamma = 1$ となる．濃厚な溶液や物質間に相互作用がある場合には，$\gamma = 1$ から逸脱する．γ が 1 より小さくなる場合が多いが，大きくなることもある．

式を検討すると，物質は，活量が高く，高圧下，高電位の場にあって多くの正電荷をもち（あるいは低電位の場にあって負電荷をもち），高所にあるほど，エネルギーレベルが高く仕事ができる状態にあることが理解できよう．当該物質 i は，化学ポテンシャルの高いところから低いところへ移ろうとする．またこの式を使えば，エネルギー間の換算が可能である．

4.2 植物の細胞

細胞膜内外のH^+の化学ポテンシャル差$\Delta\mu$（通常，電気化学（的）ポテンシャル差と呼ぶ）を考えよう．高さは細胞の内側と外側では等しく，細胞壁のアポプラスト液もサイトゾルもH^+の希薄溶液であることを仮定して（したがって活量係数は1），H^+の部分モル比濃度をN_{H^+}とすれば

$$\Delta\mu = \mu_i - \mu_o = RT\cdot(\ln N_{H^+ i} - \ln N_{H^+ o}) + F\cdot(E_i - E_o) + \tilde{V}_{H^+}(P_i - P_o) \quad 4.1$$

H^+の体積モル濃度を$[H^+]$ mol L^{-1}（あるいは**M**）で表すと
$\ln(N_{H^+ i}/N_{H^+ o}) \fallingdotseq \ln([H^+]_i/[H^+]_o)$，
また，pH $= -\log_{10}[H^+] = -(1/2.3)\ln[H^+]$なので，

$$\Delta\mu \fallingdotseq -2.3RT\Delta\text{pH} + F\Delta E + \tilde{V}_{H^+}\Delta P \quad 4.2$$

$\tilde{V}_{H^+}\Delta P$は充分小さい[*4-5]ので無視し，25℃を想定し，$T = 298$ K, $R = 8.314$ J mol^{-1} K^{-1}, $F = 9.65 \times 10^4$ J mol^{-1} V^{-1}を代入すれば，以下が得られる．

$$\Delta\mu \fallingdotseq -5.7\cdot 10^3 \Delta\text{pH} + 9.65\cdot 10^4 \Delta E \quad 4.3$$

問題 4.1 サイトゾルのpHを7.4，細胞壁アポプラスト液のpHを5.0，膜電位を-150 mVとして，細胞膜を隔てたプロトンの電気化学ポテンシャル差を求めよ．

答え：$\Delta\mu \fallingdotseq -5.7\cdot 10^3 \times 2.4 + 9.65\cdot 10^4 \times (-0.15) = -23$ kJ mol^{-1}　すなわち，外側の方がH^+の化学ポテンシャルが高い．このポテンシャル差を利用して細胞は物質輸送を行っている．

問題4.1の状況に逆らって，細胞膜H^+-ATPaseが，プロトンをサイトゾルから細胞壁アポプラストに汲みだして化学ポテンシャル差をつくっている．1個のH^+を汲みだすのに，ATPを1分子使う．H^+の化学ポテンシャル差を電位に換算して表示する場合があり，H^+駆動力（proton motive force）と呼ぶ．25℃では，

[*4-5] $\tilde{V}_{H^+}$は10^{-5} [m^3 mol^{-1}]のオーダー，ΔPは高々10^6 Pa程度である．したがって$\tilde{V}_{H^+}\Delta P$は他の2つの項に比べて充分に小さい．

■ 4 章　植物の特徴：個体，細胞，組織と器官

pmf (mV) $= \Delta E - 59\Delta \mathrm{pH}$ となる．

問題 4.2　あるイオンに注目しよう．このイオンの化学ポテンシャルが細胞の内外で等しいときに，細胞内外のこのイオン濃度の比と膜電位の関係を求めよ．1 価および 2 価の陽イオンと陰イオンについて，25 ℃（298 K），細胞膜電位が -0.118 V の場合と -0.177 V（細胞内側がマイナス）の場合とについて計算せよ．

答え：細胞の外側を $_o$ 内側を $_i$ として，

$$RT\ln a_i + zFE_i = RT\ln a_o + zFE_o$$

$$2.3RT\log_{10}\frac{a_i}{a_o} = -zF(E_i - E_o) = -zF\Delta E \quad\quad 4.4$$

$$\frac{a_i}{a_o} = 10^{\left(-\frac{zF\Delta E}{2.3RT}\right)}$$

膜電位として，-0.118 V および -0.177 V（$E_o > E_i$ であることに注意）を代入すると $a_i/a_o = 10^{2z}, 10^{3z}$ となる．したがって 1 価の陽イオンであれば $10^2 \sim 10^3$ 倍，2 価の陽イオンであれば $10^4 \sim 10^6$ 倍細胞内の濃度が高く，陰イオンであればこの逆で細胞内の濃度が低い（図 4.5 の ）●（ の矢印の向き参照）．

　細胞にとって高濃度の陰イオンが必要な場合には**能動輸送**が必須となることが理解できよう．この計算は，種々のイオンの輸送系が能動輸送系かどうかを判断する際に使われる．

4.2.6　外骨格型と風船型の形態保持

　葉の葉肉細胞を例にとる．一年生草本の葉肉細胞の細胞壁はごく薄い．乾燥して水分が減少すれば細胞は膨圧を失い，葉はしおれてしまう．このような植物は，風船が空気圧によって形を保つように膨圧によって形態を保っている．細胞壁は薄くとも張力には強いので，ごく薄いアポプラスト液相を形成することができる（たとえば，一年生草本の葉肉細胞の細胞壁の厚さは 0.1 〜 0.2 μm 程度である）．薄い細胞壁は，光合成における細胞間隙から葉緑体への CO_2 輸送にも有利である．

　一方，寿命の長い樹木の葉は乾燥しても形が保たれる．これらの細胞は比

較的厚い細胞壁をもち[*4-6]，これが外骨格として形態を保持している．この場合にはアポプラスト液相は厚くなり，光合成における葉緑体へのCO_2拡散には不利である．しかし細胞は丈夫になるので，長い寿命を保つことには有利であろう．ここにもトレードオフの関係が見てとれる．

4.2.7 分裂組織

植物の細胞は細胞壁をもち，植物体はレンガを積んだような構造をしている．細胞分裂が起こる場所は空間的に限られており，**分裂組織**（meristem）と呼ばれる（図 4.6）．分裂組織には，シュートの先端（シュート頂あるいは茎頂）および根の先端（根端）にある頂端分裂組織（apical meristem）と，茎や根に発達する形成層やコルク形成層のような側方分裂組織（lateral meristem）とがある．**シュート（茎）頂分裂組織**（shoot apical meristem：SAM）は，成熟した組織から細胞構築とエネルギー供給のための素材（糖やアミノ酸）の供給を受け，新しい細胞を植物体に供給しつつ，それを足場として分裂組織自身も上昇する．高層ビルの建築の際に見られる，最上階の

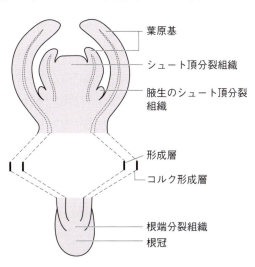

図 4.6 分裂組織
シュートと根の頂端に頂端分裂組織がある．シュート頂分裂組織は若い葉によって，根端分裂組織は根冠によって保護されている．これらは植物の一次成長において機能する．茎や根が太る二次成長に関与するのは形成層，樹皮を形成するのがコルク形成層である．（原 襄，1994 を改変）

[*4-6] 落葉広葉樹と常緑広葉樹の葉肉細胞の細胞壁の厚さは 0.2 ～ 0.3 μm，0.3 ～ 0.5 μm 程度である．やわらかい野菜，たとえばホウレンソウの葉を皿の上で乾燥させると，皿にはりついてほとんど体積がなくなってしまう（風船型）．一方，落葉樹の落ち葉は乾燥しても形を保ったままである（外骨格型）．

クレーンにたとえることができるかもしれない．**根端分裂組織**（root apical meristem：RAM）は，土壌中で組織の形成を担う．**根冠**（root cap）が発達し，分裂したての若い細胞や分裂組織を物理的に保護している．根冠の細胞は使い捨てで，分裂組織によって内側から常に細胞が供給され，表面ではがれる．

形成層（vascular cambium）は，茎と根および葉の葉柄などに存在する分裂組織である．樹木では円筒形となる．形成層の細胞はほとんどの場合に**並層分裂**[*4-7]を行うが，円周の拡大に伴い分裂面が放射方向となる垂層分裂も行う．並層分裂の際，内側には木部となる細胞を切り出す．この活動が季節によって規則的にくり返される場合には，**年輪**（annual ring）が形成される．外側には篩部を形成する細胞を切り出す．円周は木部の発達によって拡大するので，前につくられた篩部は構造を保てなくなり裂ける．この裂け目は**コルク形成層**（cork cambium, phellogen）の活動によって形成されるコルク組織によって埋められる．コルク組織は樹皮となる[*4-8]．

4.3　組織と組織系

組織とは形態的にも機能的にも似た細胞群をさす．これらの細胞群が何種類か集合して**複組織**（compound tissue）をつくる場合がある．組織あるいは複組織のまとまりを**組織系**（tissue system）と呼ぶ．ザックス（J. von Sachs）は表皮系，基本組織系，維管束系を区別した．表皮系は最表層にあり植物体の保護の役割を果たす．また外界との物質のやりとりなどもここで起こる．気孔孔辺細胞なども表皮系の細胞である．維管束系は物質の輸送をにない，木部や篩部などの複組織が含まれる．また基本組織系は光合成など

[*4-7]　細胞層に対して平行な細胞分裂面ができる分裂を並層分裂（periclinal division），垂直な分裂面ができる分裂を**垂層分裂**（anticlinal division）という．

[*4-8]　ワインの栓などに用いるコルクは地中海地方に分布する常緑樹のコルクガシ *Quercus suber* の樹皮からつくる．コルクは名のとおりスベリンに富んでいる．なお日本語では *Quercus* 属の常緑樹を樫（かし），落葉樹を楢（なら）と呼び分ける．英語はどちらも oak で，区別するためには evergreen（常緑性）あるいは deciduous（落葉性）の形容詞が必要．イギリスを舞台とした小説や演劇にでてくる oak を「樫」と訳すと誤訳である．

の基本的な機能を営む部分である．細胞，組織，複組織，組織系の関係は表4.1のようにまとめられる．

表4.1 組織系，複組織，単純組織，細胞

組織系	組織 複組織	組織 単純組織	細胞
表皮系	表皮		表皮細胞
			孔辺細胞
			毛状突起（毛，根毛）
維管束系	木部	道管	道管要素
		仮道管組織	仮道管
		木部柔組織	木部柔細胞
			転移細胞
		木部繊維組織	木部繊維
	篩部	篩管	篩管要素
		篩細胞組織	篩細胞
		篩部柔組織	篩部柔細胞
			伴細胞
		篩部繊維組織	篩部繊維
基本組織系		柔組織	
		葉肉組織	
			有腕細胞
			葉肉細胞
		柵状組織	柵状組織細胞
		海綿状組織	海綿状組織細胞
		皮層	
		外皮	外皮細胞
		内皮	内皮細胞
		皮層柔組織	皮層細胞
		内鞘	
			内鞘細胞
		維管束鞘	
			維管束鞘細胞
		厚角組織	
			厚角細胞
		厚壁組織	
			厚壁細胞
			異形細胞
		繊維組織	繊維細胞

（原 襄，1994を改変）

■ 4 章　植物の特徴：個体，細胞，組織と器官

4.4　器　官

当初茎的な器官しかもたなかった植物の祖先は，根，茎，葉の器官をもつようになった（3.3 陸上植物の体制の進化および 3S.2 地質時代を参照）．ここでは，各器官の構造と機能の関係を議論しよう．

4.4.1　葉

図 4.7 に，シロザとイネの葉の断面図を示してある．葉は一般に扁平である．日本で見られる葉は，100 〜 600 μm の厚さのものが多い．葉の**表側（向軸側）**と**裏側（背軸側）**がはっきりと区別できるものを**両面葉**（bifacial leaf），ユーカリ *Eucalyptus* 属の多くの葉のように，発生上は表側（向軸側）と裏側（背軸側）が区別できるが，見た目に区別がつかないような葉は**等面葉**（equifacial leaf）と呼ばれる．日本で見られるマツ（アカマツやクロマツなど）の葉は形態から表裏が明らかだが，習慣上等面葉と呼ばれる．これらのマツは二枚の葉がセットになっている．基部の鱗片葉もふくめたこのセッ

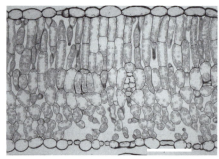 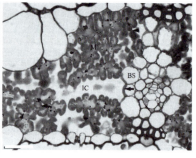

図 4.7　シロザとイネの葉の断面図
　左：シロザ．表側（向軸側）に柵状組織，裏側（背軸側）に海綿状組織が分化している．スケールは 100 μm．（矢野覚士氏提供）
　右：イネ．イネの葉に見られる葉肉細胞には，腕状の突起があるので有腕細胞と呼ばれる．突起によって細胞表面積が拡大され，その湾曲に添って葉緑体がびっしりと配置している．BS：維管束鞘細胞，IC：細胞間隙．維管束鞘細胞の矢印は，遠心側にある葉緑体を示す．左上の表皮細胞で大型のものは機動細胞（motor cell, 泡状細胞，bulliform cell ともいう）．乾燥時には，これらの細胞が収縮し，葉が巻く．スケールは 20 μm．（Sage & Sage, 2009 より許可を得て複製）

トがシュート（**短枝**[*4-9]）である．二枚の葉の基部の間にはシュート頂分裂組織がある．長枝の頂芽が破損された場合にも分裂組織が活性化し，**長枝**が発生することもある．大きな葉が短枝当たり一枚だけのモノフィーラマツ（*Pinus monophylla*，種小名は一枚の葉を意味する．北米産）では葉はほぼ円柱状であり，表面からの観察だけでは表裏を決することができない．このような場合にも葉の断面の維管束を調べれば表裏がわかる．

扁平なシャガやアヤメ，円柱状のイグサやネギなどの葉では，われわれが目にする葉の表面のほとんどの部分が，葉の裏側に相当する．これらを**単面葉**（unifacial leaf）と呼ぶ．表側は，植物体の基部で若い葉を包んでいる箇所の内側の部分である．

葉は一般に扁平な形態をしており，これらは受光やガスの拡散に都合がよいとされる．しかし植物の祖先が上陸したのち，石炭紀以前の化石には扁平な葉は見られない．温室効果ガスである CO_2 の濃度が高かった時代には，気温も高かった．高 CO_2 濃度のためだけなのかどうかは不明だが，この時代の植物化石の気孔密度（単位面積当たりの数）も小さい．もし，この気孔密度のまま葉が扁平となり太陽光を受けたとすれば，蒸散が気化熱を奪うことによる冷却作用が小さいため，葉は著しい高温に達したであろう．

現在，多くの葉は扁平である．これは，光を大量に受けガスの拡散経路を短縮するには都合がよい．扁平化を可能にしたのは，大気中の CO_2 濃度の低下に伴い気温が低下し，気孔密度も増加したため，葉に光を受けても葉の温度がそれほど上昇しなくなったためであろう．CO_2 濃度が一定レベル以下になって，初めて受光とガス拡散に有利な扁平な形態をとりえたのである．

2024 年現在，大気の CO_2 濃度は 420 ppm 程度である．この濃度では，カルヴィン - ベンソン - バッシャム回路の炭酸固定酵素である**ルビスコ**（Rubisco：ribulose 1,5-bisphosphate carboxylase/oxygenase）は CO_2 に関して飽和していない（詳しくは 7，8 章を参照）．扁平な葉の形態は光合成の基

[*4-9] **長枝**と**短枝**．樹木のかたちを構築するような節間の長い枝を長枝（long shoot），光合成面積拡大用の節間の短い枝を短枝（short shoot）と呼ぶ．

質である CO_2 が葉の内部に拡散するのにも好都合であると述べたが，これも CO_2 濃度が光合成の律速要因となる範囲となってはじめて意味をもつ．

4.4.2 根

根の断面図を図 4.8 に示す．多くの根は細胞 1 層の表皮（epidermis）をもつ．表皮の内側には基本組織系の**皮層**（cortex）がある．皮層の最外層に外皮（exodermis）をもつ植物もある（イネ科植物の多くの植物，タマネギ，アスパラガスなど）．皮層の最内層には**内皮**（endodermis）が発達する．外皮は内皮に似た構造をしている．

内皮細胞の放射面および横断面の細胞壁はリグニンとスベリンを含む．この細胞壁は**カスパリー線**（Casparian strip）と呼ばれる．リグニンやスベリンは水を透過させないので，細胞壁アポプラスト中を拡散するイオン類もこの層を通過できない．このため水やイオンは内皮細胞のシンプラスト経路を通過することになる．内皮細胞のプラスチドにはデンプン粒が存在しており，これらが根の重力屈性に重要なはたらきをすることがわかっている．

中心柱（central cylinder, stele）は，内皮の内側にあり維管束やその他の

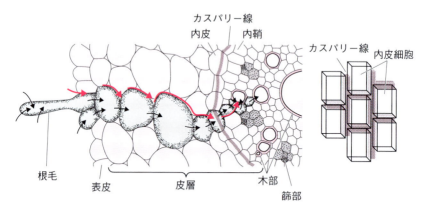

図 4.8 根の断面図（模式図）
左：コムギの根の断面図．水やイオンの通り道に，シンプラスト経路（黒矢印）とアポプラスト経路（赤矢印）とがある．内皮を通過する際にはアポプラスト経路はカスパリー線で遮られるので，シンプラスト経路のみになる．（Esau, 1965 を改変）
右：内皮の細胞壁にはカスパリー線があり，アポプラスト経路が遮られる．（唐原一郎，1995）

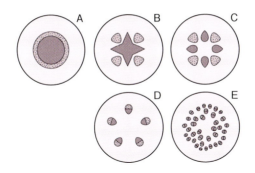

図 4.9　中心柱
A：原生中心柱（protostele），B；C：放射中心柱（actinostele），D：真正中心柱（eustele），E：不斉中心柱（atactostele）．A〜C は根にみられる．D は双子葉類，E は単子葉類によく見られる．（原 襄，1972 より）

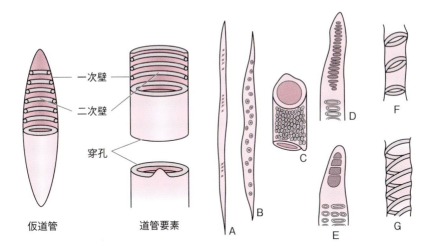

図 4.10　道管要素と仮道管
左：仮道管と道管要素．
右：A：繊維，B：仮道管，C：単穿孔の孔紋道管，D・E：階状穿孔の孔紋道管，F：環状紋道管，G：螺旋紋道管．
道管は道管要素が複数つながってできている．道管要素同士の間には穿孔（perforation）と呼ばれる大きな孔がある．道管の両端には穿孔はなく，道管同士は壁孔でつながっている．仮道管は1細胞から成り立つ（図5.9も参照）．(Mauseth, 1988; 原 襄，1972 より）

■4章　植物の特徴：個体，細胞，組織と器官

組織を含む．中心柱の最外層の細胞層が**内鞘**（pericycle）で，内鞘細胞の並層分裂によって**側根**（lateral root）の発生が始まる（シダ植物では，内皮細胞の並層分裂によって開始される）．根の中心柱では，木部（xylem）と篩部（phloem）とが放射状に配列する場合が多い（**放射中心柱**，図4.9）．側根は，双子葉類では木部に隣接した内鞘の並層分裂によって発生が開始するものが多い．単子葉類では，篩部に隣接した部分で発生する．したがって，双子葉類でも単子葉類でも側根は放射状に列をなす（ダイコンは2列，ニンジンは3列，サツマイモは6列）．

　木部には，水や無機栄養の輸送を行う**道管組織**（vessel，単に**道管**とも呼ぶ）や**仮道管**（tracheid，1つの細胞）がある（図4.10）．道管をつくる**道管要素**（vessel member, vessel element）や仮道管は死細胞であり，セルロースやリグニンが主成分の厚い二次細胞壁をつくった後，細胞質が失われ通導組織として機能するようになる．したがってこれらの死細胞は，アポプラストに区分される．仮道管をもつ植物の最初の化石はデボン紀のシダ植物の祖先である．道管の進化は，被子植物の出現を待たなければならない．現生のシダ植物と裸子植物も仮道管のみをもち，被子植物だけが仮道管に加えて道管をもつ[*4-10]．道管や仮道管のまわりには，**木部柔細胞**（xylem parenchyma cell）や**転移細胞**（transfer cell）が存在しており，イオンや水の輸送に関わっている．

　篩部には，糖やアミノ酸を主として輸送する**篩管組織**（sieve tube，単に**篩管**とも呼ぶ）や**篩細胞**（sieve cell）がある．篩管を形成する個々の細胞は**篩管要素**（sieve tube member, sieve tube element，図4.11）と呼ばれる．これらの細胞からは，核やその他のオルガネラは消失しているが，細胞膜は存在している．**伴細胞**（companion cell）や**篩部柔細胞**（sieve parenchyma）は，細胞質が充実していて，篩管や篩細胞への糖やアミノ酸の積み込み（loading）や，積み降ろし（unloading），および種々の情報伝達の役割を果たしている．なお篩管を構成する篩管要素の継ぎ目（**篩板**，sieve plate）には，ふるい（篩，

＊4-10　被子植物でもヤマグルマは道管をもたない．

4.4 器官

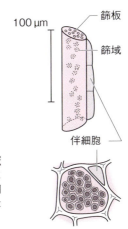

図 4.11 篩管要素と伴細胞
ニセアカシアの篩管要素と伴細胞．篩域には，隣接する篩管間を連絡する壁孔に似た穴が集合している．スケールは上図用．下の断面図は拡大してあり，篩板などを示している．(Esau, 1977 による)

sieve)のような穴が開いている．このために篩管と呼ばれるのである．師部，師管と表記しては意味をなさない．

4.4.3 茎

茎の維管束の配列は，根で見られた原生中心柱や放射中心柱とは異なっている．双子葉では円周上に木部を内側，篩部を外側にもつ維管束[*4-11]が並ぶ（**真正中心柱**，図4.9）．単子葉類では茎全体に維管束が配置する（**不斉中心柱**）．双子葉類では，茎が太くなると，維管束内の木部と篩部との間，あるいは維管束間に形成層が発達する．これらをそれぞれ維管束内形成層，維管束間形成層と呼ぶ．これがやがて円筒状の形成層に発達する．樹木では，形成層の活動が盛んであり，これによって茎が太って幹となる．ナギイカダ科（広義のキジカクシ科）の *Dracaena* 属などを除く一般の単子葉類は，形成層を発達させない．

幹の木部部分である材は，**辺材**（sap wood）と**心材**（heart wood）に分けられる．材の細胞のうちすべての道管や仮道管，繊維細胞は死細胞である．また，心材ではすべての細胞が死細胞となっている．樹木は生きた細胞が死

[*4-11] ウリ科の植物には木部の内側にも篩部をもつ複並立維管束をもつものがある（例：アマチャヅル）．

■4章　植物の特徴：個体，細胞，組織と器官

図 4.12　草本と樹木の体制
白い部分：光合成器官，点を打った部分：生きている非光合成器官，黒の部分：死んだ非光合成器官．（原図）

細胞のまわりを取り囲んで生活しているといえよう．もし幹を形成する細胞がすべて生きているとすれば，細胞が行う呼吸の基質を光合成産物でまかないつつ背丈を伸ばすことは，植物にとって大きな負担となる．死細胞を中心に抱える樹木の体制は，光をめぐる高さ方向の競争において有利である（図4.12）．

　死細胞の生細胞に対する割合が圧倒的に高い樹木に比べて，草本植物は生細胞の割合が高い．たとえば，バナナは幹をもたない草本植物で数 m の高さになる．この程度の背丈が草本植物の限界である．

　典型的な形成層をつくる種子植物には背丈が 100 m を越すものもある．また直立せず傾いた形状のものもある．これらは形成層による二次木部の形成が盛んであることや力学的ストレスに応じて**あて材**（コラム 4.1 参照）をつくる能力が高いことによっている．

コラム 4.1
樹木を補強する「あて材」

「山で道に迷って方角がわからなくなったときには，切り株を見ればよい．年輪の幅が広い方が南側である．」という話をきいたことはないだろうか．しかしこれを信じてはいけない．樹木が斜面に立っているとき樹木の自重，あるいはとくに雪解け時の雪の重みによって斜面下側方向へ力がかかる．このような場合には斜面下側の材を補強し圧縮に耐えて幹を押しあげるか，上側の材を補強して張力に耐え幹を引っ張りあげる必要がある．補強用にできる材は「あて材」（reaction wood）と呼ばれる．裸子植物は圧縮に耐えてもち上げる「圧縮あて材」を下側に，被子植物の樹木は張力に耐え引っ張り上げる「引っ張りあて材」を上側につくる．あて材の部分の年輪幅は大きくなる．図A，Bのように裸子植物は斜面下側が，被子植物では上側が太る．

なお，あて材形成の刺激は張力や圧縮力ではなく重力であるとする説がある．図C，Dのように若木を巻くと外側の円周には張力が，内側には圧縮力がはたらくはずである．しかし，実際には，裸子植物は下側に，被子植物は上側にあて材をつくる．引っ張りあて材では張力に強いセルロース微繊維が細胞長軸方向に平行に走っている．

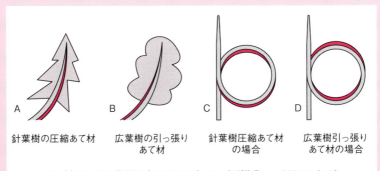

A 針葉樹の圧縮あて材　B 広葉樹の引っ張りあて材　C 針葉樹圧縮あて材の場合　D 広葉樹引っ張りあて材の場合

あて材のできる位置を赤で示してある．（馬場啓一，2001による）

5 章　植物と水

　植物は土壌から水を吸収する．吸収された水のほとんどは，根や茎の木部にある道管や仮道管を通って葉に至り，蒸散によって大気に放出される．こういってしまうと,水はあたかも植物体を素通りするようだが,蒸散流は,水,イオンや植物ホルモンを運ぶ重要な役割を果たしている．また，蒸散によって気化熱が奪われるので，植物体の過熱を防ぐ役割もある．もちろん水は細胞の肥大や伸張にも重要な役割を果たす．

　水の動きは受動的で，水ポテンシャルが高いところから低いところに移動する．この章では,まず水ポテンシャルを導入し,これに基づいて,蒸散,通水,根の水吸収を扱う．土壌の水分についてもやや詳しく解説する．5 章の補遺には練習問題がある．実際に解いて理解を深めてほしい．水ポテンシャルの測定方法や，水分生理と植物の成長との関係も補遺にまとめてある．

5.1　化学ポテンシャルと水ポテンシャル

　植物の細胞は細胞壁に囲まれている．細胞壁の主成分はセルロースで，とくに張力に対して丈夫である．成熟した細胞の細胞壁はゴムのような弾性体としてふるまう．

　水をやや失った細胞を純水に浸けたとしよう．細胞の中には各種の無機イオンをはじめとする種々の溶質が溶けている．したがって，水は細胞の中に浸透しようとする．もし，細胞壁がなければ細胞は膨らみ続け，やがて破裂するだろう．しかし，弾性をもつ細胞壁があるので，細胞が膨らむにつれて細胞壁が膨潤を抑える力が大きくなる．やがて膨潤しようとする力（**膨圧**）と細胞壁の反作用による力（**壁圧**）とが釣り合い,細胞体積の変化は止まる．

　この関係を,**水ポテンシャル**を導入して説明しよう．水ポテンシャルとは,問題とする系の水の化学ポテンシャル（4 章の BOX 参照）と標準状態の水

の化学ポテンシャル $\mu_{w,0}$ との差を水の部分モル体積 $\tilde{V}_w$ で割ったものである．水には電荷がないので，水の化学ポテンシャル μ_w は，

$$\mu_w = \mu_{w,0} + RT\ln a_w + P\tilde{V}_w + m_w gh \qquad 5.1$$

と表される．したがって，水ポテンシャル Ψ (プサイ) は，以下のようになる．

$$\Psi = \frac{\mu_w - \mu_{w,0}}{\tilde{V}_w} = \frac{RT\ln a_w}{\tilde{V}_w} + P + \frac{m_w gh}{\tilde{V}_w} = \Psi_\Pi + \Psi_P + \Psi_g \qquad 5.2$$

これらの各項を，**浸透ポテンシャル**（Ψ_Π, osmotic potential），**圧（静水圧）ポテンシャル**（Ψ_P, pressure potential），**重力ポテンシャル**（Ψ_g, gravitational potential）と呼ぶ．水ポテンシャルの単位は，化学ポテンシャルを部分モル体積で割るのであるから，J ＝ N m に注意すれば，(J mol^{-1})/(m^3 mol^{-1}) ＝ (N m mol^{-1})/(m^3 mol^{-1}) ＝ N m^{-2} ＝ Pa なので，面積当たりの力，すなわち圧力となる．水は水ポテンシャルの高いところから低いところに移動しようとする．部分モル体積については4章で説明した．系が水溶液の場合には，水の部分モル体積は約 18×10^{-6} m^3 mol^{-1} となるが，系によっては水の部分モル体積の値がこれと異なることもある．たとえば，アルコールを主成分とする場合，水の部分モル体積はこれよりも小さい．水 100 mL とエタノール 100 mL を混ぜると合計は 190 mL 程度になることを思いだしてほしい．

いくつかの溶質の希薄水溶液の場合，各成分のモル数を n で表すと，溶媒である水の部分モル比濃度（N_w）は，以下のように近似できる．n_w は水のモル数，Σn_i は水以外の溶質のモル数の総和である．

$$N_w = \frac{n_w}{n_w + \Sigma n_i} = 1 - \frac{\Sigma n_i}{n_w + \Sigma n_i} \fallingdotseq 1 - \frac{\Sigma n_i}{n_w} \qquad 5.3$$

希薄溶液なので活量係数 $\gamma = 1$．また，$|x| \ll 1$ のときには，$\log(1+x) \fallingdotseq x$ なので，

■ 5章　植物と水

$$\frac{RT\ln a_w}{\widetilde{V}_w} = \frac{RT}{\widetilde{V}_w}\ln \gamma_w N_w \fallingdotseq -\frac{RT}{\widetilde{V}_w}\cdot\frac{\Sigma n_i}{n_w} \qquad 5.4$$

通常溶質の濃度 c は体積モル濃度 (mol m^{-3}) で表される．溶液の体積 V と $\widetilde{V}_w\cdot n_w$ はほぼ等しいので，$\dfrac{\Sigma n_i}{\widetilde{V}_w\cdot n_w} \fallingdotseq \Sigma c_i$ となる．したがって，浸透ポテンシャル Ψ_Π は，

$$\Psi_\Pi = \frac{RT\ln a_w}{\widetilde{V}_w} \fallingdotseq -\frac{RT}{\widetilde{V}_w}\cdot\frac{\Sigma n_i}{n_w} \fallingdotseq -RT\Sigma c_i = -\overset{\text{パイ}}{\Pi} \qquad 5.5$$

となる．最後の部分の負号をとった，$\Pi = RT\Sigma c_i$ は，植物生理学者ペッファーが見いだし，物理化学者ファントホフ (J. H. van't Hoff) が定式化した溶質の濃度と浸透圧 Π の関係を表す式である．このように，ファントホフの式は水ポテンシャルの近似式として導くことができる．

　実験室では，通常，Ψ_g を無視する[*5-1]．したがって Ψ は，

$$\Psi \fallingdotseq P - \Pi \qquad 5.6$$

と表される．この式はこれまで用いられてきた吸水力を表す式にマイナス（負号）をつけたものである．

　先に述べた，水をやや失った細胞を純水に浸けたときの水の動きを，水ポテンシャルを用いて説明しよう（図 5.1）．純水の水ポテンシャルは 0（$\Psi_\Pi = \Psi_P = 0$）である．これに比べて細胞内には溶質の存在している分，水の部分モル比濃度が減少している．いわば水が少なく，水の活量は小さいことになる（$\Psi_\Pi < 0$）．したがって，水は $\Psi_\Pi = 0$ の純水から $\Psi_\Pi < 0$ の細胞内に移動しようとする．ところが，細胞内に水が入り細胞が膨らむにつれて，

[*5-1] Ψ_g は樹木では重要になる．微視的にも，たとえば，コップに入れた水の水ポテンシャルがコップの上下で等しいのは，コップの下部の水の Ψ_P は，上部の水による圧力の分大きいが，その分低い位置にあるため Ψ_g が小さく，これらが打ち消し合うからである．水の Ψ_Π はコップ内の位置によって大差ない．

5.1 化学ポテンシャルと水ポテンシャル

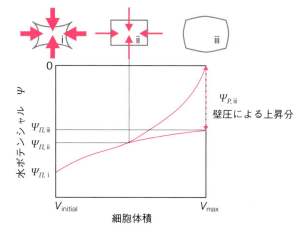

図 5.1 膨圧を失った植物細胞を純水に入れた場合の変化
i：浸透ポテンシャル差（＝水ポテンシャル差）にしたがって細胞内に水が流入．
ii：水の流入が続く．圧ポテンシャルが生じ始める．
iii：圧ポテンシャルと浸透ポテンシャルの絶対値が等しくなる．$\Psi_{\Pi,\mathrm{iii}} + \Psi_{P,\mathrm{iii}} = 0$
（原図）

弾性のある細胞壁による締めつけが始まり，圧ポテンシャル Ψ_P が効いてくる．これらが釣り合った点で，純水である外液と細胞との間の見かけ上の水の出入りはなくなる．このとき，細胞内の水ポテンシャルも，$\Psi = 0$ である．ここでは，$\Psi_\Pi + \Psi_P = -\Pi + P = 0$ が成り立っている．浸透ポテンシャルによって生じる膨圧と壁圧は等しい．

問題 5.1 表 5.1 にエンドウの根の細胞のイオン組成を示す．植物細胞では K^+ の含量が高いという特徴がある．陽イオンの濃度の合計は 89 mmol L^{-1} であり，陰イオンの合計は 75 mmol L^{-1} である．この他にも有機酸や糖なども 数十 mmol L^{-1} のオーダーで存在するがここでは無視しよう．通常は電気的中性が保たれているので，イオンの価数なども考慮しなければならないが，180 mmol L^{-1} のイオンが完全に電離していると

表 5.1　エンドウの根の細胞のイオン濃度

イオン	細胞液中のイオン濃度 (mmol L^{-1})
K^+	75
Na^+	8
Mg^{2+}	3
Ca^{2+}	2
NO_3^-	28
Cl^-	7
$H_2PO_4^-$	21
SO_4^{2-}	19

(Higinbothum *et al.*, 1967 による)

して，浸透ポテンシャルを計算してみよう．この細胞が充分に水分を含む土壌（土壌のポテンシャルを Ψ_S とすると，$\Psi_S = 0$）に接しているとすれば壁圧もわかる．温度は 25 ℃ としよう．

答え：ファントホフの式に代入する．$\Pi = 8.31$ (J mol^{-1} K^{-1}) $\times$ 298 (K) $\times$ 180 (mol m^{-3}) $= 4.46 \times 10^5$ Pa．浸透ポテンシャル（Ψ_Π）$= -0.446$ MPa．$\Psi_S = 0$ ならば，圧ポテンシャル（Ψ_P）$= 0.446$ MPa．ちなみに，1 気圧は 101.3 kPa（0.103 MPa）である．

細胞には無機イオンの他にも溶質を含む．このように無機イオンのみで低めに見積もってさえも，植物細胞の圧ポテンシャルは，自動車のタイヤ内圧（0.2 MPa 程度，約 2 気圧）などよりもはるかに高い．

5.2　気相の水ポテンシャル

気相の水ポテンシャルは，それと平衡状態にある液相の水ポテンシャルに等しい．密閉した容器に純水を入れると，気相の水蒸気濃度はその温度における飽和水蒸気濃度となる．このとき，気相の水ポテンシャルは純水の水ポテンシャルと等しいので $\Psi = 0$ となる．容器に水溶液を入れると，**水蒸気濃度は液相の水の活量に比例**する．溶質の濃度が上昇し，水の活量が低下すると，水蒸気の濃度もそれに比例して低下する．水の活量と水蒸気濃度が比例するので，式 5.4 から類推できるように，気相の水ポテンシャルは，

$$\Psi = \frac{RT}{\tilde{V}_w} \ln \frac{e}{e_0} = \frac{RT}{\tilde{V}_w} \ln RH \qquad 5.7$$

となる．ここで e は容器内の水蒸気濃度，e_0 はその温度における飽和水蒸気濃度，RH は相対湿度（relative humidity，$0 \leqq RH \leqq 1$）である．植物片を容器に入れて平衡に達した気相の水蒸気圧を測定することにより，植物片の水ポテンシャルを求めることができる（5S.1 問題 5S.1 参照，5S.2 水ポテンシャルの測定法参照）．

5.3 植物体全体の水の流れ　SPAC

葉で蒸散が起こると葉の水は失われ，葉の細胞の水ポテンシャルは低下する．木部の道管・仮道管内の水は葉に引き込まれ，茎の道管内の水は引き上げられ，根では土壌中の水を引き込む．こうして，土壌中の水分が葉から蒸散される．植物体内全体の水の流れは，オームの法則に似たモデルで記述できる（図 5.2）．土壌から植物体を経て，大気に至る連続する水の流れを，**SPAC**（soil-plant-atmosphere continuum）と呼ぶ．水ポテンシャルを考えながらそれぞれのプロセスを検討しよう．

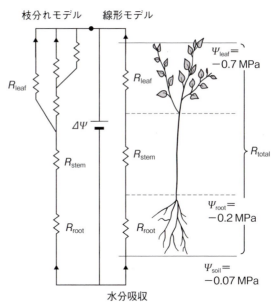

図 5.2　土壌から植物体を通して大気に至る水の流れ（SPAC）
土壌から葉内部の蒸発面にいたる水の流れの抵抗モデル．枝分れモデルと線形モデルが示してある．土壌から葉内部の蒸発面までの水ポテンシャル差を電圧，それぞれの器官の通水経路を抵抗として表現してある．
(Tyree, 1997 を改変)

5.3.1　蒸　散

植物が光合成を行う際，気孔を介して CO_2 を取り込む．多くの場合，外気の水ポテンシャルは葉の水ポテンシャルよりも低いので，気孔が開けば水蒸気は外気に拡散する．クチクラ層を通しても水がわずかににじみ出し，水蒸気となって外気に拡散する．気孔およびクチクラを介して水蒸気が葉から大気に拡散することを**蒸散**（transpiration）と呼ぶ（図 5.3）．

■ 5章　植物と水

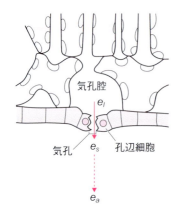

図 5.3　蒸散のメカニズム
気孔腔の水蒸気濃度は，葉の温度における飽和水蒸気濃度に近い．外気の水蒸気濃度との差が，蒸散の駆動力である．蒸散の駆動力は葉と大気の水ポテンシャル差ではない．e_l：葉内の水蒸気濃度（葉温における飽和水蒸気濃度とすることが多い）．e_s：葉の表面の水蒸気濃度．e_a：外気の水蒸気濃度．（原図）

　葉の内部には葉肉細胞があり，その総表面積は葉の面積の 5〜70 倍に及ぶ．細胞壁はアポプラスト液を含んでいる．アポプラスト液のイオンや有機物の濃度を考慮しても，アポプラスト液の Ψ_Π は高く（浸透圧は低く），気孔が完全に閉じていれば，葉の細胞間隙の水蒸気濃度は葉の温度における飽和水蒸気濃度と大差はない．生理学的な条件（葉が生きている条件）では，沙漠に生育する乾生植物の葉がもっとも乾燥したときの水ポテンシャルでも，−5 MPa 以下になることはまずない．−5 MPa に相当する相対湿度は 25 ℃では 96.5 % もある．気孔が開いている場合でも，葉の内部の水蒸気濃度を飽和水蒸気濃度とみなして計算することが多いが，高温において乾燥が厳しい条件で光合成を行う葉の細胞間隙の水蒸気濃度は飽和濃度の 80 % 程度にまで低下することがある．

　葉が乾燥するにつれて，細胞壁のセルロース繊維のすき間（平均径，数 nm）に水がしだいに引き込まれる．水の表面張力を τ（タウ）（25 ℃では $\tau = 0.072$ N m^{-1}）[*5-2]，セルロース繊維の隙間の穴を円柱状としてその半径を r，水のメニスカスが穴の内面と接する角度を θ とすれば，吸着力は $2\pi r \tau \cos\theta$，これが穴の面積にかかるので，圧としては，

＊5-2　表面張力は線分にかかる力，あるいは表面を一定面積拡げるために必要なエネルギー（N m^{-1} = J m^{-2}）として定義される．濡れにくい物質の表面では水滴は丸くなる．水滴表面の水分子は内部の水分子よりも水素結合の数が少ないため不安定である．丸い形は不安定な水分子の数を最小にする形である（体積当たりの表面積が最小になるのは球）．表面積を拡げるためにはエネルギーが必要である．

5.3 植物体全体の水の流れ　SPAC

$$P = \frac{2\pi r \tau \cos\theta}{-\pi \cdot r^2} = -\frac{2\tau \cos\theta}{r} \qquad 5.8$$

となる．表 5.2 に明らかなように，小さい穴に保持された水は，接触角が小さくなると大きな陰圧を示す．水ポテンシャルは低下し，細胞壁表面からの蒸発も起こりにくくなる．蒸発もしにくくなる．水分の 50％程度を失うほどに乾燥させると，通常の葉は枯死する[*5-3]．

表5.2　円柱状の間隙中の水の圧ポテンシャル

r (nm)	5	26	1.5	5
θ (°)	0	0	0	87
P (MPa)	-29	-5.5	-94	-1.36

湿潤条件では θ が大きく圧ポテンシャルは 0 に近い．（Nobel, 2020 より）

　気孔に近い細胞壁表面から蒸発した水は細胞間隙，気孔腔を通過，気孔を通って葉から出て，葉のまわりの空気の層である**境界層**を横切り，外気に到達する（図 5.3）．葉の近傍では葉との摩擦によって風速が低下する．境界層は葉の表面から風速が外気の 99％までの部分をさす．境界層の厚さ δ (m)（デルタ）は，風がごく弱い場合や強すぎる場合を除いて以下の経験式で近似される．

$$\delta = 0.004\sqrt{\frac{l}{v}} \; (\text{m}) \qquad 5.9$$

ここで，l は風向に垂直な葉の幅（m），v は風速（m s^{-1}）である．葉が大

[*5-3]　復活植物と呼ばれる一群の生物はより厳しい乾燥にも耐え，水を与えれば復活する．陸生のシアノバクテリア（*Nostoc* 属）や小葉類のシダ（イワヒバなど），被子植物ではイワタバコ科の *Haberlea rhodopenis* などが有名である．これらが乾燥にさらされると，細胞膜の一部は小胞となって細胞中に蓄積される．水を与えるとこれらの小胞は再び細胞膜と融合する．

■ 5章　植物と水

きく風が弱いほど境界層は厚くなる．幅 5 cm の葉に風速 1 m s^{-1} の風が当たっているときには，境界層の厚さは 0.89 mm である．境界層は気孔間の距離よりもかなり大きい．一般に，極端に葉の幅が小さく風が強い場合を除けば，境界層の厚さは気孔間の距離[*5-4]よりも大きい．したがって，境界層内の水蒸気濃度の等値線は，気孔から離れるにつれて葉にほぼ平行になる（図 5.4）．このため，葉の内部から気孔，境界層を透過して外気までの蒸散も，図 5.2 のようなオームの法則にならった一次元のモデルで表現できる．

　蒸散速度 E (mol m^{-2} s^{-1}) は，葉の内部の水蒸気濃度を e_l, 葉から遠い外気の水蒸気濃度を e_a, 気孔の外側の葉の表面の水蒸気濃度を e_s とし，気孔を開口部の面積 a（最大に開いた際の面積を a_{max}），管長 t の短い管とみなして，気孔密度を n (m^{-2}) とすると，以下の式で表現することができる．ここではクチクラ蒸散は考慮していない．

$$E = D_{wb} \cdot \frac{e_s - e_a}{\delta} = D_{wd} \cdot n \cdot a \frac{e_l - e_s}{0.5\sqrt{a\pi} + t} \qquad 5.10$$

ここで D_{wb} は層流の空気を横切る水蒸気の拡散係数，D_{wd} は静止空気中における水蒸気の拡散係数である．**拡散係数**は気相のガス組成によって異なり，相手の気体分子が重いと小さくなる．25℃では $D_{wd} = 2.51 \times 10^{-5}$ m^2 s^{-1}, $D_{wb} = 1.45 \times 10^{-5}$ m^2 s^{-1} である[*5-5]．式 5.10 は，電流，電圧（電位差），抵抗（あるいは抵抗の逆数のコンダクタンス）の関係を示すオームの法則と同じ形をしている．電流（I）に当たるのが蒸散速度，電位差（ΔV）に当たるのは水蒸気濃度差（水ポテンシャル差ではないことに注意）である．オームの法則は，抵抗を R とすると，$I = \Delta V / R$ である．抵抗の逆数 $1/R$ は電流の流れやすさを表しコンダクタンスと呼ばれる．D_{wb}/δ を**境界層コンダクタンス**，$D_w n a/(0.5\sqrt{a\pi} + t)$ を**気孔コンダクタンス**と呼び，ここでは g_{wb}, g_{ws} で表現する（それぞれの逆数を境界層抵抗，気孔抵抗と呼ぶ）．a_{max} を a に

[*5-4] 気孔の密度は 1 mm^2 当たり 100 から数百の程度である．したがって，気孔と気孔の間の距離は 100 μm 程度以下になる．

[*5-5] 境界層中の気体の拡散係数 (D_b) と静止空気中の拡散係数 (D_d) には，$D_b ≒ 0.017 D_d^{2/3}$ の関係がある．常温付近では，$D_b ≒ 0.6 D_d$ もよい近似である．

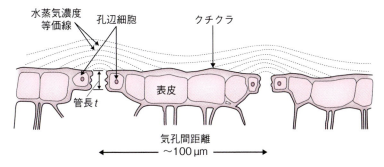

図 5.4　気孔のまわりの水蒸気の等濃度線
気孔間の距離(〜 100 μm)は境界層の厚さ(〜 mm)に比較して充分小さいので，水蒸気濃度の等濃度線は，ほぼ葉面に平行になる．(原図)

代入すれば最大の気孔コンダクタンスを概算することができる．気孔の深さ t は孔辺細胞の幅とほぼ等しいので，概算の際には t を測定せずに幅で代用することもある．

式 5.10 の左側の等式は，境界層を横切る蒸散フラックスを表現している．境界層を横切る拡散係数に，境界層中の水蒸気濃度勾配（境界層をはさんだ水蒸気濃度差を境界層の厚さで割ったもの）を掛けてある（コラム 5.1）．2 つめの式は，静止空気中の水蒸気の単純拡散係数，葉の単位面積当たりの気孔開口部の面積の総和，および水蒸気濃度勾配の積である．管が長い場合には，管の両端の濃度差を管の長さで割ったものを濃度勾配としてよいが，気孔は管として短いので，$0.5\sqrt{a\pi}$ などを足して管口補正を施す（管口補正にはその他にも種々の方法がある）．これらから，測定が困難な e_s を消去して E について整理する．$D_{wb} \fallingdotseq 0.6\, D_{wd}$ を使うと

$$E = \frac{D_{wd}}{1.67\,\delta + \dfrac{0.5\sqrt{a\pi}+t}{n\cdot a}}(e_l - e_a) \qquad 5.11$$

式 5.11 は葉の片側に気孔がある場合で，気孔抵抗と境界層抵抗が直列になっている．気孔は一般には葉の裏側（背軸側）に多いと思われているが，実は，草本植物の多くは表側（向軸側）にも気孔をもち，気孔密度も裏側と同等になるものもある．両面に気孔がある場合には向軸側と背軸側の経

■5章 植物と水

路は並列である．葉の両面における境界層コンダクタンスはほぼ等しいので，どちらも g_{wb} としよう．気孔コンダクタンスは面によって異なり，向軸側（adaxial）の気孔コンダクタンスを $g_{ws,adax}$，背軸側（abaxial）気孔コンダクタンスを $g_{ws,abax}$ とすれば，葉全体のコンダクタンス g_l は：

$$g_l = \frac{g_{wb}\,g_{us,adax}}{g_{wb}+g_{ws,adax}} + \frac{g_{wb}\,g_{us,abax}}{g_{wb}+g_{ws,abax}} \qquad 5.12$$

と表すことができる．

　図 5.5 に，境界層の大きさが蒸散に及ぼす影響を式 5.10 を使って計算した結果が示してある．気孔が開けばそれに比例して蒸散速度が増加するわけではなく，式 5.11 の分母の 1.67δ と $(0.5\sqrt{a\pi}+t)/na$ の相対的な大きさが問題になる．気孔が開いて開口面積の総和が大きくなっても，δ がそれよりもはるかに大きければ，蒸散速度はそれほど増加しない．小さい葉に風がよく当たる場合には δ が小さいので，蒸散速度は気孔開度に強く依存する[*5-6]．

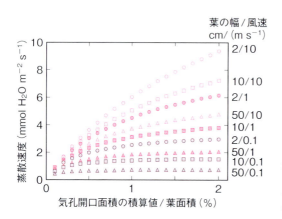

図 5.5　蒸散に及ぼす気孔開度，葉のサイズおよび風速の影響
風向方向の葉の幅を 2，10，50 cm，風速を 0.1，1 および 10 m s^{-1} としたときの蒸散速度を示してある．横軸には気孔開口面積の総和の葉面積に対する比率を％で表示した．気孔は葉の片面にあると仮定し，気孔を内半径 5.64 μm，深さ 10 μm の円筒とした．葉の温度は気温と同じ 20℃，外気の水蒸気濃度は相対湿度 50％として 0.48 mol m^{-3} として計算した．25℃における空気中の水蒸気の拡散係数は，$D_{wv}=2.42\times10^{-5}$ m^2 s^{-1}．（原図）

[*5-6]　通常，葉の光合成や蒸散速度を測定する際には，ファンで強い風を当てて境界層コンダクタンスを大きくする．大きな葉の一部をはさんで測定する際にもその部分に強い風を当てる．野外の実際の環境における光合成や蒸散をこれらの測定値から考察する場合には注意が必要である．

5.3 植物体全体の水の流れ　SPAC

コラム 5.1
洗濯物を早く乾かすには

式 5.9 の前半の式は，洗濯物の乾燥も表現する．濡れた衣類の表面の水蒸気濃度は衣類の温度における飽和水蒸気濃度としてよく，温度が高ければ飽和水蒸気濃度も高く，外気が乾燥していれば水蒸気濃度差が大きい．また境界層の厚さは，葉（ここでは洗濯物）のサイズが小さいほど，風が強いほど薄くなる．したがって，日差しが強く，外気が乾燥していて，風の強い日，サイズの小さい洗濯物ほど乾きやすいことになる．なお，洗濯物を大きなものから小さなものへと並べて干すよりも，サイズがまちまちのものを干した方が，風が乱流となりやすい．乱流となると境界層は薄く，境界層コンダクタンスがさらに大きくなるので，洗濯物が全体として早く乾く．ずぼらに並べて干す方が，乾燥が早い．詳しくは，近藤正純（2000）を参照のこと．

5.3.2　蒸散中の葉は道管・仮道管内の水を引っ張る

葉で蒸散が起こると，5.3.1 項で説明したように，葉の Ψ が低下するので道管内の水は葉に吸収され，水はさらに下方から引き上げられる．この状況を理解するためには，素焼きのポットに両端の開いた細いガラスの管をつけたものがよいモデルになる（図 5.6）．素焼きのポットをぬらし，ガラス管内を水で満たし，素焼きのポットに太陽光を当てると水は盛んに蒸発する．素焼きのポットはひからびず，管を通して水が供給される．水銀柱もかなりの高さでもち上げることができる．

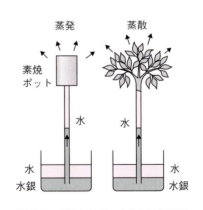

図 5.6　素焼きのポットを用いた蒸散モデル
（Raven ら，2005）

5.3.3 100 m 水をもちあげるメカニズム

次に図 5.6 の管の長さ，すなわち植物の高さを考えよう．現生の植物でもっとも背が高いのは，アメリカの北西部に分布するセコイアメスギ（*Sequoia sempervirens*，裸子植物，スギ科の針葉樹）で 120 m の高さにも達する．被子植物でもっとも高くなるのは西オーストラリアの *Eucalyptus regnans*（フトモモ科）で 95 m に達するという．これらは，地中の水を 100 m もの高さまで汲み上げて葉を繁茂させている．一体どのようにしてこのような高さにまで水をもち上げることができるのだろうか．

一端の閉じた長さ 1 m のガラス管に水銀を入れて水銀溜のなかで倒立させると，水銀は約 76 cm まで上昇する．これを水について行えば，水は 10 m 程度までしか上昇しない．したがって，大気圧を利用することによっては，水は 10 m の高さまでしか上昇しない．

毛管現象は，管の壁と水との間の水素結合によって起こる（図 5.7）．水の**表面張力**を τ（25℃では $\tau = 0.072$ N m^{-1}），管の半径を r，水の密度を ρ（1000 kg m^{-3}），重力加速度を g（9.8 m s^{-2}），管壁と管壁付近の水の表面のなす角度を θ とすれば，$2\pi r \tau \cos\theta = \pi r^2 h \rho g$ なので毛管力によってもち上げられる水の高さ h は，

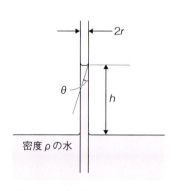

図 5.7 毛管現象
水と管壁の接触角を θ としてある．h は本文中の式によって計算できる．（原図）

$$h = \frac{2\tau \cos\theta}{r \rho g} \qquad 5.13$$

である．道管内の水の接触角 θ は，$\theta = 40 \sim 50°$ なので，$h = 100$ m を実現する r は $r = 0.1$ μm 程度と計算される．したがって，管をごく細くすれば水を 100 m よりも高くもち上げることが可能である．しかし，実際の道管の半径は 30 〜 20 μm 程度，仮道管の半径は 5 〜 25 μm である．これではせいぜい，0.3 〜 2 m 程度しか水を上げることはできない．

5.3 植物体全体の水の流れ SPAC

　大気の水ポテンシャルは非常に低く（3.2.1「陸上の乾燥」参照），盛んに蒸散している葉の水ポテンシャルは，$-2 \sim -3$ MPa（約20〜30気圧）にまでも低下する．水を高くもち上げる駆動力は，大気圧や毛管力よりもはるかに大きい水ポテンシャル差なのである．

　盛んに蒸散している葉には水が吸収され，道管内の水は引き上げられる．道管内の水には張力（木部負圧と言う場合もある）が作用する．水分子の間には**水素結合**が1分子当たり平均4個あり，その結合エネルギーは水素結合1 mol当たり20 kJ mol^{-1}程度である．水分子1 mol当たりだと40 kJ mol^{-1}程度となる（水の蒸発熱は，水温にもよるが，45 kJ mol^{-1}程度である．この大部分が水素結合を断ち切り，個々の水分子を自由にするためのものである．補遺6S.2.1b 顕熱伝達と潜熱伝達も参照）．

　水素結合による凝集力がどの程度強いのかは，先端を曲げたガラスの細管を遠心して確かめられた．回転速度とガラス管の長さから水にかかる張力を計算することができる(図5.8)．水は10℃付近でもっとも切れにくく，-20 MPaを越える張力にも耐えうることがわかる．低温では凝集力が低下する．

　仮道管は細胞1個よりなり，0.4〜10 mmの長さである．これらが，多数の直径5〜15 μm程度の壁孔を介してつながっている．道管は，細胞（道管要素）同士が細胞の直径と同じ程度の大きな孔（穿孔）でつながったもので，1本数 cm〜30 cm程度である．道管要素が連なってできた道管の上下端は閉じており，他の道管・仮道管とは，壁孔を

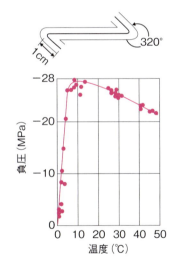

図5.8 ガラス管を回転させ水の柱が切れた時点の張力（負圧）の温度依存性
遠心器に端を曲げたガラス管を取りつける．この実験に用いられたガラス管の内径は0.6〜0.8 mmもあるが，水の柱は-20 MPa程度には耐える．低温になると切れやすくなる．（Briggs, 1950による）

■ 5章　植物と水

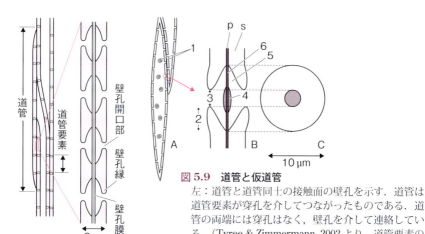

図 5.9　道管と仮道管
左：道管と道管同士の接触面の壁孔を示す．道管は道管要素が穿孔を介してつながったものである．道管の両端には穿孔はなく，壁孔を介して連絡している．(Tyree & Zimmermann, 2002 より．道管要素の穿孔については，図 4.10 も参照)
右：仮道管とその壁孔．A：仮道管は 1 つの細胞で数 mm 程度の長さである．B：壁孔の断面図．C：壁孔の正面図．1：壁孔，2：細胞壁の縁（有縁壁孔），3：開口部（pit aperture），4：トーラス（torus），5：壁孔室（pit chamber），6：マーゴ（margo）．p：一次壁，s：二次壁．トーラスは壁孔膜の中央部，マーゴは周縁部である．（原 襄，1972 による）

介して連絡している．道管の壁孔は，仮道管の壁孔よりも小さく，トーラスを欠くなど構造も異なる（図 5.9，図 4.10 も参照）．道管・仮道管の内面にもセルロースなどの多糖があるので，道管内の水との間には水素結合ができる．水素結合は粘性の原因ともなる．水は流れにくくはなるが切れにくいのはこのためでもある．道管内壁への水滴の接触角は，$\theta = 40 \sim 50°$ であり，非常に親水性が高いというわけではない（親水性が非常に高ければ，$\theta = 0°$ である）．

　1 本の管を単位時間当たりに流れる水の体積 v（$m^3\ s^{-1}$）を表す**ハーゲン - ポアズイユの式**（Hagen-Poiseuille equation）は，水の粘性を η（イータ）（1.002×10^{-3} Pa s），管の入口と出口の圧力差を管の長さで割ったもの（圧力勾配）を $\Delta P/\Delta x$ とすれば，

$$v = \frac{\pi \cdot r^4}{8 \cdot \eta} \cdot \frac{\Delta P}{\Delta x} \qquad 5.14$$

と表現される．管を流れる液体の量は管の断面積（すなわち径の2乗）に比例するのではなく**径の4乗に比例**する．断面積の合計が同じであれば，細い管を多数もつよりも，太い管を少数もつ方が大量に水を輸送できることがわかる（5章補遺 練習問題 5S.2 参照）．

5.3.4　土壌から植物への水の流れ
a. 土壌における水の状態

　土壌は，固相，液相，気相からなる．固相を占めるのは土壌粒子であり，いわゆる空隙は液相または気相が占める．大量の降雨があると，大きな空隙の大部分は水で占められる．粒子がもつ小さな間隙の中の空気は水とは入れ替わらないことも多い．大きな空隙にたまった雨水は重力により下降する．粒径の大きい砂等では，重力水は2〜3日中に落ちる．重力水が下降した後の土壌の水含量を，**フィールド容水量**（圃場容水量ともいう．field capacity）と呼ぶ．この段階では，土壌粒子の間隙に毛管水が存在し，根は液体の水に接しているため吸水が容易である．乾燥が進むと，毛管水の連絡が断たれる．小さな間隙に入り込んだ毛管水や，土壌の表面に静電的に結合した水などを吸収することは困難である．液体としての水の連絡が断たれると，水蒸気としての移動が重要になる．

　土壌中の水ポテンシャル（Ψ_S）は，

$$\Psi_S = \Psi_\Pi + \Psi_P + \Psi_g + \Psi_m \qquad 5.15$$

と表すことができる．Ψ_m は，これまでに議論していない項であり，**マトリックポテンシャル**（matric potential）と呼ばれる．重力水が降下しきっていない段階では，ほぼ $\Psi_m = 0$ なので無視できるが，重力水が降下した後には，土壌の水ポテンシャル低下の主役となる．

　土壌乾燥時，土壌粒子の細かいすき間や植物遺体の細胞壁などの微細な間隙に強く吸着されている水は利用できない．5.3.1項で葉の乾燥について議論したように，表面張力を τ，土壌粒子の穴を円柱状としてその半径を r，水のメニスカスが穴の内面と接する角度を θ とすれば，吸着する力は $2\pi r \tau \cos\theta$，これが穴の面積にかかるので，圧としては，

$$P = \frac{2\pi r\tau \cos\theta}{-\pi \cdot r^2} = -\frac{2\tau \cos\theta}{r} \qquad 5.16$$

となる．表 5.2 に明らかなように，小さい穴に保持された水は，接触角が小さいと大きな陰圧を示す．根の水ポテンシャルは，せいぜい -1.5 MPa 程度，乾燥した環境に適応した植物の根でも -3.0 MPa 程度だから，このような水を吸収することはできない．土壌には，その他にも菌類の菌糸やバクテリア，植物の根が分泌した多糖類などが存在する．これらにも水を吸着する性質がある．これらの水ポテンシャルは低く，利用するのは難しい．吸着や毛管水などによる水の活動度の低下は，マトリックポテンシャルとしてまとめて取り扱う．

フィールド容水量の段階から乾燥すると，Ψ_P および Ψ_g は無視できるので，土壌の水ポテンシャルでは，Ψ_Π や Ψ_m が重要になる．マトリックポテンシャル係数 γ_m を導入して $\gamma_m < 1$ とおくと，負の値をとるマトリックポテンシャルを定義することができる．

$$\Psi_S \fallingdotseq \frac{RT}{\widetilde{V}_w}\ln(\gamma_m \cdot N_w) = \frac{RT}{\widetilde{V}_w}\ln \gamma_m + \frac{RT}{\widetilde{V}_w}\ln N_w \fallingdotseq \Psi_m - \Pi \qquad 5.17$$

すでに述べたように，土壌中の水の移動様式は複雑である．水が充分に存在し毛管水が連続しているような場合水の移動は速やかだが，土壌が乾燥し毛管水が切れると移動は急激に遅くなる．図 5.10 には，土壌の乾燥に伴う Ψ_m の低下および水の拡散係数の低下を示してある．

粘土を主成分とする土壌では，地表面が乾燥するときに毛管的なつながりがあれば，水は次々と引き上げられて蒸発によって失われる．しかし，表面がよく耕してあると，毛管のつながりが切れて表層だけが乾くので水の保存に役立つ．また粘土より砂，砂質よりも礫質の土壌の方が，毛管が切れやすいので水を保持しやすい．

土壌含水量の低下に伴う水ポテンシャルの低下は，主としてマトリックポテンシャル（Ψ_m）の低下による（図 5.10）．先に述べたように，植物の根

5.3 植物体全体の水の流れ　SPAC

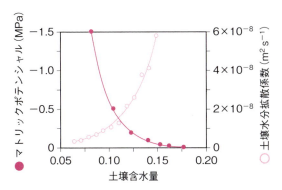

図 5.10　土壌含水量（単位体積の土壌中で水の占める体積）がマトリックポテンシャルと土壌水の拡散係数に及ぼす影響
土壌含水量（体積当たりの水分量）の減少に伴い，マトリックポテンシャルは低下し，土壌水分拡散係数も減少する．拡散係数と呼ばれるが，いわゆる拡散現象とは異なることに注意．水中の水分子の拡散係数は，$2.3 \times 10^{-9}\ m^2\ s^{-1}$ である．（Stirzaker & Passioura, 1996 による）

の水ポテンシャルはせいぜい $-1.5 \sim 3.0\ MPa$ までしか低下しないので，植物が利用できる水は，水ポテンシャルがこれ以上の部分である．土壌の水ポテンシャルがこれ以下に低下すると，植物はやがてしおれる．この点を**永久萎凋点**（永久しおれ点，permanent wilting point）と呼ぶ．植物が使うことができる水は，フィールド容水量と永久しおれ点の含水量の差である（図 5.11）．砂にせよ，粘土にせよ，永久しおれ点付近では含水量の低下に伴う水ポテンシャルの低下が著しい．根の水ポテンシャルをより低くできるような「乾燥耐性植物」が実験室でできたとしても，それによって吸収することができる水はどのような土壌でもほと

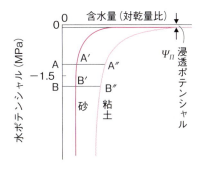

図 5.11　粘土と砂の水ポテンシャルと含水量の関係
土壌の水ポテンシャルを決めるのは主としてマトリックポテンシャルである．$-1.5\ MPa$ は根の水ポテンシャルが通常とりうる最低値である．この最低値が A から B に変化しても，利用できる水の量（含水量差）はそれほど変化しない．（佐伯敏郎, 1981 による）

んど増えない[*5-7].

b. 土壌水から根へ

　根の吸水は，土壌の水ポテンシャルよりも，道管・仮道管の水ポテンシャルが低い場合に起こる．根の表面から植物体内に入った水の経路は，細胞壁を通る**アポプラスト経路**と，細胞の内部を通る**シンプラスト経路**とがある．皮層の部分はどちらの経路も通りうる（図4.8参照）．皮層の最内層には内皮が発達する．内皮の細胞壁にはリグニン・スベリンの目張りがある．これを**カスパリー線**（Casparian strip）と呼ぶ．この疎水性の目張りのため，水やイオンはアポプラストを通ることができない（図4.8）．この部分では，シンプラスト経路を取らざるを得ない．内皮の内側には内鞘を最外層とする中心柱がある．ここでもまた，水はアポプラスト経路およびシンプラスト経路を通る．道管要素や仮道管は死細胞であるので，アポプラストである．これらの関係を模式化すると図5.12のようになる．呼吸によって得られたATP

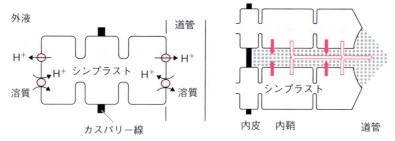

図5.12　内皮を境界にしてアポプラスト空間を2つに分けた根の生理学的構造模型（左）とアポプラストカナルモデル（右）
左：H^+-ATPase がどちらのコンパートメントでも重要なはたらきを示す．
右：内皮の内側では，シンプラストとアポプラスト間のプロトンの化学ポテンシャル差を利用して，イオンをシンプラストからアポプラストへ輸送する．こうして浸透ポテンシャルが低下し，水ポテンシャルも低下するので，水がアポプラストへ流入する．矢印はイオンと水の動きを示す．（加藤 潔，1991による）

＊5-7　含水量の低下に伴う土壌の水ポテンシャルの低下は急激なので，乾燥地の植物の根の水ポテンシャルが3.0 MPa程度にまで低下しても，吸水できる水の量は大して増えない．このような乾燥地では地下水位にまで達するような深い根をもつなど，形態的な適応が重要である．

を利用して，内皮の両側の H$^+$-ATPase がプロトンを汲み出すことにより，皮層，道管・仮道管中の木部液を含むアポプラストは酸性となる．このアポプラストとシンプラスト間のプロトンの化学ポテンシャル差（電気化学的ポテンシャル差）を利用して，内皮の外側では種々のイオンがアポプラストからシンプラストへ，内側では，シンプラストからアポプラストへと輸送される．こうして道管・仮道管内にはイオンが蓄積し，Ψ_Π が低下する．

　夜間には，蒸散速度が著しく低下するので，蒸散による木部 Ψ_P の低下はほとんどない．このような状態でも多くの植物が吸水する．その原因の1つは，道管・仮道管内にイオンが蓄積し Ψ_Π が低下するために Ψ 全体も低下するからである．Ψ が低いので，土壌水は道管・仮道管に引き込まれる．こうして Ψ_P は大きな正の値をとるようになる．これが**根圧**である．根圧は0.1～0.2 MPa 程度にも達するが，土壌水の吸収が続いている限り，道管・仮道管内の水ポテンシャル（$\Psi_P + \Psi_\Pi$）は土壌の水ポテンシャルよりも低い．もっとも夜間吸水するからといって根圧が生じているとは限らない．根圧を生じない植物でも，根や茎の細胞の水ポテンシャルが低い場合には，夜間，木部の Ψ_P が負となるため吸水する．

　昼間，盛んに蒸散している植物では，道管・仮道管中の Ψ_P が負になることが道管・仮道管内の Ψ の低下の主な原因である．昼間にもイオンの吸収は起こっており，道管・仮道管内は，$\Psi_\Pi < 0$ だが，大量の水の吸収によってその絶対値は夜間に比べ小さくなる．このように，木部へ水が供給される主なメカニズムは，盛んに蒸散している昼と，蒸散がほぼ止まる夜とでは異なる．

5.4　植物体の通水コンダクタンス，水分状態の日変化

　大気の水ポテンシャルは低く，土壌の水ポテンシャルは高い．この間にあって，植物体では葉の水ポテンシャルがもっとも低く，根の水ポテンシャルがもっとも高い．明け方に蒸散が始まるときには，水の流れが植物個体内部で一定になるまでに時間がかかり，葉の水ポテンシャルの低下に続いて茎の水ポテンシャルが低下し，樹木では幹の収縮が観察される．植物体内の水の

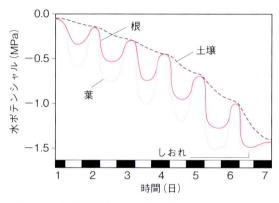

図 5.13 乾燥期間中の葉，根，土壌の水ポテンシャルの低下過程の模式図

葉の水ポテンシャルの振幅がもっとも著しい．根の水ポテンシャルが永久萎凋点である−1.5 MPa より低下すると，しおれが見られる．また，明け方には土壌，根，葉の水ポテンシャルがほぼ同じになることにも注意．（Slatyer, 1967 による）

通水抵抗の分布については，葉全体の抵抗，茎の抵抗，根の抵抗がおおよそ，1:1:2 程度である（図5.2 参照）．ヒマワリについて，この連比をさらに水の通過する距離を考慮して，単位距離を水が移動する際の抵抗になおすと，1:1/2000:1 となり，茎の部分の維管束を通した移動の抵抗は圧倒的に小さい．

葉の水ポテンシャルを一日を通して測定すると，明け方もっとも高く，日中に低下し，夕方にかけてややもりかえし，夜間を通じて上昇をつづけるというパターンを示す（図5.13）．もし夜明け前の蒸散が 0 であり，植物体内の水の移動もほぼないとすれば，葉の水ポテンシャルは，地面の水ポテンシャルと平衡状態に近くなるはずである．この値をとくに，**夜明け前の水ポテンシャル**（pre-dawn water potential）と呼ぶ．フィールドにおける水関係の研究において必ず測定される値である．地面に近い葉の水ポテンシャルは土壌の水ポテンシャルとほぼ等しくなる[*5-8]．

各器官の通水抵抗は一定ではなく，木部閉塞などによって大きくなる．水

[*5-8] 葉の位置が高いと重力ポテンシャルを考慮しなければならない．重力ポテンシャルは 10 m 高くなるごとに 0.1 MPa 分高くなるので，夜明け前の樹木内部の水ポテンシャルに差がないとすれば，高い場所では，その分木部負圧が低下するはずである．水ポテンシャルの測定に用いる圧チェンバー（5S.2 水ポテンシャルの測定法参照）を実用化したショランダーら（Scholander *et al.*, 1965）は，重力ポテンシャルの存在を証明するために，ライフルを用いて高所の枝を撃ち落としその木部負圧を測定した．

5.4 植物体の通水コンダクタンス，水分状態の日変化

の凝集力は強いとはいうものの，水分欠乏により木部の Ψ_P が著しく低下する場合には，周囲の組織の空気が道管や仮道管に引き込まれ気泡が生じる．松枯れ病におけるマツノザイセンチュウの食害に代表される病虫害や，冬季の木部液の凍結融解によって気泡が生じる場合もある．気泡は一本の道管や仮道管内に拡大し，木部閉塞（エンボリズム）を起こす．ただし，壁孔膜のセルロース微繊維間の隙間が 10 nm と小さく，仮道管の有縁壁孔では，壁孔膜が圧力差によってたわみ，トーラスが蓋をするので，気泡が壁孔を介して隣接する道管・仮道管へと拡大することは少ない．したがって，閉塞された道管・仮道管が少ない場合には，水はこれらの道管・仮道管をバイパスして流れることができる．しかし，閉塞した道管が増えると**通水障害**が起こり，この状態が修復されないと植物は枯死する．道管や仮道管が横方向に連続していると，気泡が拡大する危険性はある一方，バイパス経路も確保できる．ここにもトレードオフの関係がある．

裸子植物である針葉樹の仮道管の構造については図 5.9 に示した．すでに述べたように，壁孔を介した両側の仮道管間で圧力が大きく異なるとトーラス部分が圧力の低い側の開口部に密接することになる．木部の凍結により水の体積は 8％程度膨張するのでこのような大きな圧力差が生じうる．このような場合に生じる仮道管間の圧力差による壁孔吸着（pit aspiration）と，気泡による木部閉塞の関連が検討されている．

凍結枝サンプル切断面の低温走査電子顕微鏡（Cryo-scanning electron microscopy, Cryo-SEM）観察により，日本の亜高山帯針葉樹シラビソでは，冬季，木部の通水性の低下が起こりはじめる際，壁孔吸着がまず起こり，続いて木部閉塞が起こることが明らかになった[*5-9]．裸子植物と被子植物の壁孔の構造の違いのもつ生態学的意味の解明が待たれる．

木部閉塞の修復は，夜間に根圧によって根から押し上げられた水によって，閉塞した道管が**再充填**（re-filling）されるためだと考えられてきた．つる植物は一般に道管が太く木部閉塞が起こりやすいが，ヘチマなどでよく知られ

[*5-9] 種子田春彦ら（2023）などによる．

■ 5章　植物と水

るように根圧も高く，再充填が起こりやすい．しかし最近，日中，木部全体には負圧がかかっている状態でも修復が起こる例も報告されている．修復は，閉塞状態にある道管・仮道管のまわりの柔細胞の呼吸エネルギーを利用した能動的なプロセスによると理解されている．メカニズムの詳細[*5-10]については，今後の研究を待たねばならない．

　冷温帯針葉樹の木部の仮道管内の水の凍結についてはすでに述べたが，冬季の気温は氷点下となり土壌も凍結するので地下部からの水の供給はない．春，気温が高まる際にも，地下部からの水の供給がない状況もある．このような場合には，雨水が地上部の表面の隙間から木部に供給され，これが春の通水性の回復に重要な役割を果たしている．植物の水関係に及ぼす地上部の雨水の役割は春先に限られるわけではない．他の季節の地上部の濡れについても研究が進められている．

　葉の水ポテンシャルが土壌の水ポテンシャルよりも低くないと吸水はできない．したがって，乾燥地の植物の浸透ポテンシャル（Ψ_π）は著しく低い．細胞中のイオン濃度を高めればΨ_πは低下し，水分を吸い上げることはできるようになるが，イオン強度が高まるとタンパク質の機能に影響を及ぼすようになる．このような状況は，マニトール，グリシンベタイン，プロリンなどの**適合溶質**[*5-11]の濃度を高めることで防ぐことができる．

＊5-10　スクロースやイオンが閉塞状態にある道管に能動輸送され，Ψ_πの低下によって周囲の細胞から水が供給される．この結果道管内のΨ_Pは正となり，空気は徐々に液相に溶け込む．こういう能動的プロセスが進行している間，閉塞状態にある道管は壁孔内に残った空気がバリアとなって，まわりの道管（$\Psi_P < 0$）から隔離され得ることが示された（大條弘貴ら，2017）．これはヤマグワを用いた知見である．他の植物についても同機構による通水性の回復が検討されなければならない．

＊5-11　適合溶質には，生理的pHでは電気的に中性で電荷をもたないもの（糖アルコールなど）と，プラスとマイナスの電荷をもつ両イオン性のもの（グリシンベタイン，プロリンなど）とがある．適合溶質は，タンパク質やオルガネラ表面などを保護する役割を果たすと考えられている．また，シャペロニン（介添えタンパク質）様タンパク質やヒートショック様タンパク質もタンパク質の保護に役立っているらしい．

6章 植物の光環境と光吸収

　太陽光は地球のほとんどすべての生物にとって究極のエネルギー源である．まず太陽からやってくる光の質と量について述べよう．次に，植物がどのように光を吸収するのかをなるべく定量的に議論する．植物は，光を環境シグナルとしても利用している．シグナル光受容色素について，生態学的に重要な現象を例にとって解説する．この章の内容の理解のためには，補遺の計算問題を解くのが有効である（6S.1 練習問題）．また，5 章で学んだ蒸散と，この章で学ぶ放射収支を組み合わせれば，葉や植物群落のエネルギー収支を定量的に扱うことができる．これも補遺に詳しく解説した（6S.2 エネルギー収支）．

6.1　太陽光

6.1.1　太陽光の波長組成

　いわゆる光（可視光）は，物体から射出される電磁波（放射）の一部である．光には，波長が定義でき干渉作用があるなど，波としての性質がある一方，粒子（光量子）としての性質もある．波長 λ（m）の光量子 1 mol がもつエネルギー E_λ は，

$$E_\lambda = N_A h\nu = N_A hc/\lambda \qquad 6.1$$

で表される．N_A はアボガドロ（Avogadro）定数（6.02×10^{23} mol^{-1}），h はプランク（Planck）定数（6.6×10^{-34} J s），ν は振動数（$\nu = c/\lambda$），c は光速（3.0×10^8 m s^{-1}）である．この式からも明らかなように，波長が短いほど光量子のもつエネルギーは大きくなる．

　物体表面から射出される放射の波長組成とエネルギーの総量は，物体の表面温度で決定される．高温になるほど短波長の放射が射出される．乾電池に

■6章　植物の光環境と光吸収

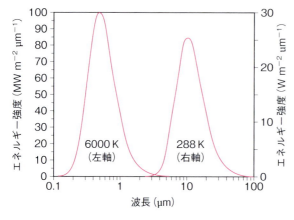

図 6.1　6000 K の太陽表面および 288 K の地面から射出する放射エネルギー波長組成
プランクの分布則を用いて理論的に計算したもの．(Campbell & Norman, 1998)

豆電球をつなぐと赤っぽい光を発するが，直列につなぐ電池の数を増やせば電球の光は黄色から青白い光に変わる．これはフィラメントの温度の上昇による．溶鉱炉の溶けた鉄の温度の測定の際にも，測定するのは波長である．このことをまず理論的に議論する．

まず，黒体の放射について述べる．黒体は完全放射体とも呼ばれ，照射されるすべての放射を吸収し，またその温度において放射できる最大量のエネルギーを射出する物体である．黒体放射の波長組成は，量子論の創始者であるプランク（M. K. E. L. Planck）が 1915 年に提出した分布則（**プランクの分布則**）によって表現することができる（図 6.1）．表面温度 T (K) の物体表面から射出する波長 $\lambda \sim \lambda + \Delta\lambda$ の光のもつエネルギーが，$e(\lambda)\Delta\lambda$ と表されるとき，$e(\lambda)$ は以下の式で表される．

$$e(\lambda) = \frac{2\pi hc^2}{\lambda^5 (\exp[hc/(\lambda kT)] - 1)} \qquad 6.2$$

ここで k はボルツマン（Boltzmann）定数であり，1.38×10^{-23} J K^{-1} である．太陽はほぼ完全な黒体であり，表面温度は 5800〜6000 K である．図では表面温度が 6000 K と 288 K の黒体の放射を比較してある．どちらの分布も同じ「形」をしているが，エネルギー強度の桁が違う（図 6.1 の，縦軸のスケールは左右で 10^6 倍違うことに注意）．

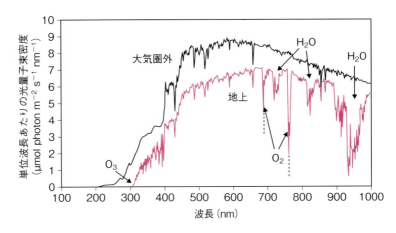

図 6.2　大気圏外と地上で測定した太陽光のスペクトル
単位波長（nm）当たりの光量子束密度（μmol m^{-2} s^{-1}）を示してある．
（Papageorgiou & Govindjee, 2004 による）

太陽からの放射は波長 3 μm より長波長側でほとんどなくなる．一方，地物の放射の波長は約 3 μm 〜約 40 μm である．波長が 3 μm 以下の放射を**短波**（short wave），3 μm 以上の放射を**長波**（long wave）と呼ぶ．この短波は，短波ラジオの短波とは異なる．

地球の大気圏外で太陽からの放射の波長組成を測定すると，プランクの分布則にかなり一致する（6 章補遺 練習問題 6S.2 参照）．しかし，地表に到達する短波放射の波長組成は，気体分子による散乱や吸収によって大きく変化する（図 6.2）．波長当たりの光量子束密度（光量子束密度の一般的な単位は μmol m^{-2} s^{-1}，したがって波長当たりでは，μmol m^{-2} s^{-1} nm^{-1}）のピーク値も大気圏外とは異なっており，**600 nm 〜 700 nm**（橙色〜赤色）となる．

短波のうち，ヒトの目の感度のよい波長域は 400 nm 〜 700 nm である（長波長側から赤橙黄緑青藍紫）．なおヒトの目の感度は，550 nm 付近にシャープなピークがある．植物からの反射光や透過光の緑色のピークも約 550 nm なので植物の緑色は鮮やかに見える．可視域より短波長が**紫外線**（UV, ultraviolet），これより長波長は**遠赤色光**（far-red light）や**赤外線**（IR, infra-red）である．大気圏外ではかなりの UV が観測されるが，大気中の気

■6章　植物の光環境と光吸収

体分子[*6-1]および塵やエアロゾル[*6-2]によって散乱され，さらにオゾンによって吸収されるので，地上に到達するのは微量である．紫外線は波長によって，UV-A（315〜400 nm），UV-B（280〜315 nm），UV-C（＜280 nm）に分けられる．UV-Cは空気分子による散乱やオゾンによる吸収のため，地上に到達することはない．UV-AやUV-Bは地上に到達する．散乱をもたらす大気層が薄くなる高山では，よく晴れた日の紫外線が強くなる．高山に登ると日焼けしやすいのはこのためである．また，1980年代以降，大気中のオゾンがフロンなどによって破壊され，とくに極域では，春季にオゾン濃度がきわめて低い場所（**オゾンホール**）ができる．オゾンホール付近では，地表に届くUVが多く，深刻な問題となっている．2000年以降，オゾンホールは拡大してはいないが，縮小も見られない．

　近赤外放射（〜2.5 μm）は，CO_2，H_2O，O_2がよく吸収する．図6.3は，大気による光の吸収率のスペクトルを表現したものである．このスペクトルには短波だけではなく，地物の放射（長波）の吸収も示してある．一般に，大気のガスは可視光をそれほど吸収しないが，赤外線は比較的よく吸収する．

　大気成分がほとんど吸収しない波長域が，短波と長波に存在する（図6.3）．これらの波長域を**大気の窓**と呼ぶ．太陽光の短波を透過する波長域はほぼ，400〜700 nmのヒトの可視域および光合成有効放射に当たる．地球が射出する長波放射にも10 μm付近に窓がある．オゾンが吸収する波長約9 μmの部分を除けば，この波長域では，地表面から射出された長波放射のほとんどが宇宙空間にそのまま抜ける．

　波長600 nmの橙色光，波長300 nmの紫外線1 molのエネルギーを，式6.1を使って求めると，200 kJ mol^{-1}，400 kJ mol^{-1}になる．このように，光の

＊6-1　気体分子などによる散乱は，レイリー散乱（Rayleigh scattering）と呼ばれる．波長λの$1/\lambda^4$に比例するので短波長の光になるほど著しく散乱される．宇宙から地球が青く見える，昼間空が青い，朝日や夕日が赤いのはすべてこのためである．朝夕は，太陽光が観察者にとどくまでの空気中の光路が長い．短波長の光は散乱により観察者に到達しにくいので，長波長側に偏るのである．

＊6-2　波長と同じ程度の大きさの物体では，ミー散乱（Mie scattering）が起こる．

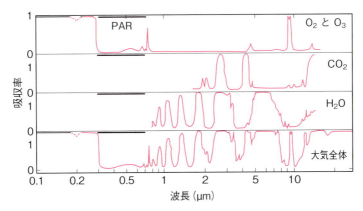

図 6.3　大気中のガスによる光の吸収
吸収率 1 はその波長の光をすべて吸収することを意味する．PAR：光合成有効放射（400〜700 nm）．H_2O や CO_2 の吸収波長はとびとびであることに注意．赤外域の吸収は，分子内の結合のねじれ（変角）や伸縮運動に対応しており，量子化されているので吸収波長はとびとびとなる．（Fleager & Businger, 1963 による）

もつエネルギーは ATP の加水分解によって生じる約 50 kJ mol^{-1}（p.108 脚注 7-7 参照）よりもはるかに大きく，紫外線の場合には，共有結合エネルギー（たとえば，C–C の 348 kJ mol^{-1}）に匹敵する大きさである．これらの数字から，光エネルギーを化学エネルギーに変える光合成のもつ意義や，紫外線を吸収する DNA が紫外線により損傷（これが皮膚がんなどの原因となっている）される理由が理解できよう．

6.1.2　太陽光のエネルギー総量

物体の表面から出る放射のエネルギー E は，プランクの分布則を全波長にわたって積分して求めることができる．

$$E = \int_0^\infty e_\lambda d\lambda = \frac{2\pi^5 k^4}{15 h^3 c^2} T^4 = \sigma T^4 \qquad 6.3$$

これが**ステファン - ボルツマンの式**（Stefan-Boltzmann equation）である．σ（シグマ）はステファン - ボルツマン定数（5.67×10^{-8} W m^{-2} K^{-4}）である．

　一般の物質は完全放射体ではないので，ある物体の放射量と同じ温度の完

■ 6 章　植物の光環境と光吸収

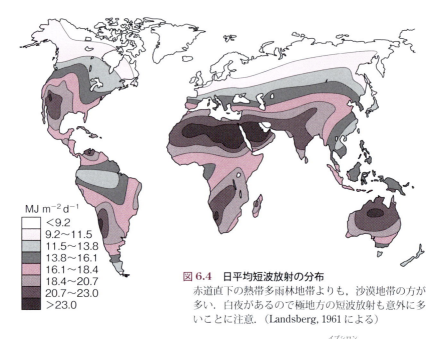

図 6.4　日平均短波放射の分布
赤道直下の熱帯多雨林地帯よりも，沙漠地帯の方が多い．白夜があるので極地方の短波放射も意外に多いことに注意．（Landsberg, 1961 による）

全放射体の放射量との比率を射出率あるいは放射率と呼び ε（イプシロン）で表す．ステファン - ボルツマンの式は以下のような一般型となる．

$$E = \varepsilon \sigma T^4 \qquad 6.4$$

$\varepsilon = 1$ として T に 6000 K を代入すれば，太陽表面 1 m² 当たりの放射エネルギーが算出される．これが宇宙空間に拡がりながら地球に届く．大気圏外で太陽に向かって垂直な面が受ける太陽からの放射は約 **1366 W m^{-2}** である．これを**太陽定数**（solar constant）と呼ぶ[*6-3]．

すでに述べたように，短波は大気によって散乱され O_3，CO_2，H_2O などによって吸収されるので，地上に到達する短波は夏のよく晴れた日の南中時

[*6-3] この数は太陽と地球との距離によるので，太陽のまわりを，楕円軌道を描きながら回転している地球にとって真の定数ではない．黒点周期，ミランコビッチサイクル（12.5 節の地球環境変化参照）などにも影響される．太陽定数は地質時代を通して増加してきており，現在も増加中である．

でも 1000 W m^{-2} 程度である．

　地上に到達する短波の一日の積算量は図 6.4 のようになる．春分や秋分の日，北極点や南極点では光は真横から射し，地面においたセンサーの感じる光はゼロとなるはずである．このことから極地方で受ける短波放射はごく少ないと思われがちだが，夏には長時間の日射を受けるので，積算短波放射量は熱帯地方の 1/3 程度にはなる．地球表面の平均値については図 12.18 を参照．

6.2　反射率と射出率

　物体に放射が当たると，反射，吸収，透過のいずれかの運命をたどる．反射率をアルベド（albedo）とも呼ぶ．射出率については少し述べたが，射出率と吸収率とは等しい（キルヒホッフ（Kirchhof）の法則）．物体が充分に厚いとすると，透過する放射は無視できるので, 反射率と $(1-\varepsilon)$ とは等しい．

　表 6.1 は太陽からの短波の反射率（アルベド）と，長波の射出率（吸収率）とを比較したものである．たとえば，新雪のアルベドは，われわれの印象の通り大きい．これが雪目といわれる紫外線障害の原因である．一方，長波についてみれば，反射率は著しく小さくなる．すなわち，雪はほぼ黒体と見なしてもよい．このように「黒体」という呼び名は，誤解を招くことがあるので，完全放射体と呼ばれるようになってきた．

　われわれが取り扱う植物体や土壌は，長波については一次近似として完全放射体とみなしてよいことがわかる．

問題 6.1　地球が吸収する短波と，放射する長波のエネルギーは釣り合っている．地球の平均表面温度は何度となるか．太陽からの短波が地球に当たったときの平均反射率（アルベド）を 0.3 とする．したがって吸収率は 0.7 である．一方，長波に関しては地球を黒体としてよい．

ヒント：地球の半径を r とすれば，地球が吸収する太陽放射は，太陽定数の $0.7\pi r^2$ 倍，これと地球の表面全体からの長波放射が釣り合う．地球の長波放射について

■ 6章　植物の光環境と光吸収

表 6.1　地表面の日射に対するアルベド (r) と赤外放射に対する射出率 (ε)

地表面	アルベド (r)	射出率 (ε)	備考
土壌		0.95〜0.98	
黒色火山性土	0.06〜0.13		土壌が湿潤時小，乾燥時大
粘土質ローム	0.09〜0.29		同上
砂質ローム	0.16〜0.29		同上
砂土	0.15〜0.27		同上
沙漠	0.2 〜0.45		
アスファルト舗装	0.12	0.96	
コンクリート	0.17〜0.27	0.96	
草地			
ゴルフ場の芝生	0.23	0.98	枯れ色になっても r はほぼ同じ
ツンドラ	0.15〜0.25		
水田	0.10〜0.25		r は田植えから収穫時まで増加
高い草丈	0.15〜0.20		
森林			
落葉樹林	0.15〜0.20		
針葉樹林	0.05〜0.15		
冠雪の森林	0.2 〜0.4		
積雪		0.97	
新しい雪	0.8 〜0.9		
古い雪	0.4 〜0.5		r は含水率が大きいときに小さい
海面		0.96	
晴天時	0.04〜0.5		r は天頂角とともに増加．浅い角度で入射するほど反射されやすい．
曇天時	0.06		
海氷	0.3 〜0.45		氷と雪の混在，一部分水面

（近藤正純，2000による）

ステファン - ボルツマンの式を使う場合には $\varepsilon = 1$ とせよ．

答え：太陽定数を $1366\ \mathrm{W\,m^{-2}}$ とすれば，

$$1366 \times 0.7 \times \pi r^2 = 4\pi r^2 \times \sigma T^4 \qquad 6.5$$

$$\therefore T = \left(\frac{1366 \times 0.7}{4\sigma}\right)^{\frac{1}{4}} = 255$$

255 K，すなわち $-18\,℃$ となる．これは地上 20 km 程度の気温に等しい．大気がまったくない場合にもアルベドが 0.7 のままだとすると，地球表面はこの温度にな

る．これでは死の世界である．実は，長波を吸収するというので悪者扱いされている CO_2 や H_2O, CH_4 などの**「温室効果ガス」**があるので，地表面は生物にとって適温となっている．地球レベルで用いた放射収支を表す式 6.5 と同様な式は，葉や群落（葉群）レベルのエネルギー収支の計算に用いられる(6S.2「エネルギー収支」を参照).

6.3 植物による光吸収

6.3.1 クロロフィルによる光の吸収

一般の緑葉は，**クロロフィル a** (chlorophyll = chloro（緑）+ phyll（葉）) と**クロロフィル b** とをおよそ 3:1 の割合で，単位葉面積当たりで，合計，0.3〜0.7 mmol m^{-2} 程度含んでいる．クロロフィル a と b とは，各種のクロマトグラフィーによって簡単に分離することができる．図 6.5 はこれらの吸収（吸光度）スペクトルである．吸光度 A (absorbance) は，吸収（absorption）とも呼ばれるが，後者は普通名詞の吸収と混同されがちなので本書では吸光度（absorbance）を用いることにする．分離したクロロフィルを適当な有機溶媒に溶かして，普通は光路長 1 cm の無色透明のキュベットに入れる．これに単色光を照射したときに，キュベット表面の光の強さを I_0，キュベットを透過する透過光を I_T とする．透明な液体の場合，溶液面に直角に入射する光の反射率は無視できるほど小さい．吸光度 A は，

$$A = -\log_{10}(I_T/I_0) = \varepsilon c l \qquad 6.6$$

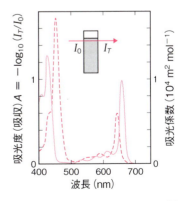

図 6.5 クロロフィル a（実線）とクロロフィル b（破線）の吸光度（吸収）曲線
吸光度は濃度に比例するので，種々の定量に用いられる．図には，$l = 0.01$ m(1 cm) のキュベットに 0.01 mol m^{-3} (10 μmol L^{-1}) のクロロフィル a あるいはクロロフィル b を入れたときの吸光度スペクトルを示してある．右側の縦軸には分子吸光係数が示してある．$A = -\log_{10}(I_T/I_0)$ によって求められる吸光度（吸収）と，$(I_0 - I_T)/I_0$ で求められる吸収率は異なることに注意．

と表される．吸光度は，溶質の分子吸光定数（ε，単位は $m^2\ mol^{-1}$），濃度（c，単位は $mol\ m^{-3}$），光路長（l，単位は m）の積に等しい．これを**ベーア - ランベルトの法則**（Beer-Lambert law）という．たとえば，透過率（I_T/I_0）が 10％のときには $A = 1$，1％のときには $A = 2$ である．クロロフィル a，b とも，青色域と赤色域で吸光度が大きく，緑色域では小さい．クロロフィル a と b とを比較すると，青色の吸収帯はクロロフィル b の方が長波長側で分子吸光係数は大きく，赤色の吸収帯はクロロフィル a の方が長波長側で分子吸光係数が大きいことがわかる．吸光度スペクトルを見ると，緑色光はクロロフィルにきわめて吸収されにくく，光合成に役に立っていないような誤解をまねく（8.4 個葉の光合成を参照）．

　色素は一般に長い共役二重結合をもっている（図6.6）．**カロテ（チ）ノイド**（carotenoid = carotene（カロテ（チ）ン，ニンジンの学名 *Daucus carota* + ene（二重結合をもつ炭化水素 alkene））+ oid（類））は**共役二重結合**が直鎖状に連続している．クロロフィルは，N を含む 5 員環であるピロール

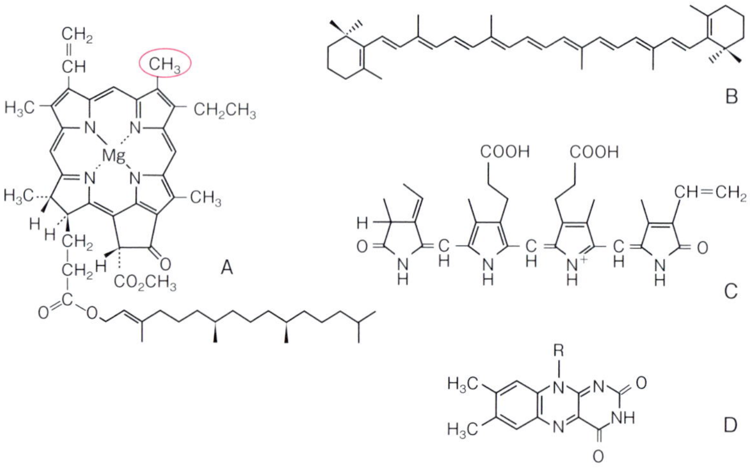

図 6.6　クロロフィル（A），β - カロテ（チ）ン（B），フィトクロモビリン（C），フラビン（D）の構造式
クロロフィル a の○で囲んだ部分が CHO に置換されたものがクロロフィル b である．フラビンは青色光受容体の発色団として重要．

(pyrrole) 4 個が環状に連なった**環状テトラピロール**（tetrapyrrole）が基本構造である．紅藻やシアノバクテリアがもつ**フィコビリン**（phyco（藻類）＋ bilin（胆汁色素））やフィトクロム（6.4 節で取り扱う）の色素**フィトクロモビリン**などは**開環テトラピロール**を基本構造としている．これらの色素にも共役二重結合が連続している．一般に共役二重結合が長くなるほど長波長の光を吸収するようになり，分子吸光係数も大きくなる．

6.3.2 葉緑体の光吸収

すべての光合成色素は葉緑体に含まれている．一般の緑葉の厚さは 200 µm 程度のものが多い．葉面積当たりのクロロフィル $a + b$ を 0.5 mmol m^{-2} とする．葉の体積の約半分は細胞間隙の空気である．細胞の中でもっとも大きな体積を占めるのは液胞である．葉緑体は細胞体積の 10％程度を占めるとしよう．ここでは，葉緑体をクロロフィル溶液であるという乱暴な単純化をする．葉緑体のクロロフィル濃度は，約 50 mol m^{-3}（50 mmol L^{-1}）と計算される．葉緑体は図 7.2 にあるように，径 5 µm，厚さ 2 µm のアンパンのような形をしている．いま，このようなサイズの葉緑体がクロロフィル溶液の袋であると仮定して，赤色や青色のようなクロロフィルによく吸収される光がこれに当たるとしよう．図 6.5 より，分子吸光係数を 1.0×10^4 m^2 mol^{-1} とすれば，吸光度 A は，葉緑体の厚さ方向に当たった場合には，$A = 1 \times 10^4 \times 50 \times 2 \times 10^{-6} = 1$，すなわち，90％の光が吸収されることになる．長軸方向に当たったとすると，吸光度は 2.5，吸収される光は 99.7％となる．つまり，赤色光や青色光は，一度葉緑体に出会うと大部分が吸収される．一方，緑色域においても，分子吸光係数は 0 ではない．0.05×10^4 m^2 mol^{-1} 程度であるとしよう．厚さ方向に当たった場合の吸光度は 0.05，吸収率は 11％程度．長軸方向に当たると吸光度 0.125，吸収率は 25％にのぼる．

6.3.3 葉の光吸収

光学系としての葉の特徴は 2 つある．1 つは，色素が葉緑体に局在していることである．もう 1 つは，空気（屈折率 1.0）と細胞（屈折率，約 1.48）という屈折率の異なる物体で成り立っていることである．色素が集中すると，光が色素に出会いにくくなり，素通りする光も多くなる．これは光吸収効率

■ 6 章　植物の光環境と光吸収

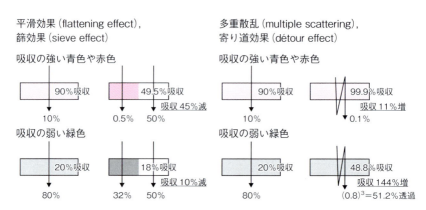

図 **6.7**　透明の容器（キュベット）を使った光吸収の思考実験
左：同量の色素をキュベットの半分に濃縮して入れると，この部分の吸光度は 2 倍となる．均一に分布する場合の透過率を 10% とした．濃縮すると 1% しか透過しない．左上の例では色素がない方は素通りである．このため，色素が吸収する光は減少する．不均一化による光吸収の減少の度合いは吸収の弱い波長で小さい（左下）．
右：光が散乱され，キュベットを 3 回通過するときの吸収率の増加．増加は吸収の弱い波長で著しい．（原図）

の低下を招く[*6-4]．一方，屈折率の異なる物質の界面で光は屈折するので，葉の内部で光はよく散乱する．葉の内部を行ったり来たりすることになるので，葉緑体と出会う回数が増える[*6-5]．光路長の延長によって吸収効率を上昇させる．図6.7では，これらの効果を簡単なモデルを使って考察してある．キュベットに色素を均一に入れる場合と，キュベットの半分に色素を 2 倍の濃度にして入れる場合とでは，後者の方がキュベット全体の光吸収率が低下する．その低下の度合いは吸収が強い波長ほど著しい．一方，同じキュベットに 3 回光を透過させた場合の吸収率の増加の度合いは，吸収の弱い波長ほど著しい．クロロフィルに吸収されにくい緑色光は，色素の葉緑体への集中による光吸収効率の低下の度合いは小さく，散乱による光路長延長効果による光吸収の増加の度合いは大きいことになる．一方，クロロフィルに吸収されやすい赤

＊6-4　篩効果（sieve effect）あるいは平滑効果（flattening effect）と呼ぶ．色素が集中すると，色素分子が均一に分布する溶液に比べて，素通りする（篩）光の影響で，吸光度スペクトルの吸収ピークが目立たなくなる（ピークが平滑化する）．

＊6-5　寄り道効果（détour effect）と呼ぶ．

色や青色は，葉緑体への色素集中による吸収効率低下の度合いが大きい．また，一度葉緑体に赤色光や青色光が当たると，そのほとんどが吸収されるので，光路長延長の効果はそれほどない．

葉は光を散乱させるので，葉の光吸収を測定するためには，通常の分光光度計を用いることはできない．なぜなら，通常の分光光度計は透明な試料の吸光度を測定するために設計されているので，光の散乱によるセンサーへの入射光

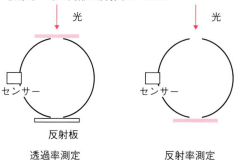

図 6.8 積分球
積分球で葉（赤色）の透過率（左）と反射率（右）を測定しているところ．積分球の内部や反射板には，光を100%乱反射する酸化マグネシウムの粉や，硫酸バリウムの粉が塗ってある．積分球を用いれば，散乱する反射光も透過光も測定することが可能である．100%の透過率は，左側の配置で葉を置かずに測定する．葉のかわりに光を遮断する板をおくと透過率0%である．（原図）

の減少と吸収による減少との区別がつかないからである．**積分球**(図 6.8)は，その内面に光を100%乱反射するような白色の粉を蒸着または塗布したものである．図のように光センサーを配置し，反射率100%の板と光トラップ（反射率0%になるようにつや消し黒の塗料を塗ったもの．完全暗室で測定する場合には光トラップを使わず，そのまま開放する場合もある）を利用すれば，葉の反射率と透過率を，散乱光を逃がすことなく測定することができる．図6.9には，積分球を用いて測定したホウレンソウ葉の吸収率スペクトルを，色素溶液の吸光度（吸収）スペクトルと吸収率スペクトルとともに示してある．色素溶液の吸光度スペクトルからは，緑色光がほとんど吸収されないような錯覚をおぼえるが，吸収率スペクトルにするとその印象が変わる．緑葉では，吸収の弱い緑色光が，とくに光散乱によって葉緑体に出会う機会が増えるために，緑色域の吸収率が上昇する．緑葉の光吸収率は，クロロフィル含量，葉の厚さ，組織の形態によって異なるが，極端に色素濃度の低い葉を除けば**緑葉は光合成有効放射域の光をよく吸収する**といえよう．

■ 6章 植物の光環境と光吸収

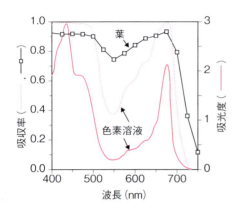

図 6.9　ホウレンソウの葉から有機溶媒で抽出した色素溶液の吸光度スペクトルと吸収率スペクトル，および積分球を使って測定した葉の吸収率スペクトル
キュベットの照射面積当たりの色素量が，葉の場合と等しくなるように抽出液の濃度を調節して測定した．吸光度と吸収率スペクトルの違いに注意．葉は緑色もかなり吸収する．屈折率の差をなくすように細胞間隙に細胞と屈折率が同じになるようなオイルを浸潤させると，緑色部の吸収率は激減する．(Evans, 1989 を改変)

図 6.10 には，ポプラの葉の透過率と反射率のスペクトルを示す．波長が 700 nm を超えると，透過率，反射率ともに著しく増加して，730 nm 以上の波長域では吸収される光がほとんどない．また，このスペクトルには示されていないが，緑葉は長波域ではほぼ完全放射体である（表 6.1 参照）．

双子葉植物の葉肉は**柵状組織**と**海綿状組織**とに分化していることが多い．表側に柵状組織，光が弱くクロロフィルに吸収されにくい緑色光が相対的に多い裏側に，不定形の細胞からなる海綿状組織がある．海綿状組織では光の

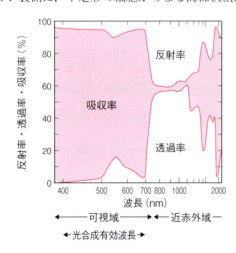

図 6.10　積分球を用いて測定したポプラの葉の反射率，透過率，吸収率
(Gates, 1965 を改変したもの)

屈折による光路の延長が顕著なので，緑色光もよく吸収される．表皮と葉肉組織の接触にも違いがある．表側表皮と柵状組織細胞との接触面積は大きく，表側から入射する光を逃しにくい．一方，裏側表皮と海綿状組織細胞の接触面積は小さいため，裏側から光を照射すると，葉緑体に遭遇せずに反射される成分が多くなり白っぽく見える．表側に光を受けると，光は葉の内部で屈折をくり返し，浅い角度で裏側表皮に当たるものも多い．このような光が全反射されて内部に送り返され，さらに吸収の機会が増える．陰生植物には，葉の表側に逆円錐型の漏斗細胞（funnel cell）をもつものがある．表側表皮との接触面積は大きく，斜面に配置された葉緑体のすべてに光があたる[*6-6]．

6.3.4 葉群の光吸収，葉群内部の葉の光吸収

葉群の光吸収の研究に関しては，日本で独自性の高い研究が発展した．**門司正三**と**佐伯敏郎**は，ボイセンイェンセン（P. Boysen Jensen）がその著書『植物の物質生産』で重要性を指摘した群落構造と光合成機能の関係や純一次生産（12.2節）に関する研究を定量的に進めると共に，分配（11章）に関する生理生態学を展開した[*6-7]．その最初の論文（1953）では，植物群落のもつ多くの属性を極端に捨象して，植物群落を**一定の傾斜角をもつ小さな葉が空間にランダムに配置したもの**として捉えた．これによって，群落内部の光環境をわずか2つのパラメータを用いて定量的に取り扱うことができる．ここでは群落や個体群を葉群（leaf canopy）と呼ぶことにしよう．

まず，葉が水平な場合について考えよう（図6.11）．葉が水平ならば，どの角度から光が当たっても，水平面にできる影の大きさは等しい．面積Sの空間に，水平な面積sの葉n枚が空間的にランダムに配置しているとする．このときに，葉群上部の光強度をI_0とすると，葉1枚下の平均光強度I_1は，

$$I_1 = I_0 \cdot (1-s/S) \qquad 6.7$$

[*6-6] 漏斗細胞は多くの陰生植物で見られる（後藤栄治らによる）．
[*6-7] 群落とは植物の群集のことである（1.2節参照）．第二次世界大戦中や戦後間もなくのころには，外国からの雑誌が届かなかったので，門司研究室では戦前ドイツに留学した先輩が持ち帰った教科書をじっくり勉強した．その一冊が『植物の物質生産』だった．

■ 6章　植物の光環境と光吸収

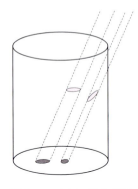

図 6.11　水平の葉と傾斜した葉の影
傾斜した葉に垂直に当たる光のつくる影は大きいが，いろいろな角度で当たる光について積分すれば，影の大きさの平均値は水平葉の場合よりも小さくなる．

同様に，n 枚下の平均光強度は，

$$I_n = I_0 \cdot (1-s/S)^n \qquad 6.8$$

両辺の自然対数（ln）をとると，

$$\ln I_n = \ln I_0 + n \cdot \ln(1-s/S) \qquad 6.9$$

ここで，s が S に比べて充分に小さいとすれば，$\ln(1-s/S) \fallingdotseq -s/S$ なので，

$$\ln I_n = \ln I_0 - n \cdot s/S \qquad 6.10$$

土地面積 S に対する葉群上端からある高さに至るまでの葉面積の総和（ns/S）を**積算葉面積指数**（cumulative leaf area index, F）と呼ぶ．F を代入して整理すると，

$$\ln(I_F/I_0) = -F \qquad 6.11$$

ln を外すと，積算葉面積指数 F における光強度 I_F は，

$$I_F = I_0 e^{-F} \qquad 6.12$$

葉が傾くと，平均の影の面積は s よりも小さくなる．平均の影の面積を ks とすれば，上の式は，

$$I_F = I_0 e^{-kF} \qquad 6.13$$

となる．k は葉の傾きに関係し，葉が傾くほど小さくなる．k を**吸光係数**と呼ぶ．これらの式は葉が光を透過しないことを仮定しているが，葉の光透過率が大きい場合には，葉の透過率を T として，s のかわりに $(1-T)s$ を用いるとよい．これらは，式 6.6 と同じ形をしたベーア-ランベルト則の式である．門司・佐伯の原著では，k を空間積分によって求めてある．

　葉群内部，葉群上部から積算葉面積指数が F の場所にある葉の光吸収 A_F

を求めよう．それには積算葉面積指数が F から $F + \Delta F$ にある葉による光吸収を求めて ΔF で割る．ΔF を無限小とすると，I_F に関する微分の定義式に負号をつけたものとなる．

$$A_F = \lim_{\Delta F \to 0} \frac{I_F - I_{F+\Delta F}}{\Delta F} = -\lim_{\Delta F \to 0} \frac{I_{F+\Delta F} - I_F}{\Delta F} = I_0 k e^{-kF} \qquad 6.14$$

このように，その場の光強度に吸光係数 k を乗じたものが単位葉面積指数当たりの光吸収となる．8章の補遺の練習問題 8S.1 を解いて確認してほしい．

これらの式は，高さ 5 cm の芝生の葉群にも，樹高数十 m の森林にも適用できる．少なくとも一次近似として，葉群の光環境を葉の傾きと葉面積指数によって把握できることを示している．8章であつかうように，葉の光合成速度の光依存性が与えられれば，葉群全体の光合成速度を求めることもできる．

葉群の構造と機能の解析には，**層別刈り取り法**が用いられる．まず，葉群の各高さにおいて葉群上部との相対光強度を測定する．その後，相対光強度を測定した高さにおいて葉群を刈り取る．刈り取った植物体は，葉身と，葉柄や茎とに分けて各層別に葉面積や乾燥重量を測定する（図 6.12）．これらのすべてを高さ別に表現した図を生産構造図と呼ぶ．葉群上部からの積算葉面積指数と ln（相対光強度）の関係から吸光係数 k を実験的に求めることができる．葉が大きい場合，分布がランダムでない場合など，k の値が 1 を超えることもある．相対光強度の測定は，全天の輝度がなるべく一様な曇りの日に行うことが望ましい．晴天の日ならば，日の出前，日没後に行う．

実際には葉は茎のまわりに配されており，空間的にランダムに配置しているとはいえない．また，葉の角度も葉群内部で均一でない場合も多く，葉群上部でより傾き下部では水平に近くなることが多い．また，複数の種が構成要素となるような群落（群集）の場合には，上部には単子葉植物が傾きの大きな葉を配するのに対して，下部では双子葉植物が水平な葉をもつような場合が知られている．散乱光と直達光とを式 6.13 の k が異なる 2 つの式で表現すれば，葉群内の光環境をより正確に表現することもできる．最近，葉群光合成の計算に，葉群内の葉を，直達光を受ける葉と散乱光のみを受ける葉

■6章 植物の光環境と光吸収

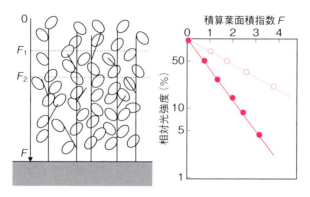

図6.12　層別刈取り法
各高さで葉群外との相対光強度を測定後，光を測定した高さで刈取る．各層で刈取った葉の総面積を求める．面積を上から順次積算して得られる土地面積当たりの積算葉面積（積算葉面積指数 F）に対して ln（相対光強度）をプロットする．$\ln(I_F/I_0) = -kF$ の関係から，吸光定数 k を求める．●と実線は $k = 1$，○と破線は $k = 0.3$ である．前者は水平葉をもつ広葉型，後者は傾斜のきつい葉をもつイネ科型である．

とに2分して光合成を計算することが多い．

　日光をあまり受けないような場所では，植物の葉の向きは光を受けやすいように調節されている．たとえば，林を横切る林道を歩いているとき，林床の植物の葉がみな林道側を向いているのに気づく．これは林道側から光が射し込むからである．その中であらぬ方向を向いている葉をもつ植物があれば，そばに行ってその葉の高さから上を眺めてみるとよい．おそらく葉が向いているほうに，木が倒れたり枯れたりしてできた隙間（ギャップ）があるはずである．このような個々の葉の向きの調節は，**葉柄の成長方向の制御**によって行われている．このような植物では，成熟葉でも葉柄に成長の余地を残しているようである．マメ科やアオイ科の植物のように，葉柄の付け根に**葉枕**があり，より短時間（数十分〜1時間）に受光量の調節が可能な植物もある．

6.4 植物の光環境応答

植物はいくつかの色素で光の質や量を感知し，光環境に応答している．

6.4.1 フィトクロム
a. フィトクロムとは

フィトクロム（phytochrome ＝ phyto（植物）＋ chrome（色素））は，1959年にバトラー（W. Butler）が分光学的に検出し名づけた色素で，赤色光（660 nm）と遠赤色光（730 nm）の比率を感知することができる．緑葉の透過光にはクロロフィルによる吸収のため赤色が少ない．また，ヒトは感知できないが，遠赤色光はよく透過する（図6.10を参照）．したがって，太陽光を直接受ける場所と植物に被陰された場所では，赤色光と遠赤色光の比率が大きく異なる．この色素は，**赤色光吸収型と遠赤色光吸収型が，光吸収により相互変換**する．フィトクロムが赤色光を吸収して遠赤色光吸収型になると，核に移行し種々の遺伝子の発現を制御する．フィトクロムには光感度が異なる分子種がある．PHY Aは，微弱な光（太陽光強度の$1/10^9 \sim 1/10^6$）を感知できるが，赤色光/遠赤色光相互変換はしない．フィトクロムの研究史は古谷雅樹（2002）に詳しい．

b. 光発芽

シロザ，レタスなどの種子は，暗所で吸水後，赤色光を照射すると発芽し，遠赤色光照射下では発芽しない．一方，光に対する応答は可逆的であり，最後に照射した光に依存して挙動が決まる．すなわち，最後に赤色光が当たった場合に発芽する．種子がこのような挙動を示す植物には**撹乱依存型**（章末のコラム6.1参照）のものが多い．これらは小さな種子を生産し，その多くが埋土種子となっている．すでに上部に植物が繁茂している場所で小さな種子が発芽しても，それを突き抜けて生育できる確率は小さいので，フィトクロムを利用した光発芽種子となることは適応的であろう．

c. 日長感知

長日植物は春になって日が長くなると花が咲き，短日植物は秋になって日が短くなると花が咲く．植物はこのように日長（正しくは，夜の長さ）を感

知している．夜の長さを感知していることは，夜間に短時間光を照射して暗中断を行うと夜の効果が失われることなどで証明される[*6-8]．暗中断をもたらす光の波長や，その効果の打ち消しに有効な波長は，**スペクトログラフ**と呼ばれる室内に虹をつくる装置を用いて明らかにされた．発芽を誘導する波長やそれを打ち消す波長もこの装置で明らかにされ，これがフィトクロムの発見にもつながった．夜の長さの感知は，フィトクロムやクリプトクロム（後述）の情報伝達系と，**概日性リズム**（circadian rhythm, circa（およそ）＋ dies（1日））を刻む時計との相互作用によっている．

日長は花成だけでなく，たとえば地下茎や根などの貯蔵器官が膨らむ時期も決定する．栄養成長と繁殖成長の切換え時期については11章で議論する．

d. 隣接個体の感知と背伸び現象

シロザは典型的な撹乱依存型一年生草本である．埋土種子集団をつくり，畑を鋤き返したときなどのように上部の植生がなくなると一斉に発芽する．図6.13は，シロザ実験個体群の芽生えが一斉に発芽した様子である．これらの個体を識別して背丈成長を記録すると，ちょうど地面が緑で覆い尽くされるようになる時期に，**背丈が一斉に急速に伸びた**．そしてその後は，背丈の順位に変化は見られなかった．一斉に背伸びをする時期に他の個体よりも上に葉を展開することができた個体はその後も順調に背丈を伸ばし，大きな個体となって多数の果実をつけた．したがって，土の表面が植物に覆い尽くされるときに背丈を伸ばすという性質は，適応度を上昇させるためにきわめて重要な性質であるといえよう．

この背伸び現象は，伸長中の茎のフィトクロムが隣接する植物個体からの反射光を感知することによって誘導される．植物体の反射スペクトルは透過スペクトルとよく似ており，赤色光成分は少なく遠赤色光成分が多い（図6.10）．バラレ（C. Ballaré）は，シロガラシの茎のまわりに透明で溶液を入れることができるジャケットを配置した実験を行った（図6.13）．水を入れ

[*6-8] この性質を利用したのが電照菊である．キクが花芽をつくる夏期に夜間の一定時間光を照射し花芽分化を遅らせ，冬期に花をつけさせる．

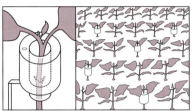

図 6.13 シロザの人工個体群(左),反射光の性質を調べるための透明ジャケットを装着したシロガラシの芽生え(中)およびシロガラシの人工個体群(右)
左:糸の仕切りは 5 cm 四方である.この段階から間もない,地面が緑色に覆われる時期に背伸びが起こった.(長嶋寿江ら, 1995; 長嶋寿江・彦坂幸毅, 2011 参照.写真は長嶋寿江氏提供)
中・右:ジャケットに水を入れたときには背伸びするが,遠赤色光を吸収する硫酸銅溶液を入れると背伸びが起こらず,ジャケットをつけた個体は背丈の競争に負けた.(Ballaré *et al.*, 1990 より描く)

た場合には背伸び現象が起こるが,硫酸銅溶液を入れて遠赤色光を吸収させた場合には背伸び現象は起こらなかった.背伸び現象においてフィトクロムが光を感じる場は,葉ではなく**茎**だったのである.

e. 背ぞろい

シロザ個体をポット栽培して,それらをぎっしりと詰めて栽培すると背ぞろいが起こる.このうちのあるポットの高さを上げてやると,その植物の頂端部の赤色光/遠赤色光比は高くなり,節間の伸びは止まる.一方,高さを下げると,赤色光/遠赤色光比は低下し節間が伸びる.このようにフィトクロムによる節間成長の調節は,**背ぞろい現象**[*6-9]にもはたらいている.

シロザなどに見られる節間成長のフィトクロムによる調節は,どの植物で

[*6-9] 背ぞろいは,森林にも見られる現象である.高さがでこぼこだと強風などの際に被害を受けやすい.森林の背ぞろい現象にフィトクロムが作用しているかどうかは検討されていない.12 章で述べるように,台風のような強風のない熱帯多雨林では,30 m ほどの高さの高木層よりも高い突出木(emergent)がポツリポツリと存在する.

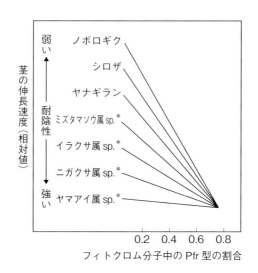

図 6.14 照射光の赤色光／遠赤色光比を変化させることによりフィトクロム分子中の遠赤色光吸収型（Pfr 型）の比率を調節した場合の茎の伸長速度
ノボロギク，シロザなどでは，赤色光／遠赤色光比が低い Pfr 型の比率の低い光環境下で節間成長が促進されるが，林床植物のヤマアイはほとんど変化を示さない．sp.* は和名のない種を示す．（Smith, 1994 を改変）

も起こるわけではない．図 6.14 は，赤色光／遠赤色光比が異なる光環境で栽培した植物の節間成長である．もともと赤色光／遠赤色光比の低い光環境に適応した林床植物の節間成長は，赤色光／遠赤色光比にほとんど応答しない．これらが応答して節間の伸長が起こっても，相手は高木であり**被陰回避**にはつながらない．これらの植物には茎を伸ばすよりも，葉を拡げて弱光を利用する体制をとる方が有利である．このように，ある場所（環境）で適応的である性質が，他の場所でも適応的であるとは限らない．

ほかにも，漏斗細胞の形成などにフィトクロムが関与している（後藤栄治らの知見）．

6.4.2 フォトトロピン

植物の芽生えが光の方向に向かって曲がることは，ダーウィンの実験以来よく知られている．これを**光屈性**（phototropism）と呼ぶ．光屈性は青色光で誘導される．この光受容体が**フォトトロピン**（phototropin）である．フォ

トトロピンは，色素としてフラビンモノヌクレオチド（図 6.6 参照）をもつ．青色光や近紫外光を吸収すると，このタンパク質のリン酸化が起こり情報伝達が行われる．フォトトロピンは，光屈性以外にも，葉緑体運動，気孔開口，葉面の展開など，さまざまな生態的に重要な環境応答に関与する．薄囊シダ類，接合藻，ツノゴケ類には，フォトトロピンとフィトクロムが合体した**ネオクロム**が見つかっている（末次憲之ら，2005）．

6.4.3 クリプトクロム

クリプトクロム（cryptochrome）も青色光受容体であり，光条件下の胚軸伸長（もやし化）抑制などの光形態形成や日長感知に役割を果たしている．なお，クリプトクロムのラジカルはフォトトロピンよりもやや長波長の緑色光域にも吸収帯があり，緑色光への応答に関与している可能性がある．

コラム 6.1
$r \cdot K$ 戦略と CSR 戦略

ロジスティック式は，個体群の成長をよく表現する．ある時点 t の単位面積当たりの個体密度（m^{-2}）を $N(t)$ とすると，個体群の成長速度は以下の微分方程式で表される．

$$\frac{dN(t)}{dt} = rN(t)\left(1 - \frac{N(t)}{K}\right) \qquad 6\mathrm{C}.1$$

r は増殖率（＝出生率－死亡率），K は環境収容力と呼ばれる．この解を図示したものが図 6.15 である．2 つのカーブは，異なる種の個体群成長の動態を示している．密度が低いところで増殖率が高いタイプと，密度が高い所で強い競争力を示すタイプとがある．前者は，多産多死，速い成長，早熟，小型のサイズ，などの性質をもつのに対して，後者は少産少死，遅い成長，晩熟，大型のサイズ，などの性質をもつ傾向がある．動物比較生態学では，前者を r 戦略型，後者を K 戦略型と呼ぶ．

■ 6 章　植物の光環境と光吸収

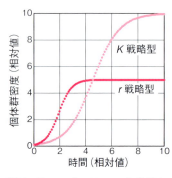

図 6.15 ロジスティック曲線によって表された 2 種の個体群密度増加曲線
低密度において急速に増殖するタイプ（r 戦略型）の種と，高密度において強い競争力を示すタイプ（K 戦略型）の種の個体密度の増加を表している．

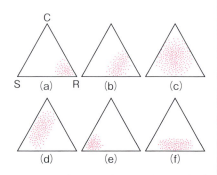

図 6.16 グライム（P. Grime）の三角ダイヤグラムによるイギリスの植物の戦略分析
a：一年生草本植物（シロザ，シロガラシなど），b：二年生草本植物，c：多年生草本植物（ヤマアイなど），シダ植物，d：灌木および樹木，e：地衣類，f：コケ植物．たとえば，一年生草本のほとんどは撹乱依存型である．（Grime, 2001 による）

　植物については，イギリスにおける多数の植物の戦略を解析したグライム（P. Grime）が，K 戦略に似た競争型（C 型，competitor type），乾燥，高温，低温などに耐えるストレス耐性型（S 型，stress tolerator），r 戦略に似た撹乱依存型（R 型，ruderal type）の，3 つの戦略にまとめた．図 6.16 には，種々の植物群を 3 つの戦略に類型化した三角ダイヤグラムを示す．図 6.14 に示した赤色光 / 遠赤色光比に対してよく応答するノボロギクやシロザは一年生草本，ヤナギラン以下の植物は多年生草本である．赤色光 / 遠赤色光比にほとんど応答を示さないような林床植物は，弱光ストレス耐性型に分類できる．

7章 光合成のあらまし

　植物は，光のもつ物理エネルギーを糖などの有機物のもつ化学エネルギーとして固定することができる．この反応を光合成という．本章では，植物がどのようにして光の物理エネルギーを化学エネルギーとして固定するのかを，なるべく定量的に解説する．生理生態学でよく用いる光合成のモデルも解説する．補遺には，7S.1 練習問題，および，7S.2 循環型電子伝達と ATP 合成について，7S.3 C4 植物の進化，7S.4 ミハエリス - メンテン式と競争阻害の式，7S.5 パルス変調蛍光計を用いた光合成系の解析，の解説があるので利用してほしい．

7.1　光合成の場

　図 7.1 は葉の断面の一部である．葉肉細胞には多くの葉緑体が存在する．葉緑体が細胞中を漂っているような模式図をよく見るが，実際には，細胞間隙に接した細胞膜に密着して存在する場合が多い．葉緑体の周縁はアクチン繊維によって細胞膜に係留されている[*7-1]．このような配置は細胞間隙から供給される CO_2 の効率よい吸収に役立っている．

　葉緑体（chloroplast, chloro（緑色の）＋ plast（体））は，二重の包膜に囲まれており，その内部には**ストロマ**（stroma,

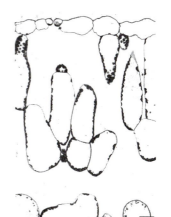

図 7.1　ホウレンソウの葉の断面図（表側表皮と柵状組織の部分）
葉緑体は細胞間隙に面した場所に見られる．葉緑体はサイトゾル中を自由に漂っているのではなく，アクチン繊維によって細胞膜にアンカーされている．バーは 10 µm．（原図）

＊7-1　夜間には細胞膜から離れた像も見られる．

■ 7章　光合成のあらまし

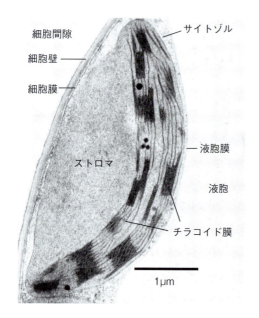

図 7.2　ホウレンソウの葉緑体の透過型電子顕微鏡像
液相のストロマ中に袋状の膜系チラコイドが存在する．チラコイドが重なった部分をグラナ (granum, 複数形 grana, ラテン語で粒の意味) と呼ぶ．グラナは複数形の読みを学術用語としたものである．（原図）

ラテン語で基質の意味）と，内膜系である**チラコイド**（thylakoid, サァィラコイドと発音，ギリシア語で袋の意味）がある．これらは均一に混在していることもあるが，図 7.2 のように，ストロマが細胞間隙側，チラコイドが内側にあることも多い．

チラコイドは閉じた膜胞で，光の吸収にはじまり，光のもつ物理エネルギーを ATP や NADPH に蓄える諸反応が行われる．ATP と NADPH によって，ストロマのカルヴィン - ベンソン - バッシャム（Calvin-Benson-Bassham）回路が駆動され，CO_2 が固定され糖が合成される．

7.2　光合成のあらまし

光合成反応を明反応と暗反応とに分けることもあったが，光合成の諸反応への光の関与の有無を峻別することは難しい．ここではチラコイドにおける反応（7.2.1 〜 7.2.3 項）とストロマの反応（7.2.4 項）に分けて，光の吸収から糖の合成までを順にたどろう．

7.2 光合成のあらまし

7.2.1 光合成色素による光の吸収

チラコイド膜には主なタンパク質複合体が4つあり，そのうち光化学系ⅠとⅡのタンパク質複合体には多くの**光捕集性（アンテナ）クロロフィル**が結合している（図 7.3，周縁アンテナについては図 8.19 参照）．まず，これらに含まれるアンテナクロロフィルに光が吸収される（図 7.4）．クロロフィルの共役二重結合のπ電子は，通常**基底状態**にある．基底状態からエネルギー準位の低い**第 1 励起状態**への励起には波長が長くエネルギーの少ない赤色光が，**第 2 励起状態**への励起には青色光が利用される．

基底状態，励起状態はいくつかの**振動レベル**に分かれている．その中でπ電子は，一番低いエネルギー準位の振動レベルにある確率が高く，準位が高くなるほど存在確率は小さくなる．π電子は励起状態への励起に過不足のな

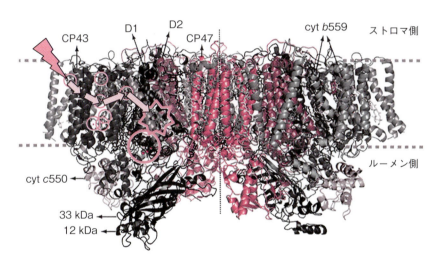

図 7.3 光化学系Ⅱ反応中心複合体の構造
好熱性シアノバクテリアの光化学系Ⅱ反応中心複合体（二量体）が示してある．D1，D2，CP43，CP47，cyt c550，33 kDa などはポリペプチドである．このうち CP43 と CP47 とがアンテナクロロフィルタンパク質である．チラコイド膜のおよその厚さを点線で示してある．いくつかのクロロフィルの位置を小さい○で示した．光量子の吸収によって生じたクロロフィルの励起状態は，次々とクロロフィル分子間を移動し，星形で示した反応中心に至る．反応中心となるクロロフィル分子群が励起されると電子が飛び出し，一連の酸化還元反応が始まる．電子を失い酸化状態にある反応中心に電子を供給する酸素発生系を○で示してある．（沈 建仁，2021 を改変）

■ 7章 光合成のあらまし

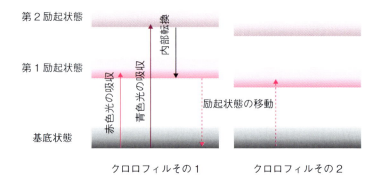

図 7.4 クロロフィルの光吸収メカニズム
クロロフィルが赤色光の光量子を吸収すると，第1励起状態に励起される．赤色光よりもエネルギーレベルの高い青色光光量子を吸収すると，電子は第2励起状態にまで励起されるが，すぐにエネルギーを熱として失い（内部転換），第1励起状態となる．励起状態はクロロフィル間を共鳴移動する．点線の矢印は共鳴移動を示している．励起状態はクロロフィル間を次々と移動し，最終的には反応中心にいたる．各励起状態の振動レベルはとびとびの値をとるが，ここでは濃淡で示してある．（原図）

いエネルギーをもつ光量子によって励起される．たとえば基底状態のうちエネルギー準位のもっとも高い振動レベルにある電子が第1励起状態の一番下の振動レベルに励起されるためのエネルギーは，クロロフィルに吸収される光量子のエネルギーで最少である．すなわち，もっとも長波長の光量子が使われることになる．基底状態の下部の振動レベルから第1励起状態の上部の振動レベルに移るための光量子や，基底状態上部の振動レベルから第2励起状態の下部の振動レベルへの励起のためには，緑色光や黄色光の光量子が使われる．このような種々の振動レベルの組み合わせが，吸光度（吸収）スペクトルに反映される．

葉緑体内のクロロフィル a と b はすべてがタンパク質に組み込まれている．クロロフィル a の赤色光吸収ピークは，たとえば80％アセトン中では663 nm 付近にあるが，タンパク質複合体に組み込まれると680 nm 付近にシフトする．また，各クロロフィル分子はタンパク質への組み込まれ方によってエネルギーレベルが異なる．この状態を反映してタンパク質複合体のスペクトルのピークの幅は広くなる．

7.2.2 励起エネルギーの移動と電荷分離

　複合体の中のクロロフィルが励起されると，その**励起状態**（excited state）は近隣のクロロフィルに**共鳴移動**（resonance transfer）する．光化学系のタンパク質複合体中では，隣接するクロロフィル同士の距離が短いので，励起状態が共鳴移動する確率はほぼ1に近い（図7.3，図7.4）．こうして励起状態は次々とクロロフィルを移動し，最後には光化学系タンパク質複合体の中心部にある**反応中心**に移動する．反応中心（P, reaction center）において基底状態にあった電子は励起され（P*，*は励起状態を示す），反応中心を飛び出す．反応中心は電子を失いP^+となる．これを**光化学反応**（photochemical reaction）という．飛び出した電子は，電子を受け取りやすい**一次電子受容体**（I）に移る（P* I X → P^+ I^- X）．これを**初期電荷分離**（primary charge separation）という．初期電荷分離は数ピコ秒（ps = 10^{-12} s）以内で完了する．Iは電子を受け取りやすい一方で失いやすくもあるので，条件によっては電子がPに戻る（**電荷再結合**，charge recombination，P^+ I^- X → P I X）．とこ ろが，IからXへの反応速度はIからPへの逆反応速度よりも2〜3桁速い．また，XはIよりもかなり酸化還元電位が高いので，ここまで電子がやってくると逆戻りする確率は小さくなる．通常は，こうして**電荷分離状態が安定**したものとなる（P^+ I^- X → P^+ I X^-）．

　植物には光化学系ⅠとⅡの2つがある．光化学系Ⅰでは，PはP700と呼ばれる特殊な状態にあるクロロフィル*a*とその異性体クロロフィル*a'*の二量体，Ⅰは単量体のクロロフィル*a*，Xはフィロキノン（phyllo（葉の）＋quinone，ビタミンK）である．光化学系ⅡではPはP680と呼ばれ，クロロフィル*a*の二量体だと考えられてきたが，これらを含む4分子のクロロフィル*a*，さらに2分子のフェオフィチン*a*を含む6分子の色素全体がPとされるようになった．Ⅰはフェオフィチン*a*（pheophytin，クロロフィル*a*からMgが抜けたもの），XはQ_Aと呼ばれる結合型のキノンである．

7.2.3 電子伝達，それに伴うH^+の移動，NADPHとATPの合成

a. 電子伝達

　励起状態にある反応中心（P*）の酸化還元電位は低く，強い還元力をもつ．

■7章　光合成のあらまし

　一方，電子が飛び出した反応中心（P$^+$）の酸化還元電位は高く，酸化力が強い．電子は，酸化還元反応によって，**酸化還元電位**$^{*7\text{-}2}$の低い構成要素から高い構成要素へと順次伝達される（図7.5）．

　光化学系ⅡのP680$^+$はとくに酸化力が強く（酸化還元電位が高く），H$_2$Oを酸化分解して引き抜いた電子によってP680に戻る．光化学系Ⅱを飛び出した電子は，プラストキノン（plasto（色素体の）＋quinone），シトクロムb_6f複合体中のリスケ（Rieske）鉄硫黄（FeS）センターとシトクロム$f$$^{*7\text{-}3}$，さらに，プラストシアニン$^{*7\text{-}4}$を経て，P700$^+$を還元する．光化学系Ⅰ反応中心を飛び出した電子は，光化学系Ⅰ複合体内の鉄硫黄センター，フェレドキシン，フェレドキシンNADP$^+$酸化還元酵素を経てNADP$^+$を還元する．

　光化学系ⅠとⅡが，2回ずつ励起されて行われる電子伝達反応によって，H$_2$OからNADP$^+$に2個の電子が伝達され，還元物質であるNADPHができる（NADP$^+$＋H$^+$＋2e$^-$→NADPH）．

＊7-2　酸化還元電位：物質の電子との親和性を表す指標で，値が低いほど親和性が低く電子をもったときの自由エネルギーは高い．ある条件における物質iの酸化型と還元型の活量をa_{io}とa_{ir}とすれば，物質iの酸化還元電位は　$E_i = E_i^* - \dfrac{RT}{nF}\ln\dfrac{a_{ir}}{a_{io}}$　となる．

E_i^*は$a_{io}=a_{ir}$のときの電位と，標準状態の水素半電池（H$^+$＋e$^-$＝1/2 H$_2$）との電位差である．生化学反応の場合の基準電位は，pHが7.0における水素半電池の電位（25℃で，－0.414 V）である．ここでnは移動する電子数を表す．電子伝達によってもたらされるギブスの自由エネルギー変化ΔGは，酸化還元電位差に比例し，$\Delta G = -nF\Delta E$である．

＊7-3　シトクロムの語源は，cyto（細胞の）＋chrome（色素）．ヘムの種類によってシトクロムはb型，c型などと分類される．シトクロムfはc型のシトクロムだが，frons（ラテン語で葉）のシトクロムなので，とくにこう呼ぶ．ヒル反応（葉緑体に電子受容体を与えて光を照射したときに起こる酸素発生反応）で知られるヒル（R. Hill）の命名．ヒルは図7.5を90°回転した図（Zスキーム）の提唱者としても知られる．なお，最初に緑葉や藻類がc型のシトクロムを大量に含むことを見いだしたのは，薬師寺英次郎（1935）である．

＊7-4　plasto（色素体の）＋cyanin（青色物質）．銅タンパク質．酸化型は美しい青色を呈する．1960年に緑藻クロレラ（*Chlorella ellipsoidea*）から加藤　栄が単離し命名した．

7.2 光合成のあらまし

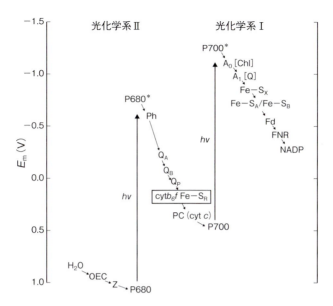

図 7.5 電子伝達系コンポーネントの酸化還元電位

縦軸は酸化還元電位を示す．1電子反応では，$\Delta G = -F\Delta E$ なので，1 V は 96.5 kJ mol^{-1} に相当する．P680 が波長 680 nm の光（176 kJ mol^{-1}）によって励起される場合の矢印は 1.82 V を示している．同様に P700(171 kJ mol^{-1})の矢印は 1.77 V を示している．エネルギーの計算方法は脚注 7-2 に示してある．OEC：酸素発生系複合体（水分解系複合体），Z：反応中心を擁する D1 タンパクのチロシン残基，Ph：フェオフィチン，Q：キノン，Q_P：プラストキノン，Fe-S：鉄硫黄センター，添字の R はリスケ（Rieske）鉄硫黄センターを意味する．PC：プラストシアニン，(cyt c) は，銅の欠乏する条件ではプラストシアニンではなく，シトクロム c を使う藻類があることを示している．Fd：フェレドキシン（鉄硫黄センターをもつ），FNR：フェレドキシン NADP$^+$ 酸化還元酵素（補酵素としてフラビンアデニンジヌクレオチド（FAD）をもつ）．(Blankenship, 2021 を改変)

b. チラコイド膜内外の電気化学ポテンシャル差形成と ATP 合成

電子伝達成分であるプラストキノンは，光化学系 II のストロマ側で 2 電子を受け取る際に 2H$^+$ も受け取ってプラストキノールになり，チラコイド内腔側でシトクロム b_6f 複合体に 2 電子を渡す際に 2H$^+$ を内腔に放出する（図 7.6）．シトクロム b_6f 複合体にわたった 2 電子のうちの 1 電子は，FeS センター，シトクロム f を経てプラストシアニンに伝達される．もう 1 電子はシトクロム b_6f 複合体中を，酸化還元電位の異なる 2 つのシトクロム b_6 を経てストロ

■ 7章 光合成のあらまし

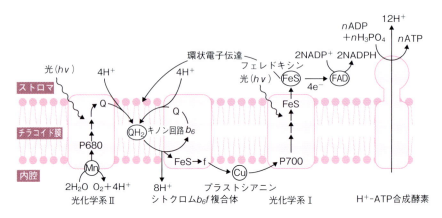

図7.6 チラコイド膜内の電子伝達系コンポーネント
上：Q はプラストキノン，QH$_2$ はプラストキノール，b_6, f はシトクロム，FeS は鉄硫黄センターをもつタンパク質を表す．FAD はフラビンアデニンジヌクレオチドを補酵素とするフェレドキシン NADP$^+$ 酸化還元酵素．Mn と Cu は酸化還元を行うマンガン原子，プラストシアニンの銅原子を表す．シトクロム b_6f 複合体はミトコンドリアの複合体IIIと基本構造が同じである．これらの複合体でキノン回路が機能する．下：プラストキノンの酸化還元．（園池公毅，2008 より）

マ側に移動する．同様にして次の電子がストロマ側にやってくると，ストロマ側の 2H$^+$ とともに，プラストキノンをプラストキノールに還元する．こうして生成したプラストキノールもまた内腔側サイトでシトクロム b_6f 複合体に電子を渡し 2H$^+$ を内腔に放出する．2電子のうち1電子はプラストシア

ニンへ，1電子はストロマ側に移動するというサイクルをくり返す．これを**キノンサイクル**（あるいは **Q サイクル**）と呼ぶ[*7-5]．こうして1電子当たり $2H^+$ がチラコイド内腔に汲み込まれる．水を分解する際にもチラコイド内腔では H^+ が生成するので，チラコイド内腔の H^+ 濃度はストロマよりも高くなる．また，チラコイドには膜電位があり内側がストロマ側よりも電位が高いので，H^+ の移動は電位差に逆らった移動となり，移動によってさらに電位差が大きくなる．こうして，チラコイド膜を隔てて H^+ の化学ポテンシャル差（電気化学(的)ポテンシャル差と呼ばれることも多い）が形成される．

チラコイド膜における酸化還元反応では，電子が酸化還元電位の低い物質から高い物質に伝達されるだけでなく，チラコイド膜を介した H^+ の化学ポテンシャル差をつくる仕事が行われる．この化学ポテンシャル差を利用して，ADP と無機リン酸とから H^+-ATP 合成酵素により ATP がつくられる[*7-6]．

H_2O から光化学系 II，光化学系 I を経て $NADP^+$ にいたる経路の他に，光化学系 I の還元側からプラストキノンへ電子を送る**循環型電子伝達経路**（cyclic electron transport pathway）も存在する（7S.2「循環型電子伝達と ATP 合成」を参照）．この経路は NADPH を生産せず，チラコイド内腔へ H^+ を汲み込む．この循環型電子伝達経路と区別する意味で，H_2O から $NADP^+$ にいたる経路を，**非循環型電子伝達経路**（non-cyclic electron transport pathway），あるいは，**線形電子伝達経路**（linear electron transport pathway）と呼ぶ．

チラコイドで起こるこれらの反応の結果生じる ATP 量を検討しよう．まず，チラコイド内外の H^+ の化学ポテンシャル差は，圧力 P の項を無視して，

$$\Delta\mu = \mu_i - \mu_o \fallingdotseq RT \cdot [\ln(a_{H^+_i}) - \ln(a_{H^+_o})] + F \cdot (E_i - E_o) \qquad 7.1$$

式 4.1 と同様に pH を導入すると，

[*7-5] 化学浸透説で 1978 年度のノーベル賞を受賞したミッチェル（P. Mitchell）が提唱した．
[*7-6] 野地博行，吉田賢右らが，この酵素が ATP を分解する際や，合成する際に回転することを見いだした（野地博行ら，1997）．

■ 7章　光合成のあらまし

$$\varDelta\mu \fallingdotseq -2.3RT\varDelta\mathrm{pH} + F\varDelta E \qquad 7.2$$

となる．温度を25℃として，$R = 8.314\,\mathrm{J\,mol^{-1}\,K^{-1}}$，$F = 9.65 \times 10^4\,\mathrm{J\,mol^{-1}\,V^{-1}}$ を代入すれば，式7.2は，以下のようになる．

$$\varDelta\mu \fallingdotseq -5.7 \cdot 10^3 \varDelta\mathrm{pH} + 9.65 \cdot 10^4 \varDelta E \qquad 7.3$$

　チラコイド膜内外の $\varDelta\mathrm{pH}$ が -3（内側が低い），$\varDelta E$ を内腔側が高く 50 mV とすると，$\varDelta\mu$ は 22 kJ mol^{-1} H$^+$ と計算される（7S.1「練習問題」を参照）．ADP と P$_\mathrm{i}$ から ATP を合成するには，50 kJ mol^{-1} ATP 程度が必要[*7-7]であることを考えると，この状態で少なくとも3個の H$^+$ の移動が必要である．チラコイドの外側のストロマ部分は内腔に比べて充分に大きいので，チラコイド内腔の H$^+$ の増減のみを考えよう．1分子の H$_2$O が分解される際に 2H$^+$，抜き取られた電子2個が光化学系II，シトクロム b_6f，光化学系I を経て NADP$^+$ ＋ H$^+$ を還元し NADPH が生成する際に 4H$^+$，すなわち，2電子伝達当たりチラコイド内腔に H$^+$ が6個純増する．チラコイド反応のバランスシートは，非循環型電子伝達経路をこの2倍の4電子が流れる場合とすれば；

$$2\mathrm{H_2O} + 2\mathrm{NADP^+} + n\,\mathrm{ADP} + n\mathrm{P_i} \rightarrow \mathrm{O_2} + 2\mathrm{NADPH} + n\,\mathrm{ATP} \qquad 7.4$$

n は，非循環型電子伝達経路に加えて，循環型電子伝達経路がはたらけば増加する．葉緑体の H$^+$-ATP 合成酵素の H$^+$ チャネルを形成するサブユニットの数は 14 個である．14 個の H$^+$ によって酵素が一回転し，3分子の ATP がつくられる．したがって ATP 1分子あたり 14/3 個の H$^+$ が必要となる．したがって，4電子が非循環型の経路を流れ，循環型電子伝達が起こらない

[*7-7] ADP ＋ P$_\mathrm{i}$ → ATP ＋ H$_2$O の反応の自由エネルギー変化は，pH7.0，25℃において $\varDelta G = \varDelta G° + RT \ln \dfrac{[\mathrm{ATP}]}{[\mathrm{ADP}][\mathrm{P_i}]}$　$\varDelta G° = 30.5$ kJ mol^{-1} である．ATP，ADP，P$_\mathrm{i}$ の濃度が 1 mmol L^{-1} だとすると，$\varDelta G$ は 53 kJ mol^{-1} になる．

場合の n は, $12/4.67 = 2.56$ となる. 一方, ΔpH, ΔE からは, より多くのATPの生産が可能と計算できる(7S.2「循環型電子伝達とATP合成」を参照).

7.2.4 還元的ペントースリン酸回路

CO_2 の固定は, ストロマの**還元的ペントースリン酸回路** (reductive pentose-phosphate cycle, ペントースは五炭糖の総称) によって行われる. カルヴィン - ベンソン - バッシャム回路 (Calvin-Benson-Bassham cycle, **CBB 回路**) とも呼ばれる (図 7.7). CBB 回路は a ～ d の 4 つの段階に分けることができる.

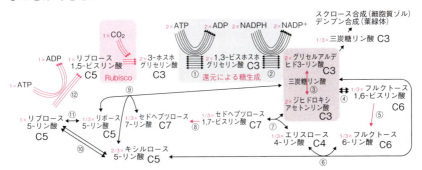

図 7.7　還元的ペントースリン酸回路
C4 植物の CO_2 濃縮経路 (C4 回路) と区別して C3 回路ともいう. カルヴィン (M. Calvin), ベンソン (A. Benson), バッシャム (J. Bassham) らは, 単細胞緑藻のクロレラなどに放射性同位元素 ^{14}C を含む $^{14}CO_2$ を与えて光合成させ, 時間を追って細胞を固定し, ^{14}C でラベルされた化合物の時間による推移を二次元ペーパークロマトグラフィーにより解析して, この回路を確定した. カルヴィンはこの業績によりノーベル賞を受けた.
図中の (Cn) は物質の炭素数を示す. 不可逆反応を→, 可逆反応を⟷で示してある. 矢印の数は分子の数を表現しており, 1 本が 1/3 分子に相当する. ①ホスホグリセリン酸キナーゼ, ②グリセルアルデヒド 3-リン酸デヒドロゲナーゼ, ③トリオースリン酸イソメラーゼ, ④アルドラーゼ, ⑤フルクトース 1,6-ビスリン酸ホスファターゼ, ⑥トランスケトラーゼ, ⑦アルドラーゼ, ⑧セドヘプツロース 1,7-ビスリン酸ホスファターゼ, ⑨トランスケトラーゼ, ⑩エピメラーゼ, ⑪イソメラーゼ, ⑫5-ホスホリブロキナーゼ. (原図)

a. CO_2 の固定

炭素数 5 つの五炭糖ビスリン酸である**リブロース 1,5-ビスリン酸** (RuBP) に CO_2 が作用し, 2 分子の 3-ホスホグリセリン酸が生成する. この反応を触媒するのは, RuBP カルボキシラーゼ/オキシゲナーゼ (通称ルビスコ,

コラム 7.1
ルビスコ：地球上でもっとも多いタンパク質

　リブロース 1,5- ビスリン酸カルボキシラーゼ / オキシゲナーゼ（<u>ribu</u>lose 1,5-<u>bis</u>phosphate <u>c</u>arboxylase / <u>o</u>xygenase）は，ルビスコと略称される．このニックネームは，1979 年，ルビスコ研究に功績のあったカリフォルニア大学のワイルドマン（S. G. Wildman）教授の退官記念の学会で，この酵素を食物にしたいと考えていた教授の考えに因んで，ビスケットのナビスコに擬して名づけられた．
　ルビスコは，葉緑体 DNA にコードされた大サブユニット 8 個，核にコードされた小サブユニット 8 個からなる 16 量体で，合計の分子量 550,000 のきわめて大きな酵素である．各大サブユニットが活性中心をもつが，各活性中心は 1 秒間に最大 3 分子程度の CO_2 しか固定できない（25℃）．これは酵素反応としてはきわめて遅く，最大反応速度 k_{cat} は，他の CBB 回路の酵素よりも 2 ～ 3 桁低い．また，基質への親和性が低く，25℃における CO_2 に対するミハエリス（ミカエリスともいう）係数 K_C（酵素反応の最大速度の 1/2 を与える基質濃度，ここでは CO_2 濃度）は，400 ppm の CO_2 を含む空気と平衡状態にある水の CO_2 濃度である約 13 μM（μmol L^{-1}）とほぼ同じである．しかも CO_2 と O_2 とは競争的に作用するので，大気濃度の O_2 存在下の見かけのミハエリス係数，すなわち $K_C(1 + O/K_O)$ はさらに大きくなる（7.5 ファーカーモデルにあるルビスコの反応機構，図 7.13，補遺 7S.3 ミハエリス - メンテン式と競争阻害の式も参照）．大きいのに反応速度が遅く，CO_2 への親和性が低いという低効率の酵素である．したがって，緑色植物が太陽光エネルギーを光合成によって充分に固定するためには，大量のルビスコをもたなければならない．葉緑体のストロマにおいてルビスコタンパク質の体積がしめる割合は 1/3 にも達することさえある．このため，地球上で最大量のタンパク質といえば圧倒的にルビスコなのである．

Rubisco）と呼ばれる酵素である（コラム 7.1 参照）．

b. ホスホグリセリン酸からトリオース（三炭糖）リン酸の合成

2段階の酵素反応により，有機酸リン酸化物である 3-ホスホグリセリン酸が還元されて**三炭糖リン酸**（triose phosphate）であるグリセルアルデヒド 3-リン酸が生成する．まず 3-ホスホグリセリン酸がホスホグリセリン酸キナーゼによってリン酸化され，次にグリセルアルデヒド 3-リン酸デヒドロゲナーゼによって還元されて，グリセルアルデヒド 3-リン酸が生成する．2分子の三炭糖リン酸の生成に，ATP と NADPH が 2分子ずつ使われる．

c. 五炭糖リン酸の合成

2分子の三炭糖リン酸のうち，約 1/3 分子相当の三炭糖リン酸（つまり C 1個分）が，スクロースあるいはデンプンの合成に使われる（以下参照）．残りの 5/3 分子相当の三炭糖リン酸の 5個分の C から，**五炭糖リン酸**であるリブロース 5-リン酸がつくられる．3倍すると，5分子の三炭糖リン酸から 3分子の五炭糖リン酸ができる．炭素数では，3＋3＝6（図 7.7 の反応④），6＋3＝4＋5（⑥），4＋3＝7（⑦），7＋3＝5＋5（⑨）となる．なお，四炭糖，六炭糖，七炭糖はテトロース(tetrose)，ヘキソース(hexose)，ヘプトース(heptose)である．

d. RuBP の再生

リブロース 5-リン酸にキナーゼが作用して RuBP が再生される CBB 回路が完結する．ATP が 1分子使われる．

葉緑体の産物を三炭糖リン酸（Triose-P）としたバランスシートは，

$$CO_2 + H_2O + 1/3\,P_i + 3\,ATP + 2\,NADPH$$
$$\rightarrow\ 1/3\,\text{Triose-P} + 3\,ADP + 3\,P_i + 2\,NADP^+ \qquad 7.5$$

CBB 回路の酵素の中には可逆反応も多いが，ルビスコによる炭酸固定，フルクトースビスリン酸ホスファターゼやセドヘプツロースビスリン酸ホスファターゼによるリン酸加水分解反応などは不可逆的である．また，フルクトースビスリン酸ホスファターゼ，セドヘプツロースビスリン酸ホスファターゼ，グリセルアルデヒド 3-リン酸デヒドロゲナーゼ，ホスホリブロキナー

ゼはジスルフィド結合（-S-S-）をもち，これが**チオレドキシン**によって，もたらされる光化学系Ⅰからの電子によって還元され活性化される．夜間には再び酸化され，不要な反応は抑えられる．H^+-ATPase の γ サブユニットもチオレドキシンによる光活性化を受ける．夜間は不活性化され，逆反応である ATP の加水分解が起こらない（吉田啓亮・久堀 徹, 2023）．

　葉緑体の光合成産物は**三炭糖リン酸**，すなわちグリセルアルデヒド 3-リン酸とジヒドロキシアセトンリン酸である．**スクロース**が合成されるのはサイトゾルで，葉緑体包膜上の三炭糖リン酸／リン酸トランスロケーターによる対向輸送系によって，1 分子の三炭糖リン酸が葉緑体からサイトゾルに輸送されるごとに 1 分子リン酸（P_i）が葉緑体に入る．**デンプン**は，CBB 回路中のフルクトース 6-リン酸を出発物質として，ADP グルコースを経て葉緑体で合成される．デンプンは主として夜間に分解され，糖トランスポーターによってサイトゾルに輸送され，スクロース合成の原料となる．

7.2.5　光呼吸

　ルビスコのコラム 7.1 にあるように，この酵素には**オキシゲナーゼ**（酸素添加）反応活性がある．オキシゲナーゼ反応は RuBP に CO_2 ではなく O_2 が付加される反応で，その際生成するのは 1 分子のホスホグリセリン酸と 1 分子のホスホグリコール酸（C2 化合物）である．ホスホグリコール酸は，CBB 回路のトリオースリン酸イソメラーゼの強力な阻害剤なので，すみやかに代謝されなければならない．しかし，ホスホグリコール酸にはエネルギーを使って固定した炭素が含まれている．したがって，単に阻害剤を代謝するだけでなくその過程でなるべく多くの炭素を回収するのが望ましい．この両者を行うのが，**光呼吸**（photorespiration）経路である．光呼吸経路は，**葉緑体**，**ペルオキシソーム**（peroxisome），**ミトコンドリア**（mitochondrion，複数形 mitochondria）の 3 つのオルガネラの協働によって行われる．

　光呼吸のあらましを述べよう（図 7.8）．まず，最初の反応は，ルビスコによる RuBP への O_2 添加反応である．葉緑体でホスホグリコール酸ホスファターゼによってリン酸が回収され，ペルオキシソームで，グリコール酸オキシダーゼによって酸化されグリオキシル酸になる．その際 H_2O_2 が発生す

7.2 光合成のあらまし

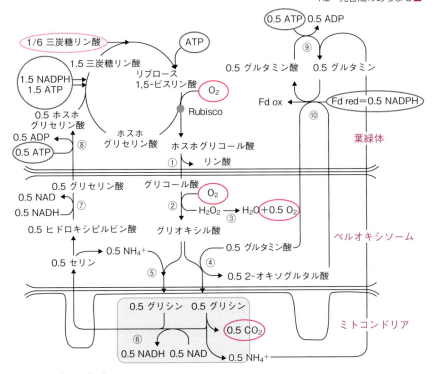

図 7.8 光呼吸経路
①ホスホグリコール酸ホスファターゼ，②グリコール酸オキシダーゼ，③カタラーゼ，④グルタミン酸‐グリオキシル酸アミノ基転移酵素，⑤セリン‐グリオキシル酸アミノ基転移酵素，⑥グリシン脱炭酸酵素／セリン‐ヒドロキシメチルトランスフェラーゼ複合酵素，⑦ヒドロキシピルビン酸還元酵素，⑧グリセリン酸キナーゼ，⑨グルタミンシンセターゼ（GS），⑪グルタミン酸シンターゼ（グルタミン‐オキソグルタル酸アミノ基転移酵素，GOGAT）．ATP および還元力の利用を◯，ガスの出入りを◯で囲んである．（原図）

る．H_2O_2 はカタラーゼによって分解される（$H_2O_2 \rightarrow H_2O + 0.5\ O_2$）．グリオキシル酸は，グルタミン酸からアミノ基を受けグリシンとなる．グリシンはミトコンドリアに移り，グリシン 2 分子からセリンが生成する．このときに CO_2 が失われる．セリンはペルオキシソームに移り，セリン－グリオキシル酸アミノ基転移酵素によってアミノ基がうばわれ，ヒドロキシピルビン酸となる．これが還元されてグリセリン酸となり再び葉緑体に入り，グリセリン酸キナーゼによってホスホグリセリン酸となり CBB 回路に戻

る．グルタミン酸はアミノ基を失って，2-オキソグルタル酸となり，グルタミンシンセターゼ*7-8（glutamine synthetase, GS）とグルタミン酸シンターゼ*7-8（glutamate synthase，グルタミン-オキソグルタル酸アミノ基転移酵素 glutamine-oxoglutarate aminotransferase, GOGAT ともいう）とからなる葉緑体の GS-GOGAT 系によって，グルタミン酸として再生される．再生に必要な NH_4^+ はおもにミトコンドリアから供給される．

　光呼吸経路において消費される ATP と NADPH の量を計算しよう．グリオキシル酸からグリシンが生成する際に，アミノ基を供給するのは，セリンとグルタミン酸である．1/2 グルタミン酸の再生は，GS-GOGAT 系（図 7.10 参照）で行われるので，合計 1/2 ATP と 1 還元型フェレドキシンが必要である．フェレドキシンは 1 電子反応なので，1/2 NADPH として計算する．また，葉緑体内で 1/2 グリセリン酸がグリセリン酸キナーゼによってリン酸化され，1/2 ホスホグリセリン酸となる．ここで 1/2 ATP が消費される．グリシンからセリンが合成される際に得られる NADH は，ヒドロキシピルビン酸が還元されてグリセリン酸となる際に消費されるとすると相殺される．

　光呼吸経路によって，C2 化合物のホスホグリコール酸から 0.5 分子の 3-ホスホグリセリン酸が生成し，合計 1.5 分子の 3-ホスホグリセリン酸となる．これらには 4.5 C しか含まれないので，RuBP を再生するためには，1/2 C 不足する．まず，この不足分を無視し，リブロース 5-リン酸が生成され，1 分子の ATP を使って RuBP が再生されるとして必要な ATP と NADPH を数えると，光呼吸経路はオキシゲナーゼ反応ごとに，3.5 ATP と 2 NADPH である．1/2 C は 1/6 分子の三炭糖リン酸によって供給されるとすれば，これに 1/6 分子の三炭糖リン酸の生産に必要な 1.5 ATP と 1 NADPH とを加えなければならない．すなわち，光呼吸は 1 回のオキシゲナーゼ反応当たり 5 ATP と 3 NADPH を消費することになる．

---

* 7-8　シンセターゼとシンターゼはどちらも合成酵素と訳すが，シンセターゼには ATP が関与し，シンターゼには関与しないという違いがある．英語では，シンセテース，シンテースと発音する（ドイツ語のような発音をすると通じない）．

グルタミン酸再生分	0.5 ATP	+	0.5 NADPH
グリセリン酸キナーゼ	0.5 ATP		
PGAから三炭糖リン酸の生成	1.5 ATP	+	1.5 NADPH
RuBPの再生	1 ATP		
小計	3.5 ATP	+	2 NADPH
1/6 トリオースリン酸供給	1.5 ATP	+	1 NADPH
合計	5 ATP	+	3 NADPH

光呼吸経路のバランスシート[*7-9]は，1オキシゲナーゼ当たり

$$O_2 + 0.5\,O_2 + 3.5\,ATP + 2\,NADPH + 1/6\,Triose\text{-}P$$
$$\rightarrow\ 0.5\,CO_2 + 3.5\,ADP + 3.5\,P_i + 2\,NADP^+ + \underline{1/6\,P_i} \qquad 7.6$$

 葉が光合成をしている最中に消灯するとCO_2が放出されるという発見がこの経路の研究のきっかけだった．この経路ではO_2を吸収しCO_2を発生するので，光「呼吸」と名づけられた．しかし，解糖系，TCA回路，酸化的リン酸化の諸過程からなる「呼吸」とは本質的に異なる．光条件下で起こっている「呼吸」と理解するのは誤りである．

 C3植物は概ねここに述べたような光呼吸経路で光合成を行っていると考えられてきた．しかし，針葉樹（裸子植物）ではかなり異なる．まず，ミトコンドリアで発生するNH_4^+を同化するグルタミンシンセターゼは多くの植物では葉緑体に存在し，GS2と呼ばれるが，針葉樹ではこれを欠き，維管束系のサイトゾルにあるGS1のみが作用する．このため光合成を行っている葉からNH_3が漏れやすい．また，ペルオキシソームのカタラーゼ活性が弱く，ここでH_2O_2が媒介する酵素によらない脱炭酸反応が起こり，C1化合物の

[*7-9] 3つのオルガネラ間で光呼吸経路が厳密に化学量論的に動いているとは限らない．ミトコンドリアで生成したNADHの一部は呼吸系によって消費される．また，ミトコンドリアで生じたアンモニアが葉から放出（揮散）されることも知られている．

ギ酸も検出される．また，ペルオキシソームにはグリセリン酸がほとんど見られない（宮澤眞一ら，2023）．

7.3　C4 と CAM

7.3.1　C4 と CAM の代謝系

　光合成生物がルビスコを使い始めたときは，大気中には O_2 がなかったのでオキシゲナーゼ反応は起こらなかった．ところが，酸素発生型の光合成生物の長年の活動によって大気に O_2 が蓄積すると，オキシゲナーゼ反応が起こるようになった．オキシゲナーゼ反応に始まる光呼吸経路では，多大なエネルギーを失う．このように，植物は祖先のつくった O_2 に苦しめられていることになる．ルビスコによるオキシゲナーゼ反応はカルボキシラーゼ反応と競争的に起こるので，葉緑体内の CO_2 濃度が低く相対的に O_2 濃度が高くなるほど（式 7.11（p.127）を参照）オキシゲナーゼ反応が起こりやすい．また，ルビスコの酵素特性は温度によって変化し，高温になるほどオキシゲナーゼ反応が起こりやすくなる（図 8.14 を参照）．気孔が閉じがちで葉緑体内の CO_2 濃度が低くなる乾燥環境や高温環境では，光呼吸によって失うエネルギーは植物にとってとくに大きな損失となる．

　このような環境には，**C4 植物**が分布している．ホソアオゲイトウ，オヒシバ，ススキなど，作物ではトウモロコシ，サトウキビ，キビなどが C4 植物である．C4 植物は，CO_2（真の基質は HCO_3^-）に対する親和性が高く O_2 による阻害を受けない**ホスホエノールピルビン酸カルボキシラーゼ**（PEPCase）によって，C をいったん炭素 4 個の化合物に固定し，ルビスコ近傍で脱炭酸反応を行うことによってルビスコに高い濃度の CO_2 を供給する．このため，光呼吸はほぼ完全に抑えられる．C4 植物は，葉肉細胞と維管束鞘細胞の分業体制でこの反応を行っている（図 7.9）．

　C4 植物は脱炭酸経路によって 3 タイプに分類できる（図 7.10）．脱炭酸をルビスコが存在する葉緑体内で行う NADP リンゴ酸酵素型，ミトコンドリア内で脱炭酸する NAD リンゴ酸酵素型，サイトゾルで脱炭酸を行うホスホエノールピルビン酸カルボキシキナーゼ（PEP-CK）型の 3 つである．

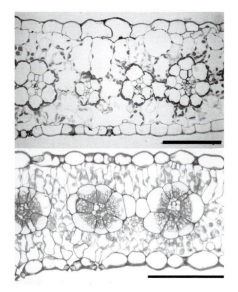

図 7.9 C4 光合成を行う葉の断面図
上：NADP-リンゴ酸酵素タイプのトウモロコシの葉の断面．C3 植物では，維管束のまわりの細胞（維管束鞘細胞）は小さく，発達した葉緑体も見られないが，C4 植物の維管束鞘の細胞は大きく，多数の葉緑体がある．これらの葉緑体の場所は，図 7.1 に見られる，C3 植物に典型的な細胞間隙に接した場所とは異なる．NADP-リンゴ酸酵素による脱炭酸は葉緑体で行われる．スケールは 100 μm．（田副雄士氏提供）
下：NAD-リンゴ酸酵素タイプのスギモリゲイトウの葉の断面．NAD-リンゴ酸酵素による脱炭酸はミトコンドリアで行われる．スケールは 100 μm．（田副雄士氏提供）

沙漠のように乾燥が厳しい環境では，雲が少なく陽射しが強い．したがって植物体の温度は著しく高くなる．空気は乾燥しているので，気孔を開けば大量の水が蒸散によって失われる．一方，晴れた夜には放射冷却によって植物体の温度は低下する．こういうときなら気孔を開いても蒸散はわずかである．植物体表面の温度が気温よりも低く，結露するようなときには蒸散は起こらない．このような状況下，夜間に気孔を開いて CO_2 をいったん固定し，昼間に再固定するような植物が現れた．これらの植物の炭酸固定経路を **CAM**（ベンケイソウ型酸代謝，crassulacean acid metabolism）と呼ぶ（図 7.11）．CAM を行う植物は，被子植物のベンケイソウ科，サボテン科，ユリ科，ラン科などの他，裸子植物のウェルウィッチア（*Welwitschia*）属やシダ植物にも見られる．C4 植物が，昼間，濃縮回路を 2 種類の細胞（葉肉細胞と維管束鞘細胞）の分業によって駆動しているのに対して，CAM 植物は夜間，気孔を開いて PEPCase によって CO_2（実際に固定されるのは HCO_3^-）を固定し，これをリンゴ酸として液胞に蓄積し，昼間，リンゴ酸などから脱炭酸反応によって取り出した CO_2 を CBB 回路で再固定する反応を行っている．模式図にはこれらの反応が 1 細胞で行われているように描かれているが，脱炭

Ⅰ NADP リンゴ酸酵素
（NADP-ME）型
（トウモロコシ，ススキ，
ホウキギなど）

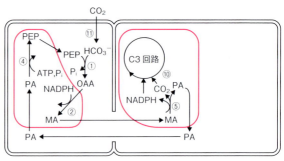

Ⅱ NAD リンゴ酸酵素
（NAD-ME）型
（アオビユ，キビ，
オヒシバなど）

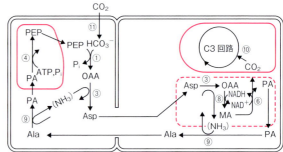

Ⅲ PEP カルボキシキナーゼ
（PEP-CK）型
（ニクキビ，
ギニアグラスなど）

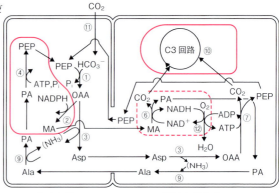

葉肉細胞　　　　　　　維管束鞘細胞

図 7.10　C4 光合成の 3 つのサブタイプ
実線は葉緑体，破線はミトコンドリアを示す．C3 回路：CBB 回路．代謝産物：Ala：アラニン，Asp：アスパラギン酸，MA：リンゴ酸，OAA：オキサロ酢酸，PA：ピルビン酸，PEP：ホスホエノールピルビン酸，P_i：正リン酸，PP_i：ピロリン酸．
酵素など：① PEP カルボキシラーゼ，② NADP-リンゴ酸脱水素酵素，③ グルタミン酸-オキサロ酢酸アミノ基転移酵素（別名アスパラギン酸アミノ基転移酵素），④ ピルビン酸リン酸ジキナーゼ，⑤ NADP リンゴ酸酵素（malic enzyme），⑥ NAD リンゴ酸酵素（malic enzyme），⑦ PEP カルボキシキナーゼ，⑧ NAD-リンゴ酸脱水素酵素，⑨ グルタミン酸-ピルビン酸アミノ基転移酵素（別名アラニンアミノ基転移酵素），⑩ Rubisco，⑪ 炭酸脱水酵素，⑫ 呼吸鎖電子伝達系．（金井龍二氏の原図による．桜井英博ら，2017 より描く）

7.3 C4 と CAM

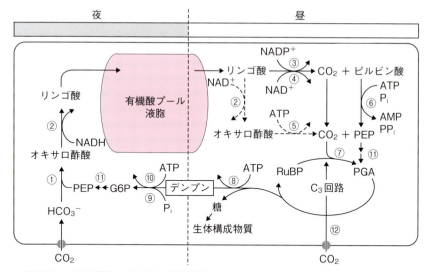

図 7.11　CAM 植物の夜と昼の代謝経路
リンゴ酸酵素（ME）型の代謝を実線，PEP カルボキシキナーゼ（PEP-CK）型の代謝を破線で区別してある．
代謝産物：G6P：グルコース 6-リン酸，PEP：ホスホエノールピルビン酸，PGA：3-ホスホグリセリン酸．
酵素など：① PEP カルボキシラーゼ，② NAD リンゴ酸脱水素酵素，③ NADP リンゴ酸酵素，④ NAD リンゴ酸酵素，⑤ PEP カルボキシキナーゼ，⑥ピルビン酸正リン酸ジキナーゼ，⑦ CBB 回路，⑧デンプン合成酵素，⑨ホスホリラーゼ／ホスホグルコムターゼ，⑩アミラーゼ／ヘキソキナーゼ，⑪解糖系，⑫液胞の有機酸プールを消費し尽くすと，気孔から CO_2 を取り込んで C3 光合成を行う．
（金井龍二氏の原図による．桜井英博ら，2017 より描く）

酸が行われるときには気孔が閉じているので，葉内部全体の CO_2 濃度が高い．このため CO_2 分子はその分子が脱炭酸された細胞によって再固定されるとは限らない．

　水中に棲息する維管束植物（ヒカゲノカズラ亜門，小葉類シダ）のミズニラも CAM 植物である．水中における昼間の CO_2 の奪い合いを避けているとされるが，ミズニラ類が厳しい競争にさらされているのかは疑問である．水中における CAM 類似の代謝を SAM（submerged acid metabolism，沈水植物酸代謝）と呼ぶこともある．

7.3.2 C4 の進化

陸上植物の出現後 O_2 濃度は 15 〜 35％を推移した．CO_2 濃度はより大きな変動を示した（図 7.12）．3 億年前の石炭紀の CO_2 濃度の低下と O_2 濃度の上昇については，小葉類やトクサ類の大木の遺体がリグニンを含み難分解性だったこと（3.2.5 項参照），当時のパンゲア大陸は，現在の大陸がすべて集合したような大面積で，湿地が多く，埋没した植物遺体が分解されにくかったことによる．この時期は厳しい氷河期であり C4 植物は出現していない．次の CO_2 濃度の低下は，4500 万年前に起こった．インド亜大陸がアジア大陸に衝突し，むき出しになったケイ酸カルシウムが風化する際に，大気中の CO_2 が固定された（式 7.7）．

$$CaSiO_3 + CO_2 \rightarrow CaCO_3 + SiO_2 \qquad 7.7$$

植物が C4 や CAM 代謝系を獲得したのはこの時代であった．ルビスコは炭素の同位体分別が著しい酵素で，$^{13}CO_2$ よりも $^{12}CO_2$ を好む．このため，C3 植物の植物体の C の $^{13}C/^{12}C$ は，空気の $^{13}C/^{12}C$ よりも 2 〜 3％小さい．一方，C4 植物や CAM 植物は炭素の同位体分別をほとんど示さない PEP カ

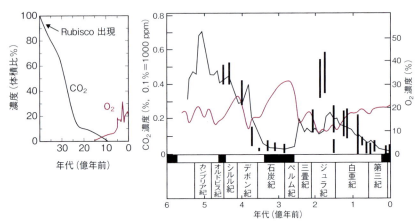

図 7.12 大気の O_2（〜）CO_2（〜）濃度の変遷
右図にはモデル計算によるもの（実線）と，古土壌を用いた CO_2 濃度推定（黒棒）が示してある．左図は Sage & Pearcy (2000) を改変．右図の O_2 の計算は Berner (2006)，CO_2 は Berner & Kothavala (2001) による．地質時代の黒帯は氷河期を示す．

ルボキシラーゼによって CO_2 がいったん固定され，それがルビスコによって再固定されるため，経路全体としても分別が少ない．したがって，草食動物の化石の**炭素安定同位体比**を比較すれば，食べた植物が C3 であったか，C4 や CAM であったのかがわかる．最初の C4 植物が出現したのは白亜紀だが，著しく増加したのは，最近の 1000 万年間である．C4 は 70 もの分類群で並行的に出現した．C4 の進化については補遺 7S.3 で解説した．

7.4 光合成とその効率

C3 植物の CBB 回路の光合成反応は，再生される RuBP などを省略すると以下の式で表すことができる．

$$CO_2 + 2H_2O + 1/3\,P_i \rightarrow 1/3 \times \text{Triose-P} + H_2O + O_2$$
$$\Delta G' = 478 \text{ kJ mol}^{-1}\text{C} \qquad 7.8$$

光呼吸がまったく起こらず，光のエネルギーが最大の効率で光合成に使われるとき，1 mol の CO_2 が固定されるこの反応には少なくとも 8 mol の光量子が必要である（測定方法については，7 章 BOX 参照）．光合成有効放射（PAR：photosynthetically active radiation）の波長 400 ～ 700 nm のエネルギーは，300 ～ 170 kJ mol^{-1} なので，8 mol で 2400 ～ 1360 kJ となる．したがって，理想条件では，光エネルギーの 20 ～ 35% を糖の形で蓄えることができることになる．太陽から地上に到達する PAR の平均エネルギーである 215 kJ mol^{-1} を使えば，**最大効率は 28%** である．式 7.4 の n を考慮すれば，かなり乱暴だが，チラコイド反応の段階で，8 個の光量子によって光呼吸もまかなえる 3.5 分子の ATP と 2 分子の NADPH が生成すると仮定しよう．生理条件を考慮すると，ATP には 50 kJ mol^{-1} ATP のエネルギーが蓄えられる．また，NADPH には，220 kJ mol^{-1} NADPH が蓄えられる[*7-10]．3.5 mol ATP

[*7-10] $ADP + P_i \rightarrow ATP$, $H_2O + NADP^+ \rightarrow NADPH + H^+ + 0.5\,O_2$ の ΔG を計算．ATP については脚注 7-7 を参照．pH 8.0，酸素濃度 250 μM とすると，NADPH に蓄えられるエネルギーはこれより小さくなる．補遺 7S.1 計算問題を参照．

7章　BOX
葉のガス交換速度の測定

　葉の光合成速度を測定する際には，透明な箱（同化箱）に葉を入れて通気し，光を照射して，出入りする空気の流量とCO₂およびH₂Oの濃度を測定する．

　まず，同化箱に葉を入れた場合の境界層抵抗 r_b を前もって求める．濡れた濾紙を同化箱に入れ，濾紙の温度，同化箱に出入りする空気の流量および水蒸気濃度を測定するとよい．箱の内部の空気をファンなどでよく撹拌すると，箱の内部の水蒸気濃度（e_a）は箱から出て来た空気の水蒸気濃度に等しい．単位面積当たりの濾紙の蒸発速度 E は，濾紙の温度における飽和水蒸気濃度を $e_{TP,sat}$ とすれば，

$$E = 2 \times (e_{TP,sat} - e_a)/r_b$$

これから，試料の片側の境界層抵抗が求められる（毎回測定する必要はない）．

　片側（たとえば裏側）のみに気孔がある葉の，単位面積当たりの蒸散速度 E と正味の光合成速度 A_n は，H₂Oに対する気孔抵抗を r_s，箱の空気のCO₂濃度を C_a，細胞間隙のCO₂濃度を C_i，葉温における飽和水蒸気濃度を $e_{TL,sat}$ とすれば：

$$E = (e_{TL,sat} - e_a)/(r_b + r_s)$$
$$A_n = (C_a - C_i)/(1.37r_b + 1.6r_s)$$

である．蒸散におけるH₂Oの経路と同じ経路を逆方向にCO₂が拡散するので，蒸散と光合成が似た式で表現できる．CO₂の方が重い分子なので，どちらの抵抗も水蒸気に対する抵抗よりも大きいが，境界層は流れがあるために分子の重さの影響が小さくなる．これらの式から C_i を計算することができる．ただし，蒸散によるH₂Oの増加は，空気全体の体積を1〜2%増加させることもある．それだけで C_a を低下させてしまうので無視できない．実際の計算に当たっては，蒸散速度を考慮した補正を行う（5章も参照のこと）．

　光合成の最大量子収率を測定するには，光呼吸が起こらないよ

うに，高CO_2濃度（たとえば2000 ppm），低O_2濃度（たとえば1％）条件下で測定する．同化箱に入る空気と出てくる空気のCO_2濃度と水蒸気濃度とを測定して，光合成速度を求め，光合成速度（μmol CO_2 m^{-2} s^{-1}）を，葉が吸収した光合成有効光量子束密度（mol photon m^{-2} s^{-1}）に対してプロットすると，図のような曲線が得られる．最大量子収率と，強光下の量子収率が示してある．本文で述べたように，1分子のCO_2固定に8個の光量子が必要だとすれば，最大量子収率は0.125 mol CO_2 mol^{-1} 光量子となる．実測値としては，0.1 mol CO_2 mol^{-1} 光量子程度の値が得られる．

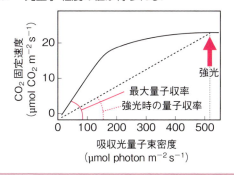

と2 mol NADPHに蓄えられるエネルギーの合計615 kJを，PARの平均エネルギー215 kJ mol^{-1} photonを8倍したもので割ると36％となる．このように，ATPとNADPHが生成した段階で，かなりのエネルギーが失われることがわかる．一方，ATPとNADPHから出発したCBB回路のエネルギー固定率は80％を越える高効率である．ただし，ここで述べたCO_2固定の最大効率は，光呼吸が起こらないガス条件（高CO_2濃度，低O_2濃度）で，弱光下で得られる理想的な値である．

C4植物では光呼吸が抑えられるので，光呼吸によるエネルギーの無駄使いを防ぐことができる．一方で，CO_2濃縮回路にエネルギーを使う．図7.10に示したように，PEPの再生にはピルビン酸リン酸ジキナーゼ（pyruvate phosphate dikinase, PPDK）がはたらく．

■ 7章　光合成のあらまし

$$\text{ピルビン酸} + P_i + \text{ATP}$$
$$\rightarrow \text{ホスホエノールピルビン酸} + \text{ピロリン酸} + \text{AMP} \qquad 7.9$$

アデニル酸キナーゼ（ATP＋AMP⇄2 ADP）の反応を考えると，ピルビン酸リン酸ジキナーゼの反応では2分子相当のATP（→ADP＋P_iとして）が必要である．しかも，維管束鞘細胞のCO_2濃度を充分に高めるためには，ルビスコが固定するCO_2よりも多くのCO_2を固定し脱炭酸しなければならない．PEPカルボキシラーゼがCO_2を固定する速度V_P，ルビスコのCO_2固定速度をV_Cとすれば，$(V_P - V_C)/V_P$で定義される**漏れ率 L は 30%程度**である（田副雄士ら, 2008）．したがって，光呼吸が完全に抑えられるとしても，1分子のCO_2固定当たり，$[3 + 2/(1 - L)]$ATP＋2 NADPHのエネルギーが必要となる．C4植物の維管束鞘細胞葉緑体は，循環的電子伝達活性が高く，ATPの需要に応えている．図7.10を注意深く調べると，PEP-CK型の植物では，PEP再生のためのエネルギーが節約できる可能性があることがわかる．

　CAM植物では，液胞膜を介した物質のやり取りなどに，エネルギーを余分に使う．したがって，CAM植物の量子収率はC3植物やC4植物よりも低い．

7.5　ファーカー（G. D. Farquhar）の光合成モデル

　生理生態学の対象として重要な光合成の環境依存性や，環境への馴化，適応を検討するためにはモデルを利用する．光合成モデルの古典といえば，**ブラックマン**（F. F. Blackman, 1905）のものであろう．ブラックマンは，光が弱いときには光合成は光に律速され，光が強いときには光合成基質であるCO_2濃度やCO_2固定反応によって律速されるとした．一方で，植物の成長は，もっとも不足している栄養素によって律速される．これを，**シュプレンゲル - リービッヒの最少律**[*7-11]と呼ぶ．ブラックマンのモデルは律速段階が2つしかないが，いわば最少律の光合成版とも言えよう．ファー

[*7-11] Sprengel-Liebig law of minimum. 19世紀中後期に活躍した農芸化学の父J. von Liebigの業績とされてきたが，その概念は19世紀初頭にC. Sprengelが確立していた．

7.5 ファーカー（G. D. Farquhar）の光合成モデル

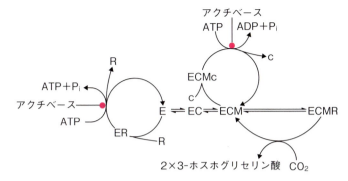

図 7.13 Rubisco の活性化の仕組み
Rubisco（E）は活性化剤の CO_2（C, カルバミル化）と Mg^{2+}（M）と結合し，活性型（ECM）となる．ECM に阻害剤 c（2-カルボキシアラビニトール 1-リン酸，CA1P）などが結合すると不活性型（ECMc）となるが，アクチベース（Rubisco 活性化酵素）によって取り除かれ，酵素は活性型（ECM）に戻る．ECM に基質の R（RuBP）が結合すると，CO_2（カルボキシラーゼ反応）または O_2（オキシゲナーゼ反応）が作用する．カルバミル化を受けていない酵素に R がつくと酵素は不活性化される．これもアクチベースによって取り除かれる．

カーのモデルはブラックマンのモデルの現代版である．

　ファーカーらはルビスコの反応速度論を検討し，この光律速および炭酸固定律速を酵素反応速度論を用いて数式で記述した．ルビスコの反応機構を説明しよう（図 7.13）．ルビスコの基質は RuBP と CO_2 あるいは O_2 である．暗黒下で，ルビスコは RuBP の結合などによって不活性化されている．ルビスコ活性化酵素（ルビスコアクチベース，Rubisco activase）は，この RuBP を ATP のエネルギーを用いて取り除く．その後，大サブユニットのリシン残基に CO_2 が結合してカルバミル化（カルバモイル化ともいう）され，さらに Mg^{2+} が結合して活性化される．活性化したルビスコでは，RuBP がまず大サブユニットの活性部位に組み込まれ，それに CO_2（カルボキシラーゼ反応）または O_2（オキシゲナーゼ反応）が作用する．

　ルビスコの反応速度は酵素として非常に遅く，高い光合成速度を得るためには酵素を大量にもつ必要がある．このため酵素としては異例の高濃度となる．ストロマの体積の 1/3 がルビスコタンパク質となることさえある．この酵素の 8 つの大サブユニットそれぞれに存在する活性部位の濃度は，

■ 7 章　光合成のあらまし

mmol L^{-1}（mol m^{-3}）のオーダーに達する．一方，基質である RuBP のストロマ中の濃度も，ルビスコと同じ mmol L^{-1} のオーダーである．ルビスコへの RuBP の親和性は高く，結合（遊離）定数 K_m（RuBP に対する K_m なので K_R としよう）は 20 ～ 40 µmol L^{-1} 程度である．NADPH や ATP が充分に存在し，CBB 回路が滞りなく回転すれば RuBP の濃度はルビスコの活性部位の濃度を上回り，ルビスコの活性部位のすべてが RuBP を結合した状態になる．一方，ATP や NADPH が不足する場合には，RuBP の濃度はルビスコ濃度を下回る．

　ある葉がもつルビスコの活性中心（active site）のうち，RuBP を結合していて CO_2 や O_2 との反応が可能であるものの割合を R^* としよう．$R^* = R/(K_R + R)$ である．ここで R はストロマ中の RuBP の濃度である．R^* を用いると，オキシゲナーゼ反応の速度（V_O）とカルボキシラーゼ反応の速度（V_C）は，酵素の活性部位に組み込まれた RuBP に CO_2 と O_2 が競合して結合しようとする酵素反応論の式（競争阻害の式）[*7-12] で書くことができる．

$$V_O = \frac{V_{Omax} \cdot O \cdot [\text{Rubisco}]}{O + K_O(1 + C/K_C)} \cdot R^*$$

$$V_C = \frac{V_{Cmax} \cdot C \cdot [\text{Rubisco}]}{C + K_C(1 + O/K_O)} \cdot R^*$$

7.10

ここで，V_{Omax} は O_2 飽和時のオキシゲナーゼ反応の最大速度（単位は，mol O_2 mol^{-1} 活性部位 s^{-1}），V_{Cmax} は CO_2 飽和時の CO_2 固定反応の最大速度（単位は，mol CO_2 mol^{-1} 活性部位 s^{-1}），K_O と K_C は O_2 および CO_2 のミハエリス定数（mol L^{-1}），O，C はストロマ中の O_2 と CO_2 濃度（mol L^{-1}）である．[Rubisco] は，葉面積当たりのルビスコ活性部位の量（mol m^{-2}）である．V_O と V_C との比率（$\phi_{O/C}$ ファイ）は，

＊7-12　これらの式は，ミハエリス（ミカエリスとも表記）- メンテンの式（Michaelis-Menten equation）から導くことができる（7S.4「ミハエリス - メンテン式と競争阻害の式」を参照）．

7.5 ファーカー (G. D. Farquhar) の光合成モデル

$$\phi_{O/C} = \frac{V_{Omax}K_C}{V_{Cmax}K_O} \cdot \frac{O}{C} \qquad 7.11$$

で表される．右辺の前半は酵素の性質であり，後半は O_2 と CO_2 の濃度比である．O_2 は空気中の O_2 濃度と平衡状態であると仮定してよい．このとき，ミトコンドリアによる呼吸がないと仮定し，光呼吸と光合成が釣り合うときの CO_2 濃度（呼吸がない場合の CO_2 補償点）を $\overset{\text{ガンマ}}{\Gamma^*}$ とすれば，$\phi_{O/C} = 2\Gamma^*/C$ と簡単にすることができる．右辺の酵素の性質の項の逆数を**比特異係数**（specificity factor：S_r）と呼ぶ．

$$S_r = \frac{V_{Cmax}K_O}{V_{Omax}K_C} = \frac{V_{Cmax}/K_C}{V_{Omax}/K_O} \qquad 7.12$$

通常，光合成速度は CO_2 固定速度として表現する．光呼吸経路ではオキシゲナーゼ反応ごとに $0.5\ CO_2$ が放出されるから，光呼吸も考慮した真の光合成速度 P_g（総光合成速度ともいう，gross photosynthetic rate）は，$P_g = V_C - 0.5 V_O$ である．

光が充分強く CO_2 濃度が低いときには，ATP や NADPH が CBB 回路や光呼吸経路を駆動するために充分あるので，RuBP も充分に再生される．したがって，すべてのルビスコ活性部位に RuBP が結合した状態（$R^* = 1$）と考えてよい．このとき，P_g は，

$$\begin{aligned}
P_g &= V_C - 0.5 V_O \\
&= (1 - 0.5\phi_{O/C}) \cdot V_C \\
&= (1 - 0.5\phi_{O/C}) \cdot \frac{V_{Cmax} \cdot C \cdot [\text{Rubisco}]}{C + K_C(1 + O/K_O)} \\
&= (C - \Gamma^*) \cdot \frac{V_{Cmax} \cdot [\text{Rubisco}]}{C + K_C(1 + O/K_O)} \qquad 7.13
\end{aligned}$$

となる．ストロマ中の CO_2 濃度を一定であると仮定すれば，P_g は葉のルビスコ量に比例する．このとき，光合成は **RuBP カルボキシレーション律速**の状態である．

■ 7章　光合成のあらまし

　光が弱い場合や，光が強くても CO_2 濃度が高い場合には，$R^* < 1$ となる．このときの葉において，H_2O から光化学系 II，I を経て $NADP^+$ を還元する電子伝達速度を J_{PSII} (mol e$^-$ m^{-2} s^{-1}) とすれば，NADPH の生産速度は $J_{PSII}/2$ である（$NADP^+ + H^+ + 2e^- \rightarrow NADPH$）．すべての NADPH が，CBB 回路と光呼吸経路のみによって使われると仮定する．これらの経路はどちらも 1 回の V_C，V_O 当たり 2 分子の NADPH を消費する（三炭糖リン酸の補充は考えないことにする）．したがって，

$$J_{PSII} = 4V_C + 4V_O = 4(1+\phi_{O/C}) \cdot V_C \qquad 7.14$$

また，

$$P_g = V_C - 0.5V_O = (1-0.5\phi_{O/C}) \cdot V_C \qquad 7.15$$

なので，式 7.14 と式 7.15 とから V_C を消去して，P_g について整理すれば，

$$P_g = \frac{(1-0.5\phi_{O/C})}{4 \cdot (1+\phi_{O/C})} \cdot J_{PSII} \qquad 7.16$$

となる．このときの光合成は **RuBP 再生速度によって律速**されている状態にある．式から光合成が電子伝達によって律速されていることが明らかである．しかし，ブラックマンのモデルのように光合成速度が光強度のみに律速されるのではなく，P_g が $\phi_{O/C} = V_O/V_C$ の関数，すなわち CO_2 濃度の関数であることに注意が必要である．J_{PSII} は，葉に照射する光に対する飽和型の関数（直角双曲線，非直角双曲線など）で表現することができる．ここでは，光合成速度が吸収光量に比例する弱光域を想定して，$J_{PSII} = 0.5A$ としよう．ここで，A は葉に吸収された光合成有効光量子束密度 (mol m^{-2} s^{-1}) である．0.5 は，これらが光化学系 I と II に等分されることを示している．したがって，式 7.16 は，

$$P_g = \frac{(1-0.5\phi_{O/C})}{8 \cdot (1+\phi_{O/C})} \cdot A \qquad 7.17$$

7.5 ファーカー (G. D. Farquhar) の光合成モデル

$\phi_{O/C} \to 0$ では，$P_g = A/8$ となり，量子収率は 0.125 mol CO_2 mol^{-1} photon となる．7.4 節で検討した光合成による最大効率を求めた際に，1 分子の CO_2 固定には少なくとも 8 個の光量子が必要であるとしたことを思い出してほしい．$\phi_{O/C}$ を無視できる程度にするためには，CO_2 濃度（2024 年の時点で 420 ppm）を高めるか，O_2 濃度を下げる．赤外線ガス分析器を用いて CO_2 吸収速度として光合成を測定する場合には，外気の CO_2 濃度を 1000 〜 2000 ppm 程度に高め，O_2 濃度を 1 〜 2%にする（本章 p.122 の BOX を参照）．

低温条件では葉肉細胞から他の器官へのショ糖の転流が抑制される．高 CO_2 濃度下では光合成速度が上昇し転流活性を上回る．このような状況では，葉肉細胞のサイトゾルや葉緑体には糖リン酸が蓄積し，スクロース合成やデンプン合成の過程で再生する**リン酸の再生・供給速度が光合成を律速**することがある．式 7.5 と式 7.6 の下線部に注意すると，CBB 回路では 1 分子の CO_2 固定当たり P_i を 1/3 分子消費し，光呼吸経路では 1 分子のオキシゲナーゼ反応当たり P_i が 1/6 分子生成することがわかる．スクロース合成やデンプン合成によるリン酸再生供給速度を U とすると，これらのバランスシートは $U = V_C/3 - V_O/6 = P_g/3$ である．すなわち，$P_g = 3U$．リン酸再生供給速度 U が一定だとすると，P_g は CO_2 濃度依存性を示さず一定値をとる．この場合にも，C が上昇するにつれて $\phi_{O/C}$ は小さくなるが，V_C も小さくなり，P_g は一定値をとるのである．

葉の光合成は，このように，**RuBP カルボキシレーション**，**RuBP 再生速度**，**リン酸再生供給速度**のいずれかに律速される．前者の 2 つの律速段階は，ブラックマンの言う，暗反応律速，明反応律速の現代的な言い換えに他ならない．ただし，明反応律速の場合にも光合成速度には CO_2 濃度依存性があることをくり返しておきたい．

ファーカーの光合成モデルを使った解析を行う場合には，気孔開閉の影響を取り除くために，計算によって求めた細胞間隙の CO_2 濃度に対して純光合成速度をプロットすることが多い．純光合成速度（net photosynthetic rate, P_n）は，総光合成速度から呼吸速度（respiration rate, R）を引いたものである（図 7.14）．光合成に適した葉の温度で，光合成が飽和するような強

■ 7章　光合成のあらまし

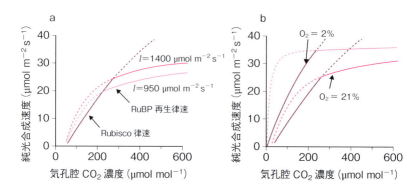

図 7.14　純光合成速度の気孔腔 CO₂ 濃度への依存性の模式図
a：空気中の O₂ 濃度 21％で光強度を変えた場合，b：空気中の O₂ 濃度を変えた場合（I = 1400 µmol photon m^{-2} s^{-1}）．ガス交換のデータを評価する場合には，気孔腔の CO₂ 濃度を計算によって求め，それに対して光合成速度をプロットして，気孔の影響を除去する（本章 BOX 参照）．µmol mol^{-1} は ppm に等しい．(von Caemmer & Farquhar, 1981 より)

光を照射した場合，細胞間隙 CO₂ 濃度が低いときには，光合成は RuBP カルボキシレーションに律速され，細胞間隙 CO₂ 濃度が高くなると RuBP 再生反応によって律速される．CO₂ 濃度を変えて栽培すると，律速段階のカルボキシレーションから再生過程への遷移は，栽培時の CO₂ 濃度の付近であることが多い．栽培環境でこれらの部分反応がよくバランスしていることを示している．

ここでは，電子伝達速度を取り扱う際，NADPH 生産が光合成と光呼吸を律速する式を用いたが，チラコイド反応による ATP 生産が光合成と光呼吸を律速するとして計算する場合もある．また，最近のモデルではグリコール酸からの C の回収率を 0.5 と固定していない．従来のモデルでは，リン酸律速の場合には，CO₂ 濃度が増加しても CO₂ 固定速度は一定であると予測されるが，実際には CO₂ 濃度の増加に伴い CO₂ 固定速度が減少する場合も多い．これは，回収率が 0.5 以下であるとすれば説明できる．また，7.2.5 項の最後に述べたように，針葉樹の光呼吸系はその他の C3 植物と異なるので，ファーカーのモデルを適用する場合には注意が必要である．

補遺 7S.5 に光合成の研究でよく用いる蛍光法を解説してある．

8章 光合成の生理生態学

　7章で学んだことを基礎にして，光合成の生理生態学における重要課題を概説する．まず，気孔と葉肉のCO_2コンダクタンスについて議論する．次に，光，CO_2濃度，窒素栄養，水分，温度が光合成に及ぼす影響を述べる．また，強光による光合成系の阻害も重要な問題である．最後に，葉や葉群の光合成をシステムとして捉える生理生態学的アプローチを紹介しよう．なお，補遺には，8S.1. 葉肉コンダクタンスの測定法，8S.2. 糖シグナル，8S.3. 葉群光合成に関する練習問題，8S.4. ラグランジュの未定常数法，があるので利用してほしい．

8.1　気孔コンダクタンス，葉肉コンダクタンス

　光合成による正味のCO_2固定が行われている葉では，葉内のCO_2濃度は外気よりも低い（図8.1）．外気のCO_2は，この濃度勾配にしたがって葉緑体内部に拡散する．最初の関門が**気孔**である．気孔を通って葉の内部に達したCO_2は，**細胞間隙**を拡散して，細胞壁のアポプラスト液に溶け込み，**細胞壁**，**細胞膜**，**サイトゾル**，**葉緑体包膜**を通って，ストロマへと拡散する．

　葉緑体のCO_2濃度は，光合成速度を決定する要因として重要であるばかりでなく，光呼吸速度を決定する要因としても重要である．気孔コンダクタンスは，蒸散速度の決定要因でもある．

8.1.1　気孔コンダクタンス

　気孔の環境応答は，古くから研究者の注目を集めてきた．水分が充分な条件下では，気孔は光が強く葉の内部のCO_2濃度が低いときに開く．一方，水分欠乏条件下では閉じる．大気CO_2の葉内の細胞間隙への拡散と，蒸散とは，同じ経路を逆方向にたどる．したがって，蒸散速度，光合成速度，葉温を測定することによって，**気孔コンダクタンスや細胞間隙のCO_2濃度を**

■8章 光合成の生理生態学

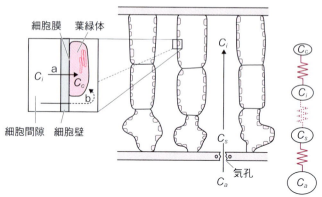

図8.1 CO₂の拡散経路
葉緑体が光合成によるCO₂固定を行うと，葉の内部のCO₂濃度は低下する．こうして生じたCO₂濃度差にしたがって，外気のCO₂が葉の内部に拡散する．気孔を通って葉の内部に入ったCO₂は細胞間隙を拡散し，細胞壁のアポプラスト液に溶け込む．液相中を拡散し，細胞膜，サイトゾル，葉緑体包膜を透過してストロマにいたる．左の四角内のaは，葉緑体への最短経路を示す．液相中の拡散抵抗は，同距離の気相中の拡散抵抗の10,000倍にのぼるので，液相中の経路が長いb経路によるCO₂拡散（輸送）量はa経路による拡散量に比べて無視できる．光合成速度を電流，CO₂濃度を電圧に見立てて，これらの関係をオームの法則で表現することができる．C_aは外気のCO₂濃度，C_sは気孔腔CO₂濃度，C_iは細胞間隙のCO₂濃度，C_cは葉緑体ストロマのCO₂濃度である．気孔抵抗，細胞間隙抵抗，葉肉抵抗のうち，細胞間隙抵抗は気相における拡散なので小さい．抵抗の逆数であるコンダクタンス（CO₂の通りやすさ）を用いる場合も多い．（原図）

計算することができる（7章BOXを参照）．

　気孔の開閉に影響する環境要因について議論する．その分子機作に関する研究も進んでいる．開口反応の活性化と抑制，閉口反応の活性化と抑制の各機作について述べる．

　a. 光

　気孔の光応答経路には少なくとも2種類ある．1つは**青色光応答**と呼ばれるもので，青色光受容体の**フォトトロピン**が関与している（図8.2）．フォトトロピンが青色光を受容すると，いくつかのシグナル伝達の過程を経て孔辺細胞の**細胞膜 H⁺-ATPase**がリン酸化により活性化され，H⁺がアポプラストに汲み出される．プラスの電荷をもったH⁺が汲み出されるので，膜電位は

8.1 気孔コンダクタンス，葉肉コンダクタンス

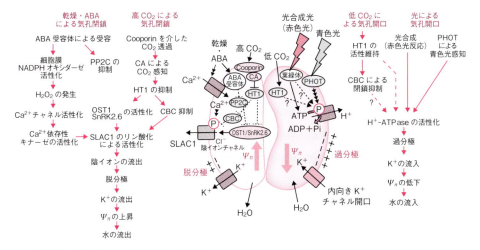

図 8.2 気孔開口と閉口のメカニズム

気孔の CO_2 応答には，タンパク質リン酸化酵素（プロテインキナーゼ）HT1 が関与する．HT1 が損なわれた変異体は，低 CO_2 条件でも気孔が開口せず葉温が高い（high temperature）．高 CO_2 では，CO_2 を感知した炭酸脱水酵素(CA)によってHT1が抑制され，タンパク質リン酸化酵素 OST1（open stomata）によって陰イオンチャネル SLAC（slow anion channel-associated 1）が活性化され，陰イオンが流出する．細胞膜は脱分極し，K^+ も流出して閉口する．乾燥による ABA シグナルの下流は OST1 で合流する．また，ABA は Ca^{2+} チャネルの活性化を介して，Ca^{2+} 依存性キナーゼを活性化する．Ⓟはタンパク質のリン酸化を示す．CBC（convergence of blue light and CO_2）はタンパク質リン酸化酵素，PP2C（protein phosphatase 2C）は脱リン酸化酵素である．（藤田貴志ら，2019; 木下俊則，2021; 島崎研一郎，2023 などによる）

細胞膜内側がさらにマイナスとなる**過分極状態**となる．過分極状態（膜電位）に応答して K^+ を汲み込むチャネルが活性化され，K^+ が孔辺細胞内に流れ込む．Cl^- などの陰イオンも孔辺細胞内に入る[*8-1]．こうして孔辺細胞の浸透ポテンシャル（Ψ_π）が低下（浸透圧は上昇）し，これによって水ポテンシャル（Ψ）も低下するのでアポプラストから孔辺細胞に水が流入し，細胞が膨らみ気孔が開く．これが開口反応活性化のあらましである．もう1つの経路

[*8-1] 青色光はフォトトロピンを介して孔辺細胞内のデンプンの分解を促進し，リンゴ酸イオン（2価陰イオン）の生成にも寄与する．これらの青色光反応は弱い青色光で飽和する．一方，青色光も光合成を介した反応を駆動する．

は**赤色光経路**と呼ばれ，光合成が関与する．青色光ほどではないが赤色光もH^+-ATPaseのリン酸化による活性化に寄与する．光照射によって，孔辺細胞内の膜胞にあるH^+-ATPaseを細胞膜に配置し，暗黒処理により再び膜胞に取り込む機構も見いだされている（橋本（杉本）美海ら, 2006）．孔辺細胞の葉緑体の光合成に加えて，**葉肉の光合成**や，葉肉光合成と関連した未同定シグナル物質の寄与も示されている．

b. 水　分

土壌水分が欠乏すると気孔は閉じる．また，空気が乾燥すると気孔が閉じる．乾燥に対する反応は，植物ホルモンの1つである**アブシシン酸（ABA）**が関与する．植物体が乾燥すると孔辺細胞内の葉緑体でABAが生産される．ABAは，孔辺細胞以外の細胞の葉緑体や色素体においても合成される．他の細胞や器官で合成されたABAは，アポプラスト液が酸性であればプロトン化し孔辺細胞内に入る．細胞膜を介した輸送体も存在する．ABAは細胞内のABA受容体に受容され，孔辺細胞の細胞膜にある外向きの陰イオンチャネルとK^+チャネルを活性化し，内向きK^+チャネルと細胞膜H^+-ATPaseを阻害する．またアポプラストのABAは，内向きのCa^{2+}チャネルを活性化する．流入したCa^{2+}は陰イオンチャネルのリン酸化による活性化に関与し，陰イオン流出を促進する．陰イオンの流失によって膜電位が**脱分極**すると，外向きのK^+イオンチャネルが開きK^+も流出する．こうして孔辺細胞の浸透ポテンシャルが上昇し，水ポテンシャルも上昇する．一方，アポプラストの浸透ポテンシャルはイオンの排出によって低下するので，孔辺細胞中の水はアポプラストへと移動する（図 8.2）．

葉に光を照射し，乾燥空気を送ると気孔が閉じる．こうして気孔の閉じた葉に湿潤な空気を送ると気孔はふたたび開く．微小ガラス管を用いて1つの気孔に乾燥空気を送り，続いて湿潤な空気を送ると，その気孔だけが閉じまた開く．この結果は，気孔が空気の乾燥を感知することを示している．しかし，この実験からは，気孔が湿度（つまり空気中の水蒸気濃度）そのものを感知するのか，あるいは，空気の乾燥による蒸散速度の上昇を感知するのかはわからない．モット（K. A. Mott）らは，空気のN_2をHeに置き換えたヘ

8.1 気孔コンダクタンス，葉肉コンダクタンス

図8.3 ソラマメの葉の蒸散速度，気孔開度，気孔コンダクタンス，葉内と外気との水蒸気濃度差
●；通常の空気，○；葉内と外気との水蒸気濃度差が同じhelox．空気をheloxに変えた直後には蒸散速度が約2.3倍に上昇するが，やがて気孔が閉鎖し，蒸散速度が等しくなる．空気に戻すと蒸散速度は低下するが，やがて気孔が開いて，ふたたびもとのレベルに戻る．（Mott & Parkhurst, 1991による）

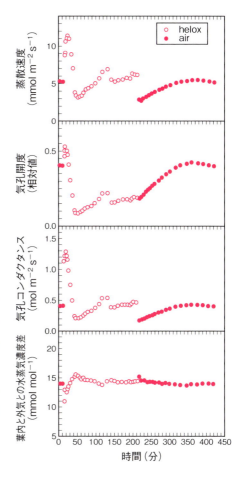

ロックス（helox，ヘリウムと酸素を主成分とする）中では，水蒸気の拡散速度が上昇することに着目してこの問題に取り組んだ．helox中の水蒸気の拡散速度は，通常空気中の速度の2.3倍である[*8-2]．

図8.3に，モットらの実験結果が示してある．蒸散速度の測定中，空気中の水蒸気濃度を一定に保ったまま，通常空気からheloxに変えた．もし，気孔が水蒸気濃度（湿度）を感知するのであれば，気孔開度の変化は起こらないはずである．一方，蒸散速度の増加を感知するのであれば，空気をheloxに変えた瞬間に蒸散速度は2.3倍になるので，気孔が閉じるはずである．図に

[*8-2] 5章で用いた水蒸気の拡散係数は空気中のものである．拡散係数は注目するガスだけによって決まるのではなく，それがどのような気体の中を拡散するのかによって異なる．水分子が軽い気体分子中を拡散するときには，軽い分子を蹴散らしながら速やかに拡散するのに対し，重い気体分子中では跳ね返されるので拡散が遅くなる．

8章 光合成の生理生態学

示した結果は，helox にすると気孔が閉鎖し，普通の空気に戻すと気孔がふたたび開いたことを示している．空気を helox に変える際に，葉の内部と空気中の水蒸気濃度差が 1/2.3 になるように水蒸気濃度も高めた場合には，気孔開度はほとんど変化しなかった．これらの結果は，気孔は湿度そのものを感知しているのではなく，**蒸散速度を感知**していることを示している．葉全体の水ポテンシャルが変化しなくても，気孔は蒸散速度を感知して，蒸散速度が過剰な場合には閉鎖する．このような短期的な気孔の応答には ABA は関与していない可能性がある．気孔孔辺細胞の外側の細胞壁の一部が薄く，この部分の**局所的なクチクラ蒸散**（**気孔周辺部の蒸散**, peristomal transpiration）が開閉に重要であるとする説もある．

このような空気の乾燥への応答は，地中海性気候帯に生育する樹木などに典型的に見られる光合成の**昼寝現象**のメカニズムの1つであると考えられていた（図 8.4）．しかし，雨季の熱帯多雨林の高木や，水田で生育中のイネなどでも昼寝現象が見いだされるので，昼寝現象はかなり一般的な現象であろう．また，実際に昼寝現象が起こる場合には，葉の水ポテンシャルが低下することも示されており，気孔の閉鎖の主要因が，葉内と外気の水蒸気濃度差の拡大による蒸散速度の増加を気孔が感知することなのか，葉の水ポテンシャルの低下に伴うものなのかは場合によって異なる．

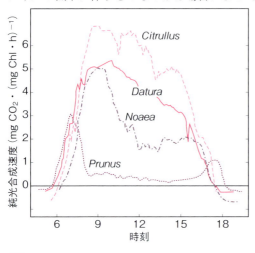

図 8.4 ネゲブ沙漠で乾季の終わりに測定した光合成速度

コロシントウリ（*Citrullus colocynthis*, ウリ科スイカ属）とチョウセンアサガオ（*Datura metel*）には水を与えたが，午後の光合成速度は午前中よりも低かった．沙漠植物の *Noaea mucronata*（アカザ科）の午前中の光合成速度は高いが，午後には低下し，夕方になって少しだけ持ち直した．アンズ（*Prunus armeniaca*）は，早朝と夕方に光合成を行っただけであった．クロロフィル当たりの光合成速度が示してある．（Larcher, 2003 による）

土壌が乾燥すると根はABAをつくる．それが蒸散流によって地上に運ばれ気孔を閉鎖させる．ABAは孔辺細胞に作用するとともに，葉脈から葉肉への通水性を制御して間接的にも気孔閉鎖に寄与している．こうして，地上部の水ポテンシャルの低下が顕著になる前に気孔が閉鎖するので，水ストレスによる葉の生理機能の低下が抑制される意義がある．シロイヌナズナでは，土壌乾燥時に根でつくられたペプチドホルモンが地上部に木部の道管を介して輸送され，地上部のABA合成を活性化する（高橋史憲ら, 2018）．根で合成されたABAは輸送されないのか，他の植物ではどちらの輸送が主なのかなど，種々の検討が必要である．樹木でも，土壌が乾燥すると，木部液にABAが見いだされる．根の水ポテンシャルの変化は顕著な日周性を示す（図5.13 参照）ので，光合成や蒸散の昼寝現象にも，このメカニズムが関与している可能性がある．しかし，蒸散流の流れが $10\ \mathrm{m\ h^{-1}}$ 程度になるとはいえ，蒸散流中のABA増減によって高木樹冠部の昼寝現象を説明することは困難であろう．

c. CO_2 濃度

光の有無に関わらず，空気中の CO_2 濃度が高いと気孔は閉じ，低いと開く．しかし，夜間，気孔がよく閉じた葉を低 CO_2 濃度の空気中においた場合には，気孔が開かないことがある．この理由は，筒状のタマネギの葉を用いた巧妙な実験で明らかになった．タマネギの葉は単面葉であり，表面のほとんどは葉の裏側（背軸側）である．表側（向軸側）の部分は，葉の基部に少しだけ存在する．筒状のタマネギの葉を切り出し，葉の内部と外部を異なる CO_2 濃度にしたところ，気孔は葉の内部の CO_2 濃度に応答することが明らかになった．夜間，葉の内部の CO_2 濃度は呼吸によって高まるため，気孔はぴたりと閉じることがある．このようなときに外側から低 CO_2 濃度のガスを作用させても気孔は開かない．気孔が，**葉の内部の細胞間隙 CO_2 濃度**に応答することは，多くの種で見られる一般的な性質である．

CAM植物の気孔は光に対する感受性が弱く，主として CO_2 濃度によって開閉が調節されている．夜間は葉肉のPEPカルボキシラーゼによる CO_2（実際の基質は HCO_3^-）固定活性が呼吸活性よりも格段に高

い．PEP カルボキシラーゼの CO_2 への親和性（まず，炭酸脱水酵素が $H_2O + CO_2 \rightleftarrows HCO_3^- + H^+$ を触媒し，HCO_3^- が生成）は高いので，このとき葉の内部の CO_2 濃度は低下し気孔は開く．一方，昼間に脱炭酸が起こるときには，葉の内部の CO_2 濃度が高まり強光下であるにも関わらず気孔は閉じる．PEPカルボキシラーゼの活性制御には**概日性リズム**が関与している．

気孔の CO_2 センサーは，孔辺細胞の細胞膜近傍にある**炭酸脱水酵素**（carbonic anhydrase）である．葉内 CO_2 濃度が高く，この酵素のはたらきにより HCO_3^- 濃度が高まると，気孔閉鎖に寄与する陰イオンチャネルなどが活性化される．これが閉口反応の活性化メカニズムとして重要である．低 CO_2 では閉口反応は起きない．この経路には，HT1 や OST1 などのリン酸化酵素が関与している．また，光の有無に関わらず，葉内 CO_2 濃度が上昇すると，H^+-ATPase の脱リン酸化が起こる（図 8.2 参照，安藤英伍ら, 2022）．

d．気孔と葉肉，表皮細胞との関係

気孔の環境応答の研究では，ツユクサなどの剥離表皮，孔辺細胞のプロトプラストなどが用いられてきた．一方で，無傷葉を用いたガス交換法を用いた研究も行われている．得られる結論が実験系によって異なることも多い[*8-3]．ツユクサの剥離表皮を緩衝液を含むゲルに載せて水分状態をうまく調節すると，長時間にわたって気孔孔辺細胞の観察が可能である．たとえば，ツユクサの剥離表皮に赤色光を当てると気孔はゆっくりとしか開かないが，剥離表皮を再び葉肉に載せて赤色光を当てると気孔は速やかに開く．また，高 CO_2 濃度による気孔の閉鎖も，葉肉の存在によって加速される．このように，気孔開度の迅速な調節には**葉肉からのシグナルも大きな役割**を果たしている（藤田貴志ら, 2013, 2019）．

孔辺細胞のまわりの表皮細胞も，気孔開度の決定に関わっている．過度の乾燥が急速に起こると，孔辺細胞のまわりの表皮細胞が収縮するため，気孔

[*8-3] 気孔開口には H^+ の放出による膜電位の過分極が重要なので，剥離表皮を強い pH 緩衝液に浮かべると気孔は開きにくい．また，K^+，Cl^-，Ca^{2+} の濃度設定にも注意が必要である（藤田貴志ら, 2013, 2019）．

が開くことがある．逆に，葉が急に吸水すると孔辺細胞はまわりの表皮細胞に押されて閉じ気味になる．気孔の開度が他の表皮細胞の水分状態によって影響されることを受動的制御（hydro-passive regulation）と呼び，気孔孔辺細胞の浸透ポテンシャルの変化による能動的制御（hydro-active regulation）と区別する．

8.1.2 葉肉コンダクタンス

細胞間隙から葉緑体へ CO_2 拡散コンダクタンス（**葉肉コンダクタンス**）および葉緑体内 CO_2 濃度は，ルビスコが大きな同位体分別を行うことを利用したガス交換・同位体分別同時測定法，あるいはガス交換・蛍光同時測定法によって求めることができる[*8-4]．通常，葉面積当たりで表される葉肉コンダクタンスは，細胞間隙に面した葉肉細胞細胞膜に接する**葉緑体表面積**の合計値，**細胞壁の厚さ**，**細胞膜への葉緑体の密着**，細胞膜や葉緑体包膜に存在する CO_2 **透過性アクアポリン**（筆者は cooporin という名前を提唱している）の種類や量，活性，**炭酸脱水酵素**の量などによって決まる．葉緑体表面積の積算値（葉の面積の 3 〜 50 倍の値を示す）は，葉内で CO_2 が溶け込む実効面積であり，葉面積当たりの葉肉コンダクタンスはこれにほぼ比例する．また，細胞壁の厚さは，液相の拡散経路の長さに関係する．液相中の拡散は気相中の 1/10,000 の速度であり，しかも細胞壁中のアポプラスト液相は複雑に入り組んでいる．このため葉肉コンダクタンスは細胞壁が厚くなるほど小さくなる．葉が盛んに光合成を行っている場合の細胞間隙の CO_2 濃度は，外気の CO_2 濃度が 400 ppm のときにはその 60 〜 85 ％ 程度，葉緑体の CO_2 濃度は，気相中の CO_2 濃度に換算すると，細胞間隙の濃度の 50 〜 75 ％ 程度である．葉緑体内の CO_2 濃度は外気の 60 ％ 程度以下になる（溝上祐介ら，2022 など）．

一定の光合成速度を実現するためには，それに応じたルビスコを葉に投入しなければならない．ルビスコの CO_2 への親和性が著しく高ければ，葉緑体にルビスコを詰め込むことが可能である．しかし，ルビスコの CO_2 に対

[*8-4] 葉肉コンダクタンスの測定法については補遺（8S.1）を参照のこと．

■ 8章　光合成の生理生態学

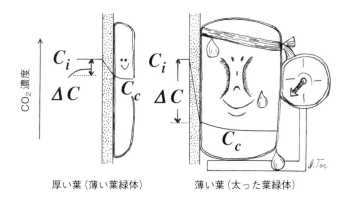

図 8.5
葉面積当たりの Rubisco 量を一定としたとき，葉面積当たりの葉肉細胞表面積の大きい厚い葉では，葉緑体表面積当たりの Rubisco 量を少量にすることができる（左図）．葉を薄くすると，葉緑体表面積当たりの Rubisco 量を増やさなければならない（右図）．Rubisco 量の増加に伴い葉緑体表面積当たりの光合成速度も増加するが，葉緑体内の CO_2 濃度が低下するため，光合成速度の増加は頭打ちとなり，かわって光呼吸が増加する．したがって，光呼吸を抑え Rubisco 当たりの光合成速度を高めるためには，葉緑体表面積当たりの Rubisco 量をなるべく少なくするのがよい．しかし，葉を厚くするにはコストがかかる．ここにも，トレードオフの関係が見られる．C_i は細胞間隙の CO_2 濃度，C_c は葉緑体内の CO_2 濃度である．（原図）

する親和性は低い（コラム 7.1 参照）ため，なるべく薄い葉緑体を細胞表面に密着させる必要がある（図 8.5）．また，葉肉コンダクタンスを大きくするためには，細胞壁は薄いほどよい．

　葉肉コンダクタンスは環境に応じて変化する．たとえば，葉肉コンダクタンスは水分ストレスによって低下する．ABA 合成能が低い変異体では，水ストレス条件下でも葉肉コンダクタンスが低下しない．ABA を与えると低下するので，ABA は葉肉コンダクタンス低下の鍵物質である（溝上祐介ら，2015）．メカニズムの詳細は未解明である．

8.2　葉の光合成の環境依存性および可塑性

8.2.1　光

　光合成速度は光強度に依存する．暗黒下では呼吸，すなわち CO_2 の放出が起こる．光強度の上昇にしたがって光合成速度も上昇し，やがて見かけ

8.2 葉の光合成の環境依存性および可塑性

上のCO_2の出入りがなくなる．この点を光補償点という．その後，光合成速度は光強度にほぼ比例して上昇し，やがてその上昇がにぶり光飽和に達する．光補償点付近のガス交換速度を詳細に測定すると，光補償点付近で直線の傾きが異なる．これを**コック（B. Kok）効果**と呼ぶ．この原因は，光補償点よりも強光では呼吸速度が抑制されるためとされる．また，光補償点より弱光では，細胞はCO_2を放出しているので，葉緑体付近も含めて細胞内部のCO_2濃度は高いが，これより強光ではCO_2を吸収するので，葉緑体付近のCO_2濃度は低くなる．この急激な細胞内部のCO_2濃度の変化も傾きの変化の原因となっている．量子収率のCO_2濃度依存性は，7.5 で解説したファーカーのモデルで説明できるが，光合成による呼吸の抑制効果の評価が難しいため，光合成の量子収率の測定には，光合成速度が正となった直線部分のデータを使う．光強度に対して光合成速度が直線的に上昇する光強度域における直線の傾きは，その条件における光合成の最大量子収率を表している（図 8.6, 7 章 BOX 図）．

暗呼吸速度，光補償点，光飽和時の光合成速度，最大量子収率などは，葉

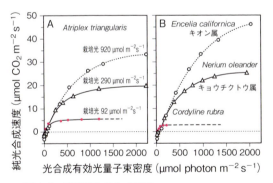
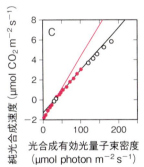

図 8.6 光環境と光合成速度
A：異なる光強度で栽培したハマアカザ（*A. triangularis*）の光 - 光合成曲線．(Björkman, 1981 による)．
B：自然条件下で異なる光環境に生育する 3 種の葉の光 - 光合成曲線．*E. californica* は沙漠に生育するキク科の多年生草本，*C. rubra* はクサスギカズラ科（キジカクシ科ともいう）の陰生植物．(Björkman, 1981 による)
C：ダイズの弱光域の光 - 光合成応答．光補償点以下とそれ以上とでは，測定点を結んだ直線の傾きが異なる（Kok 効果）．（野口 航氏提供）

■8章 光合成の生理生態学

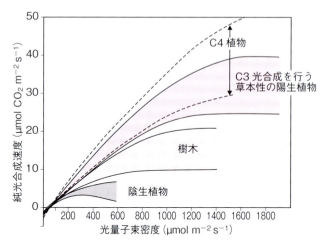

図 8.7 植物の機能型と光 - 光合成曲線
（Larcher, 2003 を改変）図 8.9 も参照のこと．

の光合成を特徴づける重要なパラメータである．これらの値は，植物種や生育光環境によって異なる．強光を受ける葉は，弱光環境下で生育植物に比べて**最大光合成速度が高い**．また，**呼吸速度が大きく光補償点も高い**．一方，最大量子収率（照射した光量子束密度当たりの CO_2 固定量）には，それほどの違いはない（図 8.7）．慢性的に光阻害を受けている葉や光合成色素以外の色素を蓄積する葉をのぞけば，白色光で得られる照射光当たりの最大量子収率は，葉の光吸収率にほぼ比例する．また，8.3 節で述べる光阻害の修復活性も生育光環境によって異なり，強光環境で生育する葉の方が，修復速度が速い（8.2.3 項「窒素栄養」も参照のこと）．

8.2.2 CO_2 濃度依存性

光合成速度は CO_2 濃度に依存する．気孔の開閉も CO_2 濃度に依存するので，葉肉の光合成活性の CO_2 濃度依存性を検討するためには気孔の影響を除外する場合も多い．この場合には，計算によって求めた細胞間隙の CO_2 濃度（C_i, intercellular CO_2 concentration）に対する光合成速度（A）を評価する．ファーカーの理論によると，$A - Ci$ 曲線は 2 相あるいは 3 相性（図 7.14）を示す．

現在，大気 CO_2 濃度がかつてない速度で上昇している．このため，栽培

時の CO_2 濃度が，光合成や成長に及ぼす効果が調べられてきた．CO_2 は光合成の基質なので，高 CO_2 濃度で光合成速度が大きくなれば植物の成長も大きくなると考えられがちである．しかし，栽培時の高 CO_2 濃度で測定した光合成速度は，通常 CO_2 濃度で栽培した葉を通常 CO_2 濃度で測定した場合に比較して，それほど高くならない．むしろ低下することさえある(図8.8)．その原因は，光合成産物の消費あるいは貯蔵速度（**シンク**活性 sink activity）が，産物の供給速度（**ソース**活性 source activity）に追いつかないためである．光合成産物は貯蔵器官や繁殖器官を含む植物体の成長や維持のために使われるので，これらのすべてをシンクと考えてよい．

　ソース活性がシンク活性を上回り，光合成によって生産された糖やデンプ

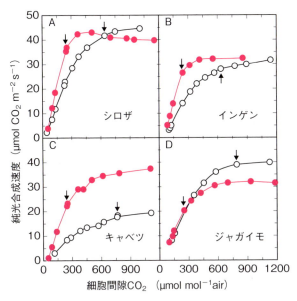

図 8.8　異なる CO_2 濃度で栽培した植物の光合成速度の細胞間隙 CO_2 濃度依存性
　●：300 ppm CO_2 で栽培したもの，○：900〜1000 ppm で栽培したもの．矢印は栽培 CO_2 濃度下における光合成速度を示す．インゲンでは，これらの CO_2 固定速度がほぼ同じになる．キャベツでは高 CO_2 栽培で低下，一方，ジャガイモでは上昇する．（Sage *et al.*, 1989 による）

ンが葉内に蓄積すると，**糖センサー**[*8-5]などのはたらきにより，ルビスコをはじめとする葉緑体タンパク質の代謝回転が停止するとともにタンパク質が分解されるので，葉の光合成最大活性は低下する．タンパク質の分解によって生じたアミノ酸は，展開中の若い葉などの成長部位に転流される．

ごく若い展開中の葉のシンク活性は高く，植物体の他の部分から糖やN源を輸入して成長する．シンク葉のときには糖の輸入が必要だが，いったんソース葉になると，糖が蓄積する条件では光合成タンパク質が分解される．この劇的な糖応答の変化のメカニズムは未解明である．

8.2.3 窒素栄養

窒素はタンパク質の質量の平均16％を占める重要な成分である．自然生態系では窒素栄養はしばしば植物の成長の律速要因となる．したがって多くの植物はN利用効率を高める方向に進化してきた．光合成における窒素利用効率を比較しよう．図8.9は，光飽和時の光合成速度を葉面積当たりのNに対してプロットしたものである．この最大光合成速度／葉窒素の比率を**瞬間的窒素利用効率**（instantaneous nitrogen use efficiency，iNUE）と呼ぶ．iNUEは一年生草本で高い．そのなかでもイネやコムギでもっとも高い．iNUEは，多年生草本，落葉広葉樹と順に低くなる．落葉広葉樹のなかでは，若い葉が順次展葉する順次展葉型の方が，iNUEが高い．一番低いのは常緑広葉樹である．そのなかでも夏に乾燥する地中海性気候域の常緑灌木（硬葉樹）が低い．一年生草本では，葉の窒素の70％にものぼるNが葉緑体に分配される．葉の寿命が長くなるにつれて，植食動物による被食を避けるためのアルカロイド（alkaloids）などの二次代謝産物，厚い細胞壁に存在するタンパク質などの割合が増える．また，水分が充分にある好適な条件下でも，気孔がそれほど開かない，あるいは凹んだ場所に気孔が並び気孔が開いても

[*8-5] 糖センサー：細胞内の糖の濃度によって，遺伝子の発現が制御されること．六炭糖＋ATP→六炭糖リン酸＋ADPの反応を司る**ヘキソキナーゼ**（hexokinase）の反応自体が過剰な糖の存在のシグナルとなる．SnRK1（sucrose non fermenting related kinase 1）は糖欠乏のシグナルである．トレハロース6-リン酸は，スクロース濃度と強い相関を示すシグナル物質である．糖シグナルについては補遺8S.2.に解説した．

8.2 葉の光合成の環境依存性および可塑性

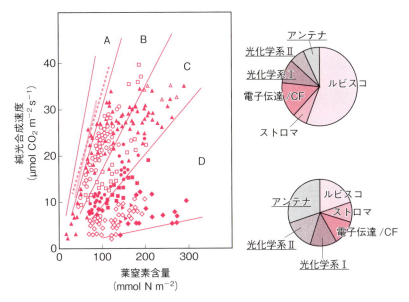

図 8.9 純光合成速度と葉の窒素含量との関係
左）A：薄赤色の太線と赤色の太破線，C4 植物，*Amaranthus* 属の 2 種．B：イネやコムギなどの主要作物を含む C3 一年生草本，C；D：木本植物．(Evans, 1989, Larcher, 2003, Sage & Pearcy, 1987, 田副雄士ら, 2006 による）
右）円グラフは葉緑体において光合成に関わるタンパク質の葉面積当たりの最適量（円グラフの面積）と最適分配を示す．これらは光環境で異なる（上は強光環境，下は弱光環境）．下線はクロロフィルをもつタンパク質複合体を示す．アンテナ：光化学系Ⅱの光捕集性のクロロフィルタンパク質複合体，光化学系Ⅰ：光化学系Ⅰコアタンパク質複合体と光化学系Ⅰ光捕集性色素タンパク質，光化学系Ⅱ：光化学系Ⅱコアタンパク質複合体，ストロマ：ストロマタンパク質（ルビスコを除くカルヴィン‐ベンソン‐バッシャム回路の酵素，炭酸脱水酵素など），電子伝達/CF：シトクロム b_6f などの電子伝達系のタンパク質および H^+-ATP 合成酵素複合体．（彦坂幸毅・寺島一郎, 1995 を改変）

それほどコンダクタンスが大きくならないなどの，**保守的**（conservative ↔ **楽観的** optimistic）な傾向をもつものが多くなる．さらに，細胞壁が厚いために CO_2 拡散が制限される．これらが，寿命の長い葉の iNUE が低い主な原因である．一方，C4 植物は CO_2 濃縮機構を備えているので，ルビスコがほぼ最高速度で CO_2 を固定することができる．また，C4 植物ではルビスコの最大速度も高い（8.2.7 項参照）．これらの理由でルビスコへの投資を節約

することができ，C3 の一年生植物よりも iNUE が高い．

このように，光合成速度や iNUE と葉の寿命の間にはトレードオフの関係がある．葉の寿命は長ければいいというものではない．高い成長速度が実現するような環境では，葉はすぐ若い葉に被陰されてしまう．このような場合には，寿命が短い葉を素早くターンオーバーさせる方がよい．一方，低い成長速度しか実現しないような環境では，葉が長く機能しなければ元がとれない．光合成の効率を犠牲にしてでも，コストのかかる長寿命形質が選択されたのはこのためであろう（コラム 12.2「草，常緑樹と落葉樹，雨緑樹と夏緑樹，葉の寿命」を参照のこと）．

葉の N 含量は生育光環境によっても異なり（図 8.9，図 8.25（p.164）も参照），強光環境ほど多い．また，その組成も異なっており，強光環境では反応中心を含むコアタンパク質複合体，シトクロム類，H^+-ATP 合成酵素，ルビスコやその他のカルヴィン - ベンソン - バッシャム回路酵素など，光合成の最大速度を上昇させるようなコンポーネントが相対的に多い．一方，弱光環境では光捕集性クロロフィルタンパク質複合体が多い．

8.2.4 水　分

気孔コンダクタンスの制御の項ですでに述べたように，空気の乾燥や土壌の乾燥に応じて気孔が閉鎖するので，光合成速度もそれに応じて低下する．より乾燥が厳しくなると，さらに細胞が脱水され，葉肉細胞体積も小さくな

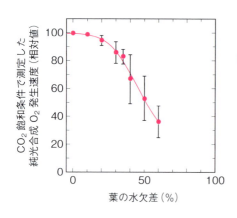

図 8.10　6 種の植物の光合成速度と葉の水欠差との関係
地中海性の硬葉樹（ツツジ科 *Arbutus unedo*），中生植物（ツリフネソウ科 *Impatiens valeriana*），熱帯多雨林の下生え（イラクサ科 *Elatostema repens*），ホウレンソウ，インゲン，ヒマワリ．計 6 種の平均値と標準偏差．水欠差＝（水分飽和時の質量－その時点の質量）／（水分飽和時の質量－乾燥時の質量）．(Cornic & Massacci, 1996 による)

る．光合成活性は細胞体積に依存する．細胞の水ポテンシャルの絶対値よりも，細胞の体積を一定に保つことが光合成活性の維持には重要である（図8.10）．

8.2.5 温 度

　光合成速度は顕著な温度依存性を示し，ピーク温度は栽培温度によって変化する．ファーカーの理論では，光合成はRuBPカルボキシレーション速度またはRuBP再生速度に律速される．これらの部分反応の温度依存性は異なる場合が多く，光合成全体の温度依存性はこれらの部分反応の速度の低い方になる（図8.11）．温度の全域にわたって，どちらかの部分反応が律速する場合もある．栽培温度によってこれらの部分反応の温度依存性曲線の形や最適温度は変化し，その結果として，光合成全体の温度依存性曲線の形や最適温度もシフトする．

　一般に，低温で生育した植物は，ルビスコを含むCBB回路の酵素を大量にもつ．酵素活性は低温では低いので，低温における光合成には大量の酵素が必要である．このような葉を高温にすると，大量の酵素をもっているにも

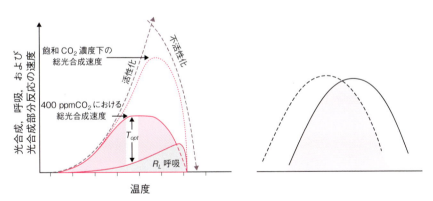

図8.11　総光合成速度，純光合成速度，呼吸速度の温度依存性
左：温度の上昇に伴い，化学反応の速度は上昇する（活性化）．一方，高温では，可逆的（場合によっては不可逆的）な失活が起こる．光合成の温度依存性はCO_2濃度や光強度によって異なる．T_{opt}は純光合成速度の最適温度域を示している．（Larcher，2003による）
右：2つの光合成部分反応速度（RuBPカルボキシレーションとRuBPオキシゲネーション）の温度依存性と光合成反応全体の温度依存性を示す模式図．重なった部分が全反応の温度依存性を示す．（原図）

関わらず，光合成は RuBP カルボキシレーション律速となることが多い．低温で発現したルビスコ活性化酵素は，高温では充分に機能しないため失活し，ルビスコの活性化レベルが低下するためである．温度依存性の決定機構は，種や栽培温度によって異なるが，低温で栽培した低温耐性植物の光合成はどの温度でも RuBP カルボキシレーション律速となる傾向にある．一方，イネなどの高温耐性植物では RuBP 再生産速度律速となる傾向がある．

温度依存性の栽培温度による可塑性は，光合成タイプ（C3，C4，CAM）によって異なる．また，C3 植物では多年生植物草本や常緑樹で大きく，一年生草本や落葉樹で小さい傾向がある（矢守 航ら, 2014）．

8.2.6　温度と光

植物を低温で栽培すると，栽培光はそれほど強くなくても葉が陽葉的な性質を示すことが知られている．一方，高温で栽培すると陰葉的になる．葉の炭酸固定系とチラコイド膜反応系とでは，反応速度の温度依存性が異なる．とくに，チラコイド反応系のうちの光化学反応速度は，生理学的な温度範囲内では，温度にほとんど依存しない．一方，炭素代謝系の酵素は顕著な温度依存性を示す．したがって，同じ光強度でも低温だと NADPH や ATP が使われず余剰となり，電子伝達系には電子がたまった還元状態となりやすい．逆に高温では，電子伝達系は酸化状態となりやすい．

多くの光合成系の遺伝子の発現は，電子伝達系の**酸化還元レベルに応答**する．電子伝達系が還元的であれば強光下にあり，酸化的であれば弱光下にあるという情報が核に伝えられる．葉の性質が低温栽培で陽葉的に，高温栽培で陰葉的になるのはこのためである[*8-6]．

8.2.7　ルビスコの性質と環境依存性

7.5 節で述べたルビスコの**比特異係数**（式 7.12）は，生物の系統や生育環境によって異なる．海洋では比較的 CO_2 濃度（実際には HCO_3^- 濃度）が高

[*8-6] フォトトロピンに光が当たると活性型になり，それが暗所で非活性型に戻るまでの時間には強い温度依存性がある．葉緑体定位運動の研究から，暗所における熱反転の時間によって温度を感知をしていることが明らかになった（児玉 豊, 2018）．フィトクロムも，同じ原理で温度感知をしている可能性がある．

いので，藻類の比特異係数は低いが，**CO_2 濃度が低い陸域の植物は高い比特異係数**を示す（図 8.12）．

また，ルビスコのカルボキシラーゼ反応の最大速度と CO_2 への親和性との間には**トレードオフの関係**がみとめられる（図 8.13）．V_{Cmax}（単位は mol CO_2 mol^{-1} 活性部位 s^{-1}）[*8-7] が大きいルビスコは親和性が低い（K_C（単位は mol L^{-1} または M）が大きい）．最大速度 V_{Cmax} が小さいルビスコは CO_2 への親和性が高い（K_C が小さい）．親和性が高くしかも酵素活性も高いというスーパー酵素は報告されていない．

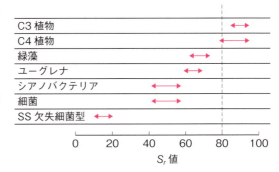

図 8.12 ルビスコの比特異係数の生物群による違い

$$S_r = \frac{V_{Cmax} K_O}{V_{Omax} K_C}$$ を示す．

横軸は，K_C，K_O の単位を，溶液中の CO_2 濃度，O_2 濃度としたときの S_r である．SS 欠失とは小サブユニットを欠くルビスコである．（横田明穂, 1999 による）

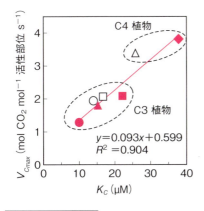

図 8.13 植物におけるルビスコのカルボキシラーゼ反応の最大速度（V_{Cmax}）と親和性（K_C）の間に見られるトレードオフ

V_{Cmax}，K_C とも C4 植物で大きい．C3 植物の中では，これらの値は低温に適応した種で大きい傾向がある．（石川智恵ら, 2009 による）

[*8-7] ルビスコの場合には，活性部位当たりで表現することも多いが，mol mol^{-1} 酵素 s^{-1} の単位を用いることもある．酵素 1 分子 1 秒間の反応速度を表す k_{cat}（単位は s^{-1}）が用いられる場合もある．

陸上植物のなかでは，CO_2 濃縮機構をもつ C4 植物のルビスコの V_{Cmax} と K_C がとくに大きい．C4 植物は，**CO_2 濃縮機構をもつので，高い親和性をもつ必要はない**．その分 V_{Cmax} を大きくする方向に進化したのだろう．このため，C4 植物の葉はルビスコ量が少なく，iNUE も高い（図 8.9 参照）．

　C3 植物の中では，寒冷地に生育する植物のルビスコは，高 V_{Cmax} 高 K_C となる傾向にある．低温では液相にガスが溶けやすいので液相のガス濃度は高くなる．親和性はそれほど問題にならないので，V_{Cmax} を大きくする方向に選択圧がかかったのだろう．一方，高温環境に生育する植物は，低 V_{Cmax} 低 K_C となる傾向がある．高温では酵素反応速度そのものが大きくなる一方で，液相に溶けるガスの濃度は低くなる．このため，V_{Cmax} は犠牲にして K_C を小さくする方向に進化してきたらしい．常緑広葉樹では葉肉細胞の細胞壁が厚いため，葉緑体内 CO_2 濃度が低下しがちである．これらのルビスコも低 V_{Cmax} 低 K_C となる傾向がある．ルビスコの比特異係数（式 7.12）では，V_{Cmax} と K_C は分子と分母にあり，これらが同じ方向に変化しても比特異係数はそれほど変化しない．このため，V_{Cmax} と K_C の関係はそれほど議論されてこなかった．今後大気の CO_2 濃度が上昇すると，K_C をそれほど低くする必要がなくなる．たとえば，CO_2 濃度が現在の 2 倍のレベルになれば，イネに C4 植物のルビスコを発現させれば，イネの光合成速度や窒素利用効率は上昇するはずである（深山 浩らが挑戦中）．

　7.5 節の式 7.11 を使って求めた V_O/V_C（$\phi_{O/C}$）と，式 7.17 を使って求めた最大量子収率 Φ_{CO_2} と温度の関係を図 8.14 に示す．葉緑体内の CO_2 濃度を，気孔がよく開いたときの 270 ppm と気孔が閉鎖気味の 170 ppm として計算してある．このように V_O/V_C は温度とともに上昇し，Φ_{CO_2} は温度とともに低下する．また，乾燥によって気孔が閉じると，V_O/V_C の温度に依存した上昇，Φ_{CO_2} の低下がより著しくなる．このように C3 植物の量子収率は，温度や水分環境（気孔コンダクタンス）によって大きく変化する．一方，C4 植物の量子収率は，CO_2 濃度や温度を変えて測定してもほとんど変化しない．このような量子収率の違いで，高温で乾燥した環境に C4 植物が多いことが説明されてきた（図 8.15）．

8.2 葉の光合成の環境依存性および可塑性

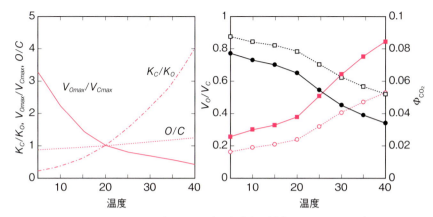

図 8.14　RuBP カルボキシラーゼ反応速度に対する RuBP オキシゲナーゼ反応速度の比（V_O/V_C）を決定する各項（左図，$V_O/V_C = (V_{Omax}/V_{Cmax}) \times (K_C/K_O) \times (O/C)$），$V_O/V_C$ および CO_2 固定の最大量子収率，$\varPhi_{CO_2}$（右図）の温度依存性

葉緑体内の CO_2 濃度を 270 ppm および 170 ppm との平衡濃度とし，O_2 濃度は 21％の平衡濃度として計算した．○：V_O/V_C 270 ppm，■：V_O/V_C 170 ppm，□：$\varPhi_{CO_2}$ 270 ppm，●：$\varPhi_{CO_2}$ 170 ppm．（Jordan & Ogren (1984) のホウレンソウのルビスコに関するデータに基づく著者の計算）

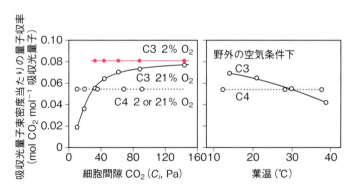

図 8.15　吸収光量子束密度当たりの最大量子収率の細胞間隙 CO_2 濃度および温度依存性

左：C3 植物と C4 植物の最大量子収率の細胞間隙 CO_2 濃度依存性．100 Pa は 1000 ppm にあたる．

右：C3 植物と C4 植物の最大量子収率の葉温依存性．（Ehleringer & Pearcy, 1983 による）

■8章　光合成の生理生態学

　C4 と C3 の分布の違いの例を図 8.16 に示す．冷涼湿潤なケニアの高山ではイネ科草本の 100% が C3 である．高度の低下とともに，**高温になり乾燥すると C4 の割合が増え**，やがてすべてのイネ科草本が C4 となる．また，オーストラリアのデータは，C4 のサブタイプの分布の違いも示してある．南半球のオーストラリアでは 1 月は真夏に当たる．このデータは，C4 植物のサブタイプによって，乾燥への耐性が異なることを示唆している．乾燥耐性の序列がどのようなメカニズムで得られるのかは未解明である．

　量子収率による分布の説明はうまくいくように思える．しかし，量子収率が測定されるのが弱光域であることを考えると，C4 植物は暗い環境でも C3 植物よりも有利であることが示唆される．ところが，実際には C4 植物を林床などの暗い環境で見いだすことはあまりない．したがって，量子収率の比較のみで C3 植物と C4 植物あるいはそのサブタイプの分布を論じることには無理がある．また，C4 の CO_2 濃縮ポンプの漏れ率（7.4 節「光合成とその効率」を参照）は弱光条件で大きくなる．もしその傾向が著しければ，弱光領域において光強度に伴う光合成活性の増加を直線回帰することは不可能

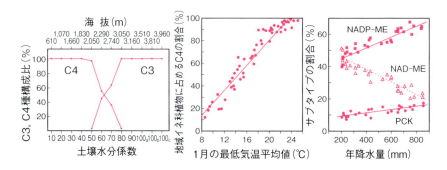

図 8.16　C4 植物の分布
左：ケニアにおける標高および土壌の乾湿条件とイネ科草本における C3，C4 植物の割合．（Tieszen *et al.*, 1979 による）
中：オーストラリアのイネ科草本植物における C4 植物の割合と夏季の最低気温の関係．
右：C4 植物に占める各サブタイプと年降水量との関係．
（中，右は Henderson *et al.*, 1994 による）

なはずである．量子収率の違いによる C3，C4 植物の分布の違いの説明に用いられる図 8.15 のデータがどの程度 正確に求められたのかは再検討が望まれる課題である．

8.3　光阻害とその回避，修復

図 8.17 は，葉の光吸収と光合成速度との関係を示したものである．6.3 節で学んだように，緑葉は太陽光のうちの光合成有効放射の大部分を吸収する．照射光強度の上昇に伴い，葉が吸収する光エネルギーはほぼ直線的に増加する．光合成はやがて光飽和に達するので，それ以上の光エネルギーは無駄になるばかりではなく，安全に消去しないと活性酸素生成につながる．活性酸素はタンパク質の破壊，膜脂質の過酸化などにより葉緑体の機能を低下させる．植物は光阻害を回避するさまざまなメカニズムを備えている．

8.3.1　受光量の調節

光阻害の回避のためには，まず強い光を吸収しないという戦略がある．マメ科やアオイ科の植物の葉柄基部には**葉枕**（pulvinus，複数形 pulvini）と呼ばれる部分がある．複葉をつくる種には各小葉に**小葉枕**をもつものもある（たとえばクズなど）．この部分の細胞は気孔の細胞と同じような膨圧運動を行い，それによって葉の向きを調節できる．この現象が青色光依存性であることは古くから知られていたが，その光受容体は**フォトトロピン**である．葉の生理活性が高く水

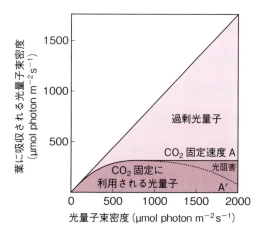

図 8.17　光量子束密度と葉に吸収される光量子束密度との関係
葉は方向を変えず葉緑体の運動も起こらないことが仮定されている．CO₂ 固定速度が光飽和に達した後には，過剰光量子が増加する．（浅田浩二，1999 を改変）

■8章　光合成の生理生態学

分が充分にあると，葉柄の角度を調節して葉を太陽光に向ける（**向日性**，向日屈性ともいう，diaheliotropism ＝ dia（日中の）＋ helio（太陽）＋ tropism（屈性））．しかし，水分欠乏，高温などのストレス条件では，葉面への太陽の直射を避ける（**忌日性**，paraheliotropism）．このように，生理状況に応じて葉の向きを変えることは適応的で重要な性質だが，そのしくみはまだ解明されていない．

　葉緑体が光強度に依存してその位置や向きを変えることも古くから知られていた(図 8.18)．弱光条件では，葉緑体は光吸収が最大になるように配置（**弱光位**）し，強光条件下では光吸収量が小さくなるように配置する（**強光位**）．どちらの反応も青色光が有効でフォトトロピンが関与することがわかっている．シロイヌナズナではフォトトロピン 1 と 2 が（冗長的に）弱光反応，フォトトロピン 2 が強光反応をつかさどる．葉緑体の移動にはアクチン繊維が関与している．したがって，アクチンの重合阻害剤などを用いれば葉緑体の運動を阻害することができる．弱光位に配置した条件で重合阻害剤を与えて強光を照射すると，著しい光阻害が起こる．フォトトロピンを欠く突然変異体においても著しい光阻害が起こる．

図 8.18　セキショウモ表皮細胞における葉緑体の光定位運動
水棲被子植物であるセキショウモの表皮細胞層全体にまず弱い青色光を照射し，次に強い青色光のスポットを当てた．強い青色光を当てた部分の葉緑体は，光を避けるように光の方向に平行な細胞壁部分に集まる．1 個の細胞内でも強い光が当たった部分の葉緑体だけが逃げる．1 個の細胞のサイズは約 50 μm．被子植物や裸子植物は気孔の孔辺細胞以外の表皮細胞は葉緑体をもたないが，水棲被子植物やシダ類では表皮に葉緑体をもつものが多い．（高木慎吾氏提供）

8.3 光阻害とその回避，修復

8.3.2 励起エネルギーの熱散逸

光化学系Ⅱのアンテナクロロフィルが光を吸収し励起されると，励起状態はクロロフィル間を次々に移動し反応中心に達する．しかし，強光下，チラコイド内腔のpHが低下すると，反応中心への移動の途中で**熱として散逸さ**

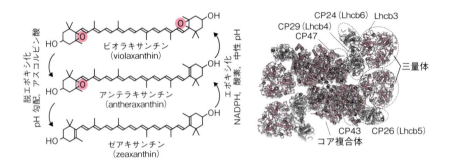

図8.19 光化学系Ⅱにおける励起エネルギーの熱としての散逸

光化学系Ⅱの光エネルギー捕集系は，コア複合体（図7.3参照）のまわりに単量体クロロフィルタンパク質複合体（minor chlorophyll-protein complexes, CP24, 26, 29），その外側に三量体の光捕集性クロロフィルタンパク質複合体（light harvesting chlorophyll-protein complex of photosystem Ⅱ, LHC Ⅱ）が配置する．弱光順化した葉緑体では三量体がさらに増える．葉に強い光を照射し続けるとチラコイド内腔のH^+濃度が高くなる．チラコイド内腔には低pHで活性化されるビオラキサンチン脱エポキシ化酵素（violaxanthin deepoxidase）があり，ビオラキサンチン（左図上のカロテ（チ）ノイド，エポキシ基●を2個もつ）からエポキシ基を外し，アンテラキサンチンを経てゼアキサンチンにする．ビオラキサンチンよりもゼアキサンチンの共役二重結合は長くなり，その励起状態のエネルギーレベルは下がるので，クロロフィルの第1励起状態から励起状態が転移すれば熱として散逸されうる．より重要視されているのは，ゼアキサンチンがLHCⅡの構造変化を引き起こし励起エネルギーの散逸に寄与する可能性である．この図には描かれていないが，集光能力のないPsbSタンパク質も，チラコイド内腔の低pHによりそのカルボキシ基がプロトン化($-COO^-$ → $-COOH$)され構造が変化する．二量体化するという説もある．これらの変化によって外縁部にあるLHCⅡ三量体とコア部分の接続状態が変わり，あるいは三量体がコア複合体から解離し，熱散逸能が大きくなる．これらは可逆的で，光が弱くなりチラコイド内腔のpHが上昇すると，エポキシ化酵素の活性が上昇し，ゼアキサンチンはビオラキサンチンとなる．PsbSタンパク質の構造ももとに戻り，光化学系Ⅱのコア複合体に励起状態が移動するようになる．（Su *et al.*, 2017; 皆川 純, 2021などによる）

■ 8章　光合成の生理生態学

れる割合が増える．この反応は可逆的であり，弱光下では再び励起状態が反応中心に移動するようになる（図8.19，蛍光分析については，7S.5を参照）．

冬季，雪に埋まった状態で，樹冠を雪面の上に出しているような針葉樹や越冬時の多肉植物では，光強度による熱散逸の**可逆性がなくなり，夜間も熱散逸活性が高い**状態のままである．アンテナクロロフィルタンパク質複合体と反応中心を含むコアタンパク質複合体とはもはや連絡しておらず，アンテナに吸収されたエネルギーは速やかに熱として散逸される．これには，PsbSと同じファミリーに属するELIPS/SEPS/OHPS[*8-8]などのタンパク質が関与している（図8.20）．

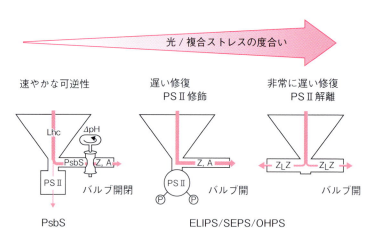

図8.20　光化学系Ⅱにおける過剰光エネルギーの熱散逸
左：強光下チラコイド内腔のpHが低下し，ビオラキサンチンが，脱エポキシ化によりアンテラキサンチンやゼアキサンチンに変換され，熱散逸が起こるようになる．弱光になるとエポキシ化酵素がはたらき，ビオラキサンチンが生成する．中：光化学系Ⅱがリン酸化（Ⓟ）され，恒常的に光エネルギーが熱として散逸する．右：光化学系Ⅱが脱離し，光エネルギーは熱として散逸される．修復には時間がかかる．常緑針葉樹が越冬する際などは，修復には時間がかかるが，熱によるエネルギー散逸が徹底化される．このような状態となる中）や右）において機能するタンパク質複合体は，ELIPS，SEPS，OHPSと呼ばれるものであり，PsbSと同起源のタンパク質である．図中のLhcはアンテナクロロフィルタンパク質複合体，Zはゼアキサンチン，Aはアンテラキサンチン，Lはルテインを示す．（Demmig-Adams & Adams, 2006より）

＊8-8　early light-induced proteins, stress-enhanced proteins, one-helix proteins.

8.3.3 D1タンパク質の損傷と修復

このようにいくつかの光阻害を回避するメカニズムが存在するにも関わらず，光化学系Ⅱの反応中心タンパク質であるD1[*8-9]は強光によって破壊される．壊れたD1は分解されてチラコイド膜から引き抜かれ，新規に合成されたD1と差し替えられる．D1タンパク質の破壊はそれほど強光でなくても起こる．

生葉では，光条件下でD1の破壊と新規合成と差し替えが同時に起こる．非破壊的な蛍光分析などを用いて観察される光阻害は，これらの反応の差し引きの結果である．著しい強光下（あるいは他のストレスと複合した条件下）では，破壊の方が速く修復が追いつかない．ストレス条件下では修復活性の低下も著しい．弱光下では破壊が遅いので充分な修復が起こる．破壊反応だけを観察するには，D1が葉緑体DNAにコードされ葉緑体内で合成されるので，葉緑体のタンパク質合成系の阻害剤（リンコマイシンなど）を作用させる．D1タンパクの半減期は強光条件下では数十分程度である（図8.21）．

D1タンパク質の損傷機構についてはいくつかの説がある．その1つは光化学系Ⅱの受容体側説（acceptor side hypothesis）である．D1タンパク質

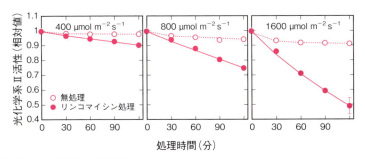

図8.21　光化学系Ⅱの光阻害
無処理の葉に強光を当てても，蛍光法によって得られた光化学系Ⅱの量子収率（F_V/F_M）はそれほど低下しない．しかし葉緑体型タンパク質合成の阻害剤を作用させると量子収率は大きく低下する．材料はホウレンソウ．（宮田一範ら，2012による）

[*8-9]　電気泳動するとバンドがはっきりせず，diffuse bandになることからDと命名された．

■8章　光合成の生理生態学

からプラストキノンプールまでがすべて還元されると，光化学系Ⅱの電子受容体であるQ_Aの電子はもはやプラストキノンプールに流れない．この状態で反応中心クロロフィルあるいはその近傍のクロロフィルが励起されると，光化学反応が起こりにくく，励起1重項状態から寿命の長い励起3重項状態となるので，そのエネルギーはO_2に転移され，酸化力の強い1重項酸素（$^1O_2$）が生成しやすい．これがD1を破壊するというものである[*8-10]．

第2の説は供与体側説（donor side theory）と呼ばれ，チラコイド膜内腔が酸性化される強光下で，水分解系のマンガンクラスターから反応中心P680への電子移動が遅れる場合に，強力な酸化剤である電子を失った$P680^+$が，まわりから電子を引き抜く酸化反応でD1タンパク質が傷むというものである．これらは，どちらも閉じた状態の反応中心に励起エネルギーが作用するので，過剰エネルギーあるいは非制御エネルギー（詳しくは補遺の7S.5）に依存する．もう1つは，2ステップ説（two-step hypothesis）で，まず，紫外線や青色光による水分解系のマンガンクラスターの阻害が起こり，続いて過剰なエネルギーによる反応中心の阻害が起こるというものである．後者には，供与体側説機構が寄与することになろう．これらのメカニズムによる阻害は，実験室内で条件を整えれば実際に起こるが，生理学的条件でどのメカニズムがはたらいているのかについては，現在検討が進められている[*8-11]．

光化学系Ⅰの光阻害は，キュウリなどの冷温（凍結を伴わない低温）感受

[*8-10] 励起されたクロロフィルの第一励起状態にあるπ電子のスピンの方向が反転し，2個の電子のスピンの方向が同じになった状態を3重項状態と呼ぶ．O_2は基底状態が3重項である珍しい分子である．3重項クロロフィルはO_2にエネルギーを転移し酸化力の強い1重項酸素（$^1O_2$）をつくる．

[*8-11] なぜ，D1タンパク質がこのように弱いのかはよくわからない．しかし，たとえば，交通事故の際に，ボンネットがくしゃくしゃになる車の方が，乗車している人が安全であるのと似ていないだろうか．D1タンパク質があたかもトカゲのしっぽとなり，被害が他に波及しない．葉の表皮に紫外線を吸収するフラボノイドなどを含む植物は多い．これらの植物では，葉肉の葉緑体に大量の紫外線が当たることはない．

性の植物で見いだされた．低温のために炭酸固定経路の活性が低下すると，それほど強くない光でも電子伝達鎖が過還元状態となる．このような状況で生じた大量の活性酸素を，活性酸素消去系は消去しきれない．なかでも H_2O_2 は，還元された状態の鉄硫黄センター（Fe-S_X, Fe-S_A, Fe-S_B など，図 7.5 参照）とのフェントン反応（Fenton reaction）によってヒドロキシルラジカル（・OH）を生成する．このヒドロキシルラジカルが鉄硫黄センターそのもの，続いて反応中心 P700 を破壊することによって光化学系 I が阻害される．光化学系 I の修復は光化学系 II に比べて著しく遅いため，植物にとって光化学系 I の阻害は致命的とも言える．光化学系 I の阻害は，強光下や複合ストレス条件下では常温でも起こる．とくに，変動光下では起こりやすい[*8-12]．光化学系 II が先に阻害されると，光化学系 I の阻害も起こりにくくなる．

8.4　個葉の光合成

　葉の光合成を研究する際，葉をあたかも 1 つの大きな葉緑体のように取り扱うことが多い．ここでは葉の光合成系の成り立ちに注目して，やや微視的に葉の光合成を論じよう．図 8.22 に，ヤブツバキの葉の表側から，クロロフィル a のピークに当たる赤色光（680 nm）および，可視域では吸収のもっとも少ない緑色光（550 nm）を照射した場合の光吸収パターンを示してある．赤色光は表側の数層で吸収され，裏側にはほとんど届かない．青色光のデータは示していないが，この傾向がもっと顕著である．一方，緑色光はクロロフィルに吸収されにくいので裏側の海綿状組織まで到達する．海綿状組織内で激しく散乱されることによって葉緑体への遭遇の機会が増すため，かなりの緑色光が吸収される．この光吸収量の勾配に応じて葉緑体の性質も，表側の陽葉緑体から裏側の陰葉緑体へと変化する．光吸収量の多い層の葉緑体では，クロロフィルタンパク質の量に対し，光化学系 II の反応中心，シトクロム f などの電子伝達コンポーネントの量，ルビスコ量などが多い．一

[*8-12]　変動光照射時に光化学系 I を駆動する遠赤色光が存在すると，この阻害はほとんど起こらない（河野 優ら，2017）．光合成における遠赤色光の役割の研究は必須である．

■8章 光合成の生理生態学

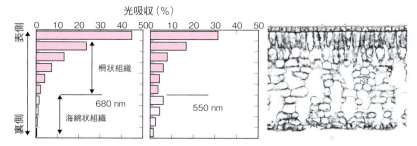

図 8.22　ヤブツバキの葉肉による光吸収
葉肉をクロロフィル（$a+b$）含量が等しくなるように 10 の切片に分けたときの各層の光吸収を実測値に基づいて計算してある．クロロフィル a の赤色光吸収帯の生体内におけるピーク（680 nm）と，クロロフィルの吸収の弱い緑色光（550 nm）のデータが示してある．（寺島一郎・佐伯敏郎，1983 による）
右：ヤブツバキの葉の断面図．葉肉組織の表側から 2 細胞層が柵状組織，3 層目以下は海綿状組織である．（福原達人氏 HP より許可を得て転載）

方，光吸収量の少ない層の葉緑体では，最大活性を高めるようなコンポーネントの量を抑え，光捕集系のアンテナクロロフィルタンパク質を相対的に多くもっている（図 8.9，右の円グラフおよび図 8.19 を参照）．

　柵状組織と海綿状組織の分化や葉緑体の性質に見られる勾配は，葉の光合成系の効率を高める役割を果たしている．図 8.23 はダイズの葉の光－光合成曲線である．同じ葉であるにも関わらず，表側から光照射した場合と裏側から光照射した場合では，光飽和レベルに達する光強度が大きく異なる．裏側から光照射をすると，光は，まず光を散乱させることで光吸収効率を高めている海綿状組織に当たるので，多くの光がここで吸収されてしまう．このため，裏側の陰葉緑体の光合成はすぐに光飽和に達してしまう．一方，光飽和に強い光を要求する表側の陽葉緑体には充分な光が到達しにくい．したがって，葉全体の葉緑体の光合成を飽和させるには非常に強い光が必要となる．表側から光を照射した場合にはこれとは逆に，**葉全体の葉緑体が同調して光飽和に達する**傾向にあるため，葉の光－光合成曲線がより低い光量子束密度で光飽和に達する．

　ユーカリ属の植物には垂れ下がるタイプの等面葉をもつ種も多い．このような葉は葉の両側に柵状組織をもち，海綿状組織は中央部に発達する．また，

8.4 個葉の光合成

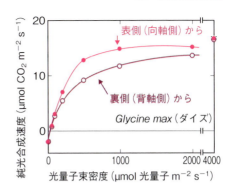

図 8.23 ダイズの葉の光−光合成曲線
同じ葉に表側から光を照射した場合と，裏側から光を照射した場合とが比較してある．表側から光を当てた場合の方が効率が良い．
（寺島一郎, 1986より）

イネには直立葉をもつ品種も多い．これらの懸垂葉や直立葉では，葉の両面から等しい強さの光を照射した場合に，光−光合成曲線が一番低い光量子束密度（合計値）で光飽和に達する．

ただ，葉内の光環境に対する葉緑体の順化は完全ではない．葉の内部の光吸収量の勾配と，陽葉緑体〜陰葉緑体の勾配とを比較すると，光吸収量の勾配に対して，陽葉緑体〜陰葉緑体の勾配は緩やかであり，勾配は一致しない．おそらく，葉緑体の光環境馴化には限界があり，強すぎる光や弱すぎる光には完全に対応できないのだろう．したがって，図 8.23 についての議論は定性的な傾向としては正しいのだが，葉に表側から光を照射した場合に，まず光合成が光飽和するのはやはり表側の葉緑体である．光飽和した葉緑体にさらに吸収される青色光や赤色光は熱として散逸される．裏側の葉緑体に到達するのは圧倒的に緑色光なので，光が強く，表側の葉緑体が光飽和に達しかけたときの光合成には緑色光がもっとも役立っている．

葉がなるべく多くの光を吸収するように進化してきたのならば，葉は光吸収量が最大になるように黒色をしているはずである．一方で，ルビスコの反応速度が遅くしかも CO_2 への親和性が低いので，葉の光合成速度を高めるためには，大量のルビスコを葉肉細胞の表面に薄く拡げて保持しなければならない．細胞表面に配置された葉緑体にまんべんなく**光を行き渡らせるため**には，青色光や赤色光を強く吸収し，緑色光をそれほど強くは吸収しないクロロフィルを使うのはうまい手である．葉が緑色に見えるのは，緑色光をうまく使って葉の裏側の葉緑体が光合成を行えるようにするための小さな代償

■8章 光合成の生理生態学

（反射や透過による損失）であると言えよう．

8.5 葉群の光合成

6.3節で門司・佐伯の研究を説明した．葉群上部からの積算葉面積指数Fの平面の光強度I_Fは，葉群上部の光強度をI_0とすると，$I_F = I_0 \exp(-kF)$，積算葉面積指数Fの位置にある葉の光吸収量A_Fは，$A_F = kI_0 \exp(-kF)$と表すことができることを述べた．

まず，門司・佐伯にしたがって，群落の光合成について考察しよう．葉の光吸収量（A）に対する純光合成速度（P_n）を，以下のような直角双曲線の式で表す．

$$P_n = \frac{b \cdot A}{1 + a \cdot A} - R_d \qquad 8.1$$

ここで，R_dは呼吸速度である．呼吸速度R_dは光強度が高くなると小さくなることが明らかになっているが，ここでは一定値であるとして取り扱う．光吸収量が小さいとき，光合成速度は，光吸収量に比例して増加する（$P_n ≈ b \cdot A - R_d$）．また，光吸収量が多くなり，光飽和に達した光合成速度は，$P_n = b/a - R_d$である．

葉群を形成するすべての葉について，光吸収量当たりの光合成速度をこの式で表すことができるとすれば，葉群全体の光合成速度P_cは，葉群全体の葉面積指数をF_{tot}として，

$$\begin{aligned}P_c &= \int_0^{F_{tot}} \left(\frac{b \cdot k \cdot I_0 \cdot \exp(-kF)}{1 + a \cdot k \cdot I_0 \cdot \exp(-kF)} - R_d \right) dF \\ &= \frac{b}{k \cdot a} \ln \left(\frac{1 + a \cdot k \cdot I_0}{1 + a \cdot k \cdot I_0 \cdot \exp(-kF_{tot})} \right) - R_d \cdot F_{tot} \qquad 8.2\end{aligned}$$

つまり，葉群の光合成速度は，a，b，R_dを除けば，I_0，k，F_{tot}の3つの変数で表すことができる．たとえば，このうち1つの変数を動かして，最大の光合成が得られるのがどういう条件なのかを調べることができる．図8.24にその一例を示す．このように，I_0が小さいとき，kの最適値は大きく（すな

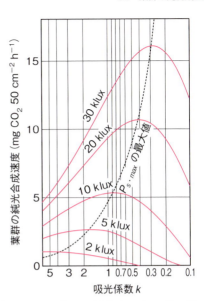

図 8.24 葉群光合成の最大値の吸光係数 k への依存性

光の強さはヒトの視覚の感度に合わせた照度単位（lux）で表してある．自然光では，100 klux がほぼ最大値で，光合成有効光量子束密度 2000 $\mu mol\ m^{-2}\ s^{-1}$ に相当する．葉群の光合成が最大となるのは，強光下では，k は小さく F が大きいとき，弱光下では，k は大きく F は小さいときである．なお，現在では照度単位を光合成研究に用いることはない．（門司正三・佐伯敏郎，1953 による）

わち，葉は水平で），そのときの F は小さい．一方，I_0 が大きいところでは，k の最適値は小さく（すなわち，傾きは大きく），F は大きい．実際，林床のような暗い場所では，葉の傾きが水平に近く，葉面積指数は小さい．一方，明るいところでは，葉は立っていて葉面積指数は大きい．補遺（8S.2）に練習問題があるので解いてほしい．このように，単純化したモデルは，現象の大枠を把握するためには有用である．とくに，単純な数式で表現されている場合には，種々の条件を数学的に検討することもできる．

門司・佐伯以降の発展で重要なものを述べよう．その1つは，葉の配列パターンである．門司・佐伯のモデルでは，葉は空間にランダムに分布するとしている．しかし，葉は茎に順序良く配列するので集中分布の傾向がある．とくに，葉身は展開したが葉柄が充分に伸長していないような，シュート頂に近い部分などは集中分布となる．集中分布した場合には，葉面積指数の割に光吸収量は少なくなるので，図 6.12 に示した方法で求められる k の値は小さめの評価となる．セイタカアワダチソウなどの葉群では，上部の若い部分でこの傾向が見られる．

門司・佐伯の理論では，葉の傾斜角を一定としている．しかし，葉群が1

■8章 光合成の生理生態学

種の植物から成り立つ場合にも，葉群の上部では葉の傾斜が大きく，下部では水平に近くなることが多い．葉群の光合成生産の最適解は，すべての葉の光合成が同時に光飽和に達するようにするというものである．もし，すべての葉の光吸収量－光合成速度の関係が同じであるとすれば，光の強い葉群上部では葉を極端に傾斜させ，光が弱くなる下部では葉を水平にするのが最適値となる．

　葉の光合成の性質は葉群内で異なり，明るい場所ではいわゆる陽葉的，暗いところでは陰葉的となる．窒素は貴重な栄養素なので，植物体内の効率よい分配は適応的である．図8.25に窒素の最適分配の考え方が示してある．個体内の明るい場所と暗い場所に2枚の葉があるとする．面積はどちらの葉も同じとしよう．これらの葉に分配できる葉Nの合計量をN_{tot}とする．これらをどのように分配すればよいだろうか．上下の葉で光環境が異なるので，1日の正味の光合成速度の積算値の窒素含量依存性も上下の葉で異なる．上の葉は窒素の投入量に応じてかなり光合成生産が上昇するが，下の葉は，ある段階で頭打ちになる．また，窒素含量が高すぎると，光合成装置の維持のための呼吸速度が大きくなるので，日光合成速度は頭打ちを越えて減少する．最適な窒素分配は，$N_1 + N_2 = N_{tot}$ という関係満たしつつ，N_1 における

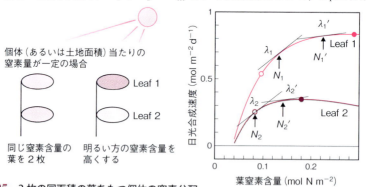

図8.25　2枚の同面積の葉をもつ個体の窒素分配
葉の窒素量の合計値が同じ場合に，どのように窒素を分配するのが個体としての光合成速度が最大になるだろうか．上部の葉と下部の葉は光環境が異なるので，日光合成速度の葉窒素含量への依存性が異なる．葉の窒素量の合計値に関わらず，窒素含量において引いた接線の傾きが等しくなるように窒素を分配したときに，個体として光合成生産が最大となる．○は各葉の窒素利用効率の最大値，●は日光合成速度の最大値を示す．（原図）

8.5 葉群の光合成

接線の傾き λ_1 と N_2 における接線の傾き λ_2 とが等しいときに実現する．図には N_{tot} が大きいとき（N_1' と N_2'）と小さいとき（N_1 と N_2）とが示してある．つまり，どちらの場合も，明るいところにある葉の窒素含量 N_1 が暗いところにある葉の窒素含量 N_2 よりも高い方がよいことになる．

接線の傾きが等しいときに2枚の葉の正味の光合成量の合計が最大になることは，偏微分法を学べばラグランジュ（Lagrange）の常数法を用いて証明できる（条件付きの極値問題，すなわち個体内の窒素量が一定の場合の極値）[*8-13]．ここではもっと直観的に証明してみよう．いま，N_1, N_2 において引いた接線の傾きが異なるときに光合成量 $A_1 + A_2$ の合計値が最大であるとする．傾きが異なるので，$\lambda_1 > \lambda_2$ とする．ここで，葉2から微少量 ΔN の窒素を葉1に移したとすると，葉1の光合成速度は $\lambda_1 \Delta N$ 増加し，葉2の光合成速度は $\lambda_2 \Delta N$ 減少する：

$$A_{tot} = A_1 + \lambda_1 \cdot \Delta N + A_2 - \lambda_2 \cdot \Delta N = A_1 + A_2 + \Delta N \cdot (\lambda_1 - \lambda_2) > A_1 + A_2 \quad 8.3$$

$\lambda_1 > \lambda_2$ なので，$\Delta N (\lambda_1 - \lambda_2)$ は正の値をとり，ΔN を移した後の光合成生産の合計値が，移す前よりも大きくなる．すなわち，「光合成の最大値を与える接線が平行でない」という命題に矛盾が生じることになる．したがって，接線は平行でなければならない．使える窒素の合計量が増える場合はどちらの葉の窒素含量も増えるが，その接線は平行である．これは2枚だけの葉についての証明であるが，葉が何枚になっても接線の傾きが等しくなるという関係が成立する．

セイタカアワダチソウは密度の高い群落をつくる．これらの葉群を形成する葉の光環境，窒素含量と光合成活性を詳細に調べた研究によって，窒素含量の勾配は葉群の光合成生産を最大にする理想的な窒素含量の勾配よりもやや緩やかであるが，その光合成生産量は葉の窒素含量が均一であるとしたときの生産と比較してはるかに大きいことが示された（図8.26）．

適応度を考えるレベルが個体であることを考えると，葉群とは曖昧な言い

[*8-13] Lagrange の乗数法を使った解は，補遺（8S.3）を参照のこと．

方である．群落といえば複数の種の個体の集まりであり，そのような集団で，スタンド全体の生産が最大になるように葉の窒素含量や光合成活性が決まるわけではない．セイタカアワダチソウの純群落の場合には，地下茎で結ばれたいくつかの個体の集まり，すなわち個体群である．個体間に競争がある場合に，個体群全体の生産が最大になるように葉の角度，窒素含量の勾配，光合成活性に勾配をつけるような性質が進化するだろうか．答えは否である．もしそのように全体の生産を最大とするような性質が進化したとして，そこに，他の個体が葉を直立させているような明るい場所で，これらよりも水平に葉を拡げる突然変異体が生まれたとすれば，その個体の光合成生産の方が高くなり適応度も高くなるだろう．葉の角度の問題は，このような他個体との相互作用をふくめて解かなければならない問題である．このような問題は

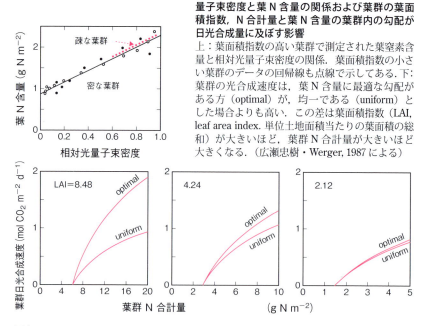

図 8.26 セイタカアワダチソウ葉群における相対光量子束密度と葉 N 含量の関係および葉群の葉面積指数，N 合計量と葉 N 含量の葉群内の勾配が日光合成量に及ぼす影響

上：葉面積指数の高い葉群で測定された葉窒素含量と相対光量子束密度の関係．葉面積指数の小さい葉群のデータの回帰線も点線で示してある．下：葉群の光合成速度は，葉 N 含量に最適な勾配がある方（optimal）が，均一である（uniform）とした場合よりも高い．この差は葉面積指数（LAI, leaf area index. 単位土地面積当たりの葉面積の総和）が大きいほど，葉群 N 合計量が大きいほど大きくなる．（広瀬忠樹・Werger, 1987 による）

ゲーム理論[*8-14]を使って解くことができる（彦坂幸毅& Anten, 2012）.

　6章でも述べたが，門司・佐伯理論による葉群内の光環境は，散乱光を仮定したものである．晴れた日には，直達光が存在することは自明であり，古くから直達光と散乱光とを取り扱う研究が行われた．基本的には，式6.13のような指数関数式を直達光用と散乱光用に2つ用いる．ある葉の受光量はこれらの和である．葉の吸収量は光の入射角に依存するので，これらも考慮する必要がある．葉群の各層についてこれらを詳細に考慮した結果は，葉を，直達光が当たる葉と当たらない葉とに2分して検討して結果とほぼ一致する．このため最近の葉群光合成計算では2分法がよく用いられる[*8-15].

　野外の葉群内の葉を考えよう．雲や上部の葉の存在によって光強度は変動する．強光と弱光がくり返す場合，気孔の開閉，CBB回路の酵素やH^+-ATPaseの活性化と不活化，光エネルギーの熱散逸系の活性化と不活化が起こる．葉が受ける光強度が変化した際には，光合成速度が定常状態に達するまでに時間がかかる．このようなラグにより，光強度が変化する場合，定常光下で測定した光合成速度が瞬時に到達すると仮定した場合と比較して，積算光合成速度は80％程度にまでも減少する場合がある．

　葉群内部には風速の勾配も存在する．図5.5から類推できるように，葉の光合成速度は境界層抵抗に大きく依存する．

＊8-14　ある個体の利得（適応度）が，自身がどうふるまうか（戦略）だけではなく，相手の戦略にも依存する場合の，各個体の利得を考慮する理論．経済学分野で発展した．
＊8-15　彦坂幸毅（2016）参照．

9章 呼吸と転流

　光合成産物である糖は，葉から植物体内の各部分に送られる．いったん貯蔵器官に貯えられ，それが転流されることもある．糖は呼吸系によって酸化され，還元力である NADH やエネルギー通貨である ATP が得られる．その一方で，糖は細胞壁や生体膜，タンパク質や核酸の生合成のための素材となる．このように，エネルギー源であり生合成の素材となる糖は，植物体の各部分に「現物支給」される．各部分では，これを植物体構築の素材やエネルギー源として活用する．一般には，呼吸は糖を酸化し還元力や ATP を得ることと定義されるが，この章では，このように植物体を構築するための素材を供給することもふくめて呼吸をとらえよう．篩管や篩細胞による糖やアミノ酸の転流についても解説する．

9.1 呼　吸

　呼吸速度は，植物体に含まれる解糖系・クエン酸回路・酸化的電子伝達系などの量，呼吸基質の量，ATP や NADH などの濃度などによって制御される．これらを順に議論する．

9.1.1 呼吸の代謝

a. 解糖系，ペントースリン酸回路，クエン酸回路

　呼吸系について簡単に述べる（図 9.1）．まず，糖や糖リン酸が解糖系によってピルビン酸にまで分解される．植物では解糖系は**サイトゾル**と**色素体**に存在する．解糖系では，フルクトース 6-リン酸をフルクトース 1,6-ビスリン酸に変換するホスホフルクトキナーゼやピロリン酸ホスホフルクトキナーゼ，ホスホエノールピルビン酸をピルビン酸とするピルビン酸キナーゼなどが調節を担っている．ホスホエノールピルビン酸や ATP 濃度が高いときにこれらの酵素の活性は抑えられ，これによって解糖系の速度が抑制される．

9.1 呼吸

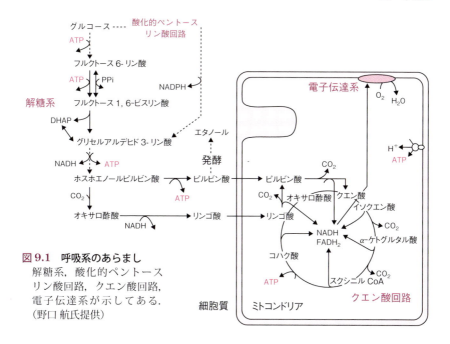

図 9.1 呼吸系のあらまし
解糖系，酸化的ペントースリン酸回路，クエン酸回路，電子伝達系が示してある．
（野口 航氏提供）

　酸化的ペントースリン酸（五炭糖リン酸）回路は，サイトゾルと色素体に存在する．光合成の還元的ペントースリン酸回路であるカルヴィン - ベンソン - バッシャム回路とは異なり，六炭糖リン酸から出発し三炭糖リン酸の形で解糖系に合流する．この経路は，非光合成器官や夜間の光合成器官において **NADPH を供給**する．また，核酸の構成要素である塩基の合成のための出発物質である五炭糖リン酸（リボース 5- リン酸）や，芳香族化合物合成のための四炭糖リン酸のエリスロース 4- リン酸を供給する．

　解糖系によって生成したピルビン酸はミトコンドリアに取り込まれ，ピルビン酸デヒドロゲナーゼ複合体によってアセチル CoA となって**クエン酸回路**（citric acid cycle, citrate cycle）[*9-1] に入る．アセチル CoA は C4 化合物のオキサロ酢酸と結合し C6 化合物のクエン酸となる．これが徐々に分解さ

[*9-1] TCA 回路（tricarboxylic acid cycle），クレブス回路（Krebs cycle）とも言う．

■ 9章　呼吸と転流

れて C4 化合物のオキサロ酢酸へと一巡する．C5 化合物の α-ケトグルタル酸は窒素同化の際の炭素骨格として利用される．このように中間産物が取り去られると回路が成立しないが，植物では，細胞質の**リンゴ酸がクエン酸回路に供給**される．また，リンゴ酸に NAD-リンゴ酸酵素が作用して生成するピルビン酸からもアセチル CoA がつくられ，クエン酸回路に供給される．TCA 回路はさまざまな調節を受ける．ATP や NADH は，ピルビン酸デヒドロゲナーゼ，クエン酸シンターゼ，イソクエン酸デヒドロゲナーゼなどを阻害する．ATP や NADH が過剰になる条件ではクエン酸回路の活性は抑えられる．

b. 電子伝達経路，酸化的リン酸化

電子は，強い還元力をもつ NADH や FADH$_2$ から，ミトコンドリア**内膜の呼吸鎖電子伝達系**を介して酸素まで伝達される（図 9.2）．電子伝達に伴い H$^+$ は内膜の内側から外側に汲みだされる．こうして形成された内膜内外の H$^+$ の化学ポテンシャル差を用いて ATP が合成される．この経路は動物や好気的微生物にも共通しており**シトクロム経路**と呼ばれる．シトクロム経路の末端酸化酵素である**シトクロム c オキシダーゼ（COX）**は一酸化炭素（CO）やシアン化合物（KCN など）によって阻害される．

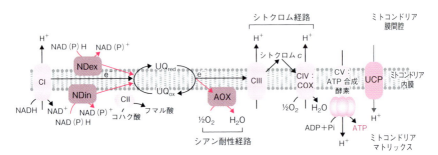

図 9.2　ミトコンドリア内膜の電子伝達系の模式図
クエン酸回路で生成した NADH や FADH$_2$ からの電子が電子伝達経路を流れる．タンパク質複合体（Complex，C と略記）I, III および IV において酸化還元反応が起こる場合には，膜を介した H$^+$ の輸送が起こる．タンパク質複合体 C III はチラコイドのシトクロム $b_6 f$ 複合体と機能がよく似ており，ユビキノンの酸化還元を伴って Q サイクルが駆動される．赤色線で示された経路では，H$^+$ の膜を介した輸送は行われない．（野口 航氏提供）

c. シアン耐性経路

植物ミトコンドリアの電子伝達経路にはシトクロム経路以外に，ユビキノンから直接酸素に電子を伝達する経路があり，この経路がシアンに耐性であることから**シアン耐性経路**，あるいは，**シアン耐性（代替）オキシダーゼ**（alternative oxidase, **AOX**）と呼ばれる．経路とはいうものの，構成要素はこのオキシダーゼだけである．この経路ではH^+移動は起こらない．これに加えて，NAD(P)Hから電子を受け取る際にH^+移動を行わないデヒドロゲナーゼが数種類あり，ミトコンドリア内膜の内外のNAD(P)Hから電子を受け取ることもできる．さらに，H^+の化学ポテンシャル差を解消する脱共役タンパク質（UCP, uncoupling protein）が発現する場合がある．

H^+の化学ポテンシャル差をつくらないこれらの経路は，一見エネルギーの無駄遣いとなるように思える．これらの経路には，どのような機能があるのだろうか．よく知られているのは，**サトイモ科の花序の発熱**である．AOX経路がはたらくことで，ATPやNADHの蓄積が抑えられ，呼吸系全体の活性が上昇することが発熱につながる．雄花の成熟や揮発性物質による訪花昆虫の誘因，昆虫行動の活性化の役割があるという．光合成が盛んに行われ葉に炭水化物が過剰に蓄積するとAOXが機能することも知られている（図9.3）．一般に呼吸基質である炭水化物が過剰にあると，ATPも過剰となりADPが不足する．もしAOXが機能しないとすると，ADP不足によるATP合成反応の抑制によりH^+の化学ポテンシャル差は過剰となり，電子伝達速度はフィードバック阻害（呼吸調節，respiratory control）により低く抑えられる．この状態では，解糖系やTCA回路によって生成したNADHや$FADH_2$も過剰となる．このような過還元状態においては，分子状酸素（O_2）が還元され活性酸素が生成しやすい．AOXをはじめとするこれらの経路はADP濃度による調節を受けないので，過剰な**還元力を安全に消去**することができる．

また，強光，低窒素，低温などのストレスが複合的に作用する場合に，葉を**過還元状態にならないように保つ**はたらきがある．代謝系によってNAD(P)HやATPの要求量には違いがある．特定の代謝系がはたらく場合に，

■9章 呼吸と転流

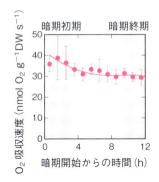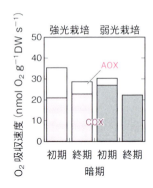

図9.3 シアン耐性呼吸経路 (AOX) とシトクロム経路 (COX) の活性
左：強光条件で栽培したホウレンソウの葉の夜間の呼吸速度の推移．
右：強光条件と弱光条件で栽培したホウレンソウの葉の夜の初めと終わりの経路別の活性．強光条件で栽培したホウレンソウでは，夜の初めはシアン耐性呼吸 (AOX) の速度が大きい．弱光で栽培したホウレンソウでは，シアン耐性呼吸速度は小さく，明け方にはほとんど行っていない．DW (dry weight) は乾燥重量を示す．（野口 航ら，2001 による．野口 航氏提供）

細胞内の NADH と ATP のバランスを保つはたらきもある．

通常，弱光環境に生育する陰生植物は，かなり大量に炭水化物を蓄積した際にも AOX 経路をほとんど使わない傾向がある．ただし，これらの植物にも AOX を多量にもつものがあり，昼間，強光が当たった際などに過還元状態になるのを防いでいる．

2つのオキシダーゼの酸素安定同位体分別の違いを利用してオキシダーゼ活性の分別定量が可能である（コラム 9.1 参照）．今後，AOX 経路の役割や物質生産におけるエネルギー収支の詳細が明らかになるだろう．

d. 呼吸系のエネルギー収支

解糖系とクエン酸回路のバランスシートは以下のとおりである（H_2O は除いてある）．

解糖系：

$$グルコース + 2NAD^+ + 2ADP + 2P_i$$
$$\to 2\text{ピルビン酸} + \underline{2NADH} + \underline{2ATP}$$

コラム 9.1
酸素安定同位体法によるシアン耐性呼吸経路の活性測定

　呼吸速度の測定には，組織からの CO_2 放出速度を赤外線ガス分析器を用いて測定するか，組織の O_2 吸収を酸素計や酸素電極を用いて測定する．空気中の酸素には，^{16}O の安定同位体である ^{18}O が約 0.2%の割合で含まれている．酸素分子としては $^{16}O^{16}O$ が主であるが，$^{18}O^{16}O$ が混ざっている（図）．さらに微量の ^{17}O も安定同位体だが，ここでは問題にしない．シトクロム c オキシダーゼ（COX）もシアン耐性オキシダーゼ（AOX）も，酸素に電子伝達する際に $^{16}O^{16}O$ に優先的に渡し $^{18}O^{16}O$ を嫌う．しかし，その度合いが異なっており，シアン耐性オキシダーゼの方がより $^{18}O^{16}O$ を嫌う．

　植物体を暗黒下で密閉した容器中に置くと，容器中の O_2 は呼吸系から電子を受け取り H_2O となるので O_2 濃度は減少する．このとき容器中の空気をサンプリングし，これに含まれる O_2 の安定同位体比を分析すると，$^{16}O^{16}O$ の減少の方が $^{18}O^{16}O$ の減少よりも速い．あらかじめシトクロム経路またはシアン耐性経路の阻害剤を用いてこれらの反応のどちらかを阻害したときの $^{16}O^{16}O$ と $^{18}O^{16}O$ の減少の比率を求めておけば，阻害剤のない状態で両経路がどの程度はたらいているのかが逆算できる．このようにして，これらの経路の活性の分別定量が可能である．

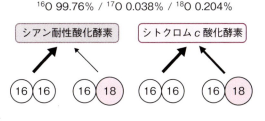

（野口 航氏による）

クエン酸回路：
2 ピルビン酸 ＋ 2CoA(SH) ＋ 2NAD$^+$ → 2 アセチル CoA ＋ 2NADH
　　2 アセチル CoA ＋ 2ADP ＋ 2P$_i$ ＋ 6NAD$^+$ ＋ 2FAD
　　　→　2CO$_2$ ＋ 2CoA ＋ 2ATP ＋ 6NADH ＋ 2FADH$_2$

　1分子のグルコースから10分子のNADH，2分子のFADH$_2$，4分子のATPが生成する．また，電子伝達系では1分子のNADHから最大で約3分子のATP，FADH$_2$から最大で約2分子のATPができるので，最大34分子のATPができる．合計で**最大38分子**である．しかし，ピルビン酸やリン酸などの輸送にもH$^+$の化学ポテンシャル差が使われ，H$^+$の漏れもあるので，実際に生成するATPの数は**30分子程度**である．ATP生産に用いられる内膜内外のH$^+$の電気化学ポテンシャル差をつくらないAOXなどの経路が機能すれば，ATPの数はこれよりもずっと少なくなる．グルコースの完全酸化による自由エネルギー変化は2840 kJ mol^{-1}（$\Delta G = -2840$ kJ mol^{-1}），ADPとP$_i$からATP合成に必要なエネルギーは標準状態で30.5 kJ mol^{-1}だが，生理条件下では50 kJ mol^{-1}程度である（脚注7-7（p.108）を参照）．輸送や漏れによるロスを考えないとして，38分子のATPが生成するとすれば，その効率は約70％と非常に高い．

e. 呼 吸 商

　呼吸を行う際に放出するCO$_2$と吸収するO$_2$のモル比（CO$_2$/O$_2$）を**呼吸商**と呼ぶ．式9.1から明らかなように，炭水化物が呼吸基質で完全にCO$_2$になる場合には，呼吸商は1となる．

$$CH_2O + O_2 \rightarrow CO_2 + H_2O \qquad\qquad 9.1$$

タンパク質や脂質は糖に比べて分子中のO含量が相対的に少ないので，これらが呼吸基質の場合には呼吸商は1よりも小さくなる．一方，リンゴ酸などの有機酸が基質の場合には，1よりも大きくなる．また，生体内で特定の代謝が盛んなときには，その反応によって呼吸商は大きく影響される．

9.1.2 構成呼吸と維持呼吸
a. 構成呼吸と維持呼吸の定量

呼吸の中間代謝産物は，植物体を構築する生体物質を合成する際の原料となっている．一方，糖は，エネルギー通貨であるATPや還元力であるNAD(P)Hなどを取り出す呼吸基質でもある．これらのエネルギーや還元力は，植物体を構築する物質の生合成や，構築された植物体の維持，膜交通，外界からの栄養塩吸収などに用いられる．材料としての糖，生体物質の生合成反応のためのエネルギー源としての糖，植物体の維持のためのエネルギー源としての糖，これらはどのような量的関係にあるのだろうか[*9-2]．

マックリー（K. J. McCree）は，クローバーの個体を12時間明期／12時間暗期で栽培しCO$_2$交換速度を測定した．明期の光合成有効放射を日ごと

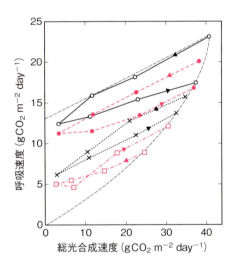

図9.4 クローバーの光合成速度と呼吸速度との関係

制御環境下で，1日12時間明期，12時間暗期の周期でクローバーを栽培した際の，光合成速度と呼吸速度から算出したもの．明期にも3時間ごとに消灯して呼吸速度を測定した．1日目には100 W m^{-2}の光を照射し，翌日から順に，40, 20, 5と下げてゆき，その後ふたたび，20, 40, 100 W m^{-2}と1日ごとに変えたときの1日の総光合成速度と呼吸速度を示してある．この実験は異なる植物を用いて4回くり返された．シンボルは4つの異なる実験を示す．矢印は実験の推移を示す．光量が下がり光合成速度が減少するとともに，呼吸速度も減少している．（McCree, 1970 より）

[*9-2] このような問題に取り組んだ最初の研究は，田宮 博がコウジカビを用いて行ったものである（1932）．田宮は，マノメーターによって酸素吸収量，魔法瓶と温度計を使って自作した熱量計によって発熱量，菌体の重量などを測定，成長と呼吸との関係を解析し，成長のための呼吸（構成呼吸）と菌体の維持のための呼吸（維持呼吸）を分離した．植物ではまず，種子や貯蔵器官の重量減少と芽生えの成長との関係が解析された．

に，100, 40, 20, 5, 20, 40, 100 W m^{-2} と変化させ，純光合成速度 P_n と暗期だけではなく，明期にも3時間ごとに消灯して呼吸速度 R を測定した（図9.4）．呼吸速度 R が日中の総光合成速度 P_g（$P_g = P_n + R$ として求める）にほぼ比例して増加することを示している．また，P_g を0に外挿した場合の y 切片の大きさは，個体の重さ（W，乾燥重量）に比例した．マックリーは，これらの関係を次の式で表し，右辺の第1項が構成呼吸，第2項が維持呼吸に当たるとした．

$$R = k P_g + cW \qquad 9.2$$

その後，同様の実験がさまざまな環境条件下，さまざまな植物種について行われた結果，k は供試された種や栽培条件によらずほぼ一定の値をとること，および，c は環境や種によって大きく異なることが明らかとなった．

実は，マックリーによる構成呼吸と維持呼吸の分離には問題があるので，ここではソーンレー（J. Thornley）にしたがって理論的に考察しよう（図9.5）．時間 Δt の間に光合成によって得られた物質量を ΔS とする．貯蔵される物質がないとすれば，光合成産物 ΔS は，植物体の成長（糖などから生合成され植物体となった物質量）ΔW，植物体構築に必要な生合成反応のための還元力やエネルギーを供給するための呼吸（**構成呼吸**）ΔS_C，植物体を維持するための呼吸（**維持呼吸**）ΔS_M の和に等しい．光合成産物は日中葉にデンプンやショ糖の形で蓄積されることもあるが，Δt を充分に長く（たとえば1日など）とれば，この関係が成り立つ．すなわち，

図9.5 ソーンレーによる構成呼吸と維持呼吸
Δt の期間に固定された光合成産物（$\Delta S = P_g \Delta t$）が植物体の維持（ΔS_M）と構成に使われる．構成に使われるものは植物体となる部分（ΔW）と，その生合成のためのエネルギーや還元力の生産に使われるもの（ΔS_C）に分かれる．呼吸 $R\Delta t$ は $\Delta S_M + \Delta S_C$ である．（原図）

9.1 呼吸

$$\Delta S = \Delta W + \Delta S_C + \Delta S_M \qquad 9.3$$

となる．ソーンレーは**成長転換効率**，$Y_G = \Delta W/(\Delta W + \Delta S_C)$，を導入した．また，維持呼吸速度 $\Delta S_M/\Delta t$ は植物体の乾燥重量 W に比例するとし，維持呼吸係数 m を用いて $\Delta S_M/\Delta t = mW$ と表現した（m は，マックリーの c とは異なる．以下参照）．したがって，呼吸速度 R は構成呼吸速度と維持呼吸速度の合計として以下のように表される．

$$R = \frac{\Delta S_C + \Delta S_M}{\Delta t} = \frac{1-Y_G}{Y_G}\frac{\Delta W}{\Delta t} + mW \qquad 9.4$$

ここで $\Delta S/\Delta t = P_g$ を利用して整理すれば，式9.4を，

$$R = (1-Y_G)P_g + mY_G W \qquad 9.5$$

と変形することができる．

式9.2と9.5を比較しよう．構成呼吸速度は $\Delta S_C/\Delta t$ で表されるが，マックリーの構成呼吸速度はこの $(\Delta W + \Delta S_C + \Delta S_M)/(\Delta W + \Delta S_C)$ 倍である．維持呼吸は $\Delta S_M/\Delta t$ と書き表され，定義から mW に等しいはずだが，マックリーではこの Y_G 倍となっている．このように，マックリーの構成呼吸は過大評価であり，維持呼吸は過小評価になっている．

式9.4の両辺を W で割ると，

$$\frac{R}{W} = \frac{1-Y_G}{Y_G}\cdot\left(\frac{1}{W}\cdot\frac{\Delta W}{\Delta t}\right) + m = \frac{1-Y_G}{Y_G}RGR + m \qquad 9.6$$

が得られる．R/W は，乾燥重量当たりの呼吸速度である．ここで RGR は単位重量当たりの成長量で，**相対成長速度**あるいは**相対成長率**と呼ばれ，

$$RGR = \frac{1}{W}\frac{dW}{dt} \qquad 9.7$$

で表現される（11章参照）．したがって，呼吸速度を P_g に対してプロット

■ 9章　呼吸と転流

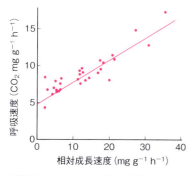

図 9.6　キクイモの葉で得られた呼吸速度と相対成長速度との関係
キクイモの芽生えには葉はまず対生につき，徐々に互生に変わる．対生の葉を巧みに利用して，相対成長速度と呼吸速度との関係が解析された．（木村 允ら, 1978 より）

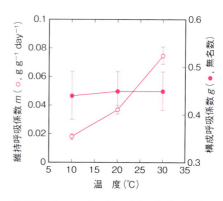

図 9.7　ヒマワリの根の呼吸における維持呼吸係数と構成呼吸係数の測定温度依存性
構成呼吸係数 g は，式 9.6 の $(1 - Y_G)/Y_G$ に等しい．（Szaniawski & Kielkiewicz, 1982 に基づく．野口 航, 2001 より）

するよりも，相対成長速度に対してプロットした方が，構成呼吸，維持呼吸と成長との関係をより直接的に解析することができる．図 9.6 は，キクイモの対生の 2 枚の葉を使って，片方で呼吸速度を，片方で成長を測定した結果である．図 9.7 にはヒマワリの根の呼吸に及ぼす温度の影響を示してある．

b．構成呼吸について

植物体の構築のためには，炭水化物を主とする光合成産物や，他の物質（たとえば種々のアミノ酸，アデニン，グアニンなどの塩基）をもとに，タンパク質，核酸，セルロース，ヘミセルロース，ペクチンなどのポリマー，脂質などを合成しなければならない．もちろん，アミノ酸，塩基などの炭素骨格は解糖系，酸化的ペントースリン酸回路や TCA 回路の中間体に由来するので，そのもとは糖である．ペニングドフリス（F. W. T. Penning de Vries）は，これらの生合成経路を調べ，グルコース 1 g から植物の各成分がどの程度生合成されるかをまとめた（表 9.1）．

タンパク質や核酸などは窒素を含む．一般に，無機窒素は硝酸イオンかアンモニウムイオンの形で植物に吸収される．硝酸は，硝酸還元酵素，亜硝酸還元酵素によってアンモニアに還元される．この過程で多くの還元力が必要

表9.1　グルコースの主な植物体物質への転換率

植物体物質	収量 (g/gグルコース)	消費したO_2 (g O_2/gグルコース)	発生したCO_2 (g CO_2/gグルコース)	注
窒素化合物*	0.616	0.137	0.256	+ NH_3
	0.404	0.174	0.673	+ NO_3^-
炭水化物	0.826	0.082	0.102	
脂　質	0.330	0.116	0.530	
リグニン	0.465	0.116	0.292	
有機酸	1.104	0.298	−0.050	

*アミノ酸，タンパク質，核酸など．
窒素化合物の場合，硝酸を出発物質とすると転換率が低い．かなりのグルコースが硝酸同化のエネルギーとして使われる．（Penning de Vries, 1975）

である．その後，生成したアンモニアが，グルタミン合成酵素とグルタミンオキソグルタル酸アミノ基転移酵素（GS-GOGAT, 7.2.5項参照）のはたらきでアミノ酸に同化される．したがって，エネルギーの観点からはアンモニアの方が無機窒素源としてすぐれていると言える．表9.1で，DNAやRNAなどの核酸やタンパク質の値が窒素源によって異なるのはこのためである．CO_2発生量とO_2吸収量にも注目してほしい．硝酸イオンをアンモニウムイオンに変換する際には還元力が必要なので，電子伝達系にまわるNADHが相対的に少なくなる．CO_2発生量に比べてO_2の吸収量が減るので，硝酸還元が盛んに行われている根では，アンモニアを吸収する根よりも呼吸商が高い[*9-3]．

　エネルギー的に有利なアンモニアを使う場合にせよ，窒素化合物の合成にはエネルギーを使う．したがって，窒素化合物は植物にとって「高い」物質となる．硝酸から出発すればさらに高い．一方，光合成産物である糖をそのまま使えるような細胞壁多糖類やデンプンはそれほど高くないし，クエン酸回路の中間産物のような有機酸は安くできる．植物にとっては，硝酸を窒素源としたときの**タンパク質，核酸，脂質，フェニルプロパノイドの重合物で**

[*9-3] 高濃度のアンモニアはそれのみで与えると毒性を示すことがある．一方，還元的な土壌環境で生育するイネなどのようにアンモニアを好む植物もある．

■9章 呼吸と転流

表9.2 1gの植物器官をつくるのに必要な化合物の量とガスの出入り

植物器官	化学組成 (%)					スクロース g	アミノ酸 g	発生するCO₂ g	消費するO₂ g
	窒素化合物	炭水化物	脂質	リグニン	無機塩類				
葉	25	66.5	2.5	4	2	1.055	0.305	0.333	0.150
非木化茎	12.5	74	2.5	8	2	1.153	0.153	0.278	0.135
木化茎	5	45	5	40	5	1.515	0.061	0.426	0.176
インゲン種子	35	55	5	2	3	1.011	0.427	0.420	0.170
イネ種子	5	90	2	1	2	1.135	0.061	0.186	0.110
ピーナッツ種子	20	21	50	6	3	1.915	0.245	1.017	0.266
バクテリア	60	25	5	2	8	0.804	0.732	0.573	0.203

(Penning de Vries, 1975)

あるリグニンなどが,「高い」物質となっている.このようなコストは,物質のもつエネルギーを反映しているので,ボンベカロリーメーターなどを用いた燃焼熱の測定からコストの定量が可能である.

表9.2には典型的な植物器官の物質組成とその構築に必要なグルコースとアミノ酸量が示してある.乾燥重量1g分のピーナッツ種子をつくろうとすると,1.915gのスクロースと0.245gのアミノ酸が必要となる.このとき,CO_2として1.017gが失われる.このように脂質を大量に含むものをつくるには,植物は大量の物資を投入しなければならない.

これらの表から,構成呼吸を考えてみよう.脂質を大量に含むピーナッツやヒマの種子,タンパク質を比較的多くもつインゲンマメ種子,リグニンを大量に含む木化した茎などは「高い」ことが明らかである.これらをつくるときのY_Gは小さい.したがって,構成呼吸は大きくなる.しかし,植物体の大部分は,根,茎,葉であり,これらの組成は木化した木本

表9.3 さまざまな植物体構成物質の合成の際に発生するCO₂量

化学成分	mg CO₂ g⁻¹構成要素
タンパク質	544
炭水化物	170
脂 質	1720
リグニン	659
有機酸	-11

基質としてグルコースとアンモニアが利用されるとした.グルコースやアンモニアの細胞への取り込みのコストも考慮されている.(Penning de Vries, 1983による)

の茎が「高い」ことを除けば植物種によってそれほど大きくは違わない．発生する CO_2 の量についても同様である．通常の植物体を構成する構成呼吸が植物によってそれほど変わらないというのはこのためである（12.3 節も参照）．

表 9.1，表 9.2 には，グルコースや栄養塩の細胞への取り込みのためのエネルギーは考慮されていない．一方，表 9.3 では細胞への取り込みに必要なエネルギーも考慮してある．たとえば表 9.1 で窒素化合物 1 g 当たりの CO_2 発生量は $0.256/0.616 = 0.422$ g で，表 9.3 の 0.544 g の方が多い．

c. 維持呼吸

構築された植物体は種々のプロセスでエネルギーを消費する．タンパク質や膜脂質の**ターンオーバー（代謝回転）**，オルガネラや細胞の膜を介したイオンや代謝産物の**濃度勾配の維持**，**膜交通**，器官間の**物質転流**（たとえば，葉から根への光合成産物の輸送）などがその主なエネルギーの使途である．維持呼吸係数の大きさは環境に大きく依存する．とくに，維持呼吸係数は温度が上昇すると指数関数的に大きくなる（図 9.7）．図 9.7 の図の場合，温度が 10℃ 上昇すると維持呼吸係数はほぼ 2 倍になるので，Q_{10}（温度が 10℃ 変化した際の呼吸速度の比）はほぼ 2 である．また，維持呼吸速度はタンパク質含量によく比例し，成長速度が大きいタンパク質含量の高い植物ほど維持呼吸係数が大きいことも知られている．成長速度が大きい植物は，個体全体の細胞のうち，活性の高い細胞が多いので維持呼吸係数も大きいのである．一方，樹木の幹や太い枝の心材では，道管や仮道管以外の細胞もすべて死んでいる．当然これらの死細胞には呼吸活性はなく，乾燥重量当たりで表現する維持呼吸係数は小さくなる（図 4.12）．

d. イオン吸収のコスト

構成呼吸と維持呼吸とは質的に異なるものではなく，あくまでも呼吸で得られたエネルギーが，植物体構築のための生合成に用いられるか，それ以外に用いられるのかによる区分である．植物の根では，無機イオン吸収に多くのエネルギーを使っている．無機窒素などの吸収については，植物体の構築に使われるので構成呼吸と考えることも可能だが，根の呼吸を解析する場合

■9章 呼吸と転流

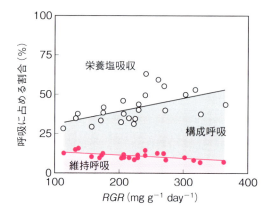

図9.8 相対成長速度（RGR）の異なる野生植物24種の根の呼吸のうちわけ
栄養塩が充分な条件下の実験．RGRの小さい種ほど，栄養塩吸収のために多くの呼吸エネルギーを使う傾向があった．（Poorter et al., 1991 より）

には，区別して取り扱う場合も多い[*9-4]．図9.8は，草本植物の相対成長速度と根の呼吸速度との関係を示す．根による栄養塩吸収のエネルギーコストが大きいことがわかる[*9-4]．

e. 窒素同化，窒素代謝のコスト

図9.9に，ペチュニアの花弁の構成呼吸と維持呼吸に及ぼす温度の影響を示してある．ペチュニアは合弁花で1個の花に花弁は1つである．ペチュニアの花弁は光合成生産を行わず，転流してきた物質によって構築，維持されるので，構成呼吸や維持呼吸の正確な見積もりが可能である．とくにN代謝過程（NO_3^-吸収・同化，アミノ酸合成，タンパク質合成，タンパク質代謝回転，分解・転流）にどの程度の呼吸エネルギーを使うのかが詳細に調べられた．20℃や25℃では，**NO_3^-吸収，同化**にもっとも多くのコストがかかっていた．一方，35℃では**タンパク質代謝回転**のコストが大きくなり，これが呼吸速度の増大の主要因となっていた．35℃では，タンパク質の代謝回転に

[*9-4] たとえば，式9.6を使って1日の根の呼吸速度（R）を根の乾燥重量（W）当たりで表すと：
$$\frac{R}{W} = m + \frac{1-Y_G}{Y_G} \cdot RGR + c_T \cdot TR$$

最後の項は，栄養塩吸収や輸送に関するもので，c_Tは栄養塩吸収・輸送係数（輸送された物質量当たりの呼吸，単位は mol O_2 mol^{-1} または mol CO_2 mol^{-1}），TRは単位時間単位乾燥重量当たりで吸収・輸送した栄養塩量である（単位は，たとえば mol g^{-1} day^{-1}）．

9.1 呼吸

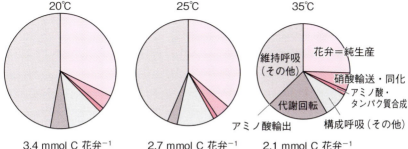

図 9.9　合弁花ペチュニアの 1 個の花弁の展開から枯死にいたる期間に供給された光合成産物の使われ方
円の面積は 1 つの花弁当たりで使われた光合成産物の総量（mmol C 花弁$^{-1}$）を示す．構成された花弁（純生産）に対する構成呼吸（硝酸輸送・同化，アミノ酸・タンパク質合成，その他）の割合は温度によらずほぼ一定であった．このうち 40〜50％が窒素同化に使われていたことになる．20℃では花弁が大きく葉の寿命が長いため，使われた光合成産物の総量が多かった．35℃では，維持呼吸に含まれるタンパク質のターンオーバー（代謝回転）に多くの光合成産物が使われていた．（蜂谷卓士ら，2007 による．野口 航氏提供）

コストがかかりすぎるためか，形成された花弁も小さかった．

f. 総光合成のどの程度を呼吸で消費するのか

式 9.5 には P_g が含まれているので，光合成のどの程度の割合が呼吸によって失われるのかを議論するには便利である．式の両辺を P_g で割ると，式 9.5 は，

$$\frac{R}{P_g} = (1-Y_G) + \frac{mY_G W}{P_g} \geqq (1-Y_G) \qquad 9.8$$

となる．すでに検討したように，植物体全体を考えると物質組成は植物種によってそれほど大きくは変わらず，Y_G の値としては **0.65〜0.75 程度**としてよいだろう[*9-5]．すなわち，総光合成量に対する呼吸量の比率は最低でも

[*9-5]　式 9.6 を使うと，図 9.6 では $Y_G = 0.77$，図 9.7 では $Y_G = 0.70$ と計算される．表 9.1 と 9.3 の値を使って，典型的な器官や種子，バクテリアの Y_G を求めてみよう．たとえば葉の Y_G は，アンモニアを用いた場合 0.73，硝酸を用いた場合 0.68 である．

■9章 呼吸と転流

25〜35%である．維持呼吸係数 m についてはすでに検討したように，温度の影響を大きく受け温度が高いほど大きい．また，m は植物体全体に対する活性の高い部分の割合に依存する．W は個体重なので，樹木では非常に大きくなる．一方，樹木には大量の「死んだ」細胞も含まれる．心材ばかりでなく辺材にも，かなりの死細胞がある．このように，樹木は，従属栄養的な生活を営む細胞を極力減らし，たとえば幹では，死んだ部分の表面や隙間のみに生細胞が配置されている（図4.12）．こうして，力学的な強度を保ち光をめぐる高さの競争に強い体制を形作っている．しかし，それでもサイズの拡大とともに総光合成量に対する従属栄養的細胞の比率は増加する．

図9.10 は，R/P_g を年純生産量（$P_n = P_g - R$）に対する地上部のバイオマス量の比に対してプロットしたものである．横軸は，純生産がすべてバイオマスの構築に使われたとすれば何年間かかるかという指標なので，1 は一年生草本を示し，値が大きくなるほど大木となる．樹木が巨大になるほど R/P_g が大きくなる．また，温帯の森林と熱帯の森林とを比較すると，熱帯の森林の方が R/P_g が大きい．巨大な樹木によって成立する熱帯多雨林の R/P_g は最大 80% にも上る．一方，温帯の草原や耕地では R/P_g は小さい．

鬱蒼とした森林の光合成生産量（生産量）は多いと考えられがちである．総生産量は大きいが呼吸速度も大きいので，それらの差である純生産量はそれほど大きくはない（12.3節でもう一度述べる）．

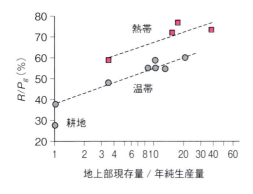

図 9.10　地上部現存量／年純生産量が総光合成速度に対する呼吸の割合に及ぼす影響
年純生産量（P_n）は，$P_g - R$ で表される．R/P_g は，一年生の草本よりも樹木，しかも大木ほど大きい．また，熱帯の方が温帯よりも大きい．（Whittaker, 1975 を改変）

9.2 転流

　成熟葉などの有機物の供給源（**ソース**，source）から，成長中の若い器官や貯蔵器官などの受容部（**シンク**，sink）へ糖やアミノ酸などが運搬されることを**転流**（translocation）という．その実体は，篩部の管状組織である篩管（篩管要素が連結したもの）や篩細胞を通る有機物溶液のマスフローである．篩管要素は核および細胞質のほとんどを欠くが生細胞であり，同じ母細胞から生じた細胞質に富む伴細胞と多数の原形質連絡で結ばれている．篩部の英語（phloem）はギリシア語の樹皮に由来する．

　図 9.11 は，1930 年にミュンヒ（E. Münch）が転流のメカニズムとして提唱した**圧流説**のモデルである．半透膜によって両端が閉じられた管の片側に高濃度のスクロースが存在すると，容器 A の水が半透膜を介した浸透ポテンシャル差にしたがって管の中に入り，圧を生ずる．これによって溶液は管内を A から B の方向に動く．このモデルではスクロースの濃度が一様になった時点で管内の水の動きは停止するが，A 側で常にスクロースを加え B 側で取り除く操作を続けると溶液が流れ続ける．このように圧流説は，分子拡散ではなくマスフローによる転流をよく説明する．

　光合成産物を供給する葉などのソース器官における糖の篩管や篩細胞への**積み込み**（ローディング，loading）のタイプは，**アポプラスト型**と**シンプラスト型**に大別できる（図 9.12）．アポプラスト型には，光合成を行う葉肉細胞ある

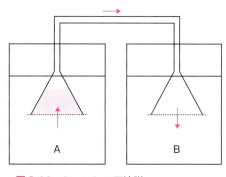

図 9.11　ミュンヒの圧流説
半透膜で覆った漏斗を管でつないで水に浸ける．A の漏斗の内部に高濃度のスクロースを注入すると，水は半透膜を介して流入しようとする．このためにマスフローが起こる．やがてシステム内のスクロース濃度が均一になり，水の移動は停止する．しかし，A にスクロースを注入し，B からスクロースを取り出す操作を続けると，輸送は続く．図は実験の初期状態を示す．影を付けた部分は最初に加えたスクロース溶液である．（原図）

■ 9章　呼吸と転流

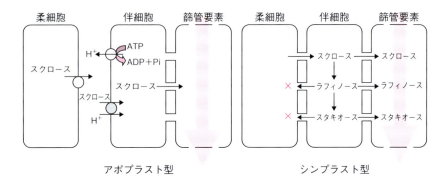

図 9.12　篩管へのローディングに見られるアポプラスト型とシンプラスト型
柔細胞からアポプラストへのスクロースの排出は促進拡散をつかさどるチャネル（Sweet）による．アポプラストから伴細胞への取り込みには，細胞膜の H^+-ATPase によってつくられるプロトンの化学ポテンシャル差を駆動力とするスクロース輸送体が関与する．スクロース輸送体には伴細胞で発現する SUC や，伴細胞で合成され篩管要素で機能する SUT がある．ポリマートラップ機構があれば，シンプラスト型の場合でも柔細胞のスクロース濃度がそれほど高くなる必要がない．（原図）

いは葉肉細胞と原形質連絡でつながる篩部柔細胞と，伴細胞／篩管要素との間に原形質連絡が少ないため，葉肉細胞／柔細胞からスクロースがいったん細胞壁（アポプラスト）に出され，それが伴細胞／篩管要素に取り込まれる．主要作物やシロイヌナズナ，エンドウなどの草本植物はアポプラスト型が多い．一方，樹木には，ユリノキ，ハンノキなどのアポプラスト型もあるが，シンプラスト型が多い．シンプラスト型は葉肉細胞／柔細胞と伴細胞／篩管要素との間に原形質連絡があり，糖が原形質連絡を通って伴細胞／篩管要素に主として拡散によって移動する．シンプラスト型でスクロースが輸送されるためには，葉肉細胞のスクロース濃度が伴細胞／篩管要素内よりも高くなければならない（ポプラ，アオキなど）．一方，ニシキギソ，トネリコ，ライラックなどでは，伴細胞内でスクロースからラフィノース（三糖類）やスタキオース（四糖類）などのオリゴ糖が合成され，それらを篩管で輸送する．伴細胞内のスクロース濃度が低下するので，葉肉細胞のスクロース濃度がそれほど高くなくとも転流が起こる．葉肉細胞／柔細胞と伴細胞間の原形質連絡はスクロースは通すがオリゴ糖をブロックし，伴細胞と篩管要素間の原形

質連絡はオリゴ糖を通すという（**ポリマートラップ機構**）.

　シンク器官における糖の**アンローディング**（unloading）にもシンプラスト型とアポプラスト型がある．成長中の栄養器官や貯蔵器官ではシンプラスト経路でシンク組織にアンローディングが可能である．種子が形成される場合には，シンプラスト経路が親個体（種皮）と胚との間で途切れるため，糖はアポプラストを経由する．

　膜を介した濃度勾配に逆らうスクロースの汲み込みには，H^+の化学ポテンシャル差をエネルギー源とするスクロース輸送体がはたらいている．スクロースの化学ポテンシャル差にしたがった輸送（促進拡散）には，スクロースチャネルがはたらいている．

　転流におけるローディングとアンローディングに，アポプラスト型とシンプラスト型とがあることは，まず，電子顕微鏡による原形質連絡の有無や頻度を調べた詳細な研究によって提唱された．その後，蛍光色素や蛍光タンパク質を顕微鏡下で微小キャピラリーによって篩管に注射し，その行き先を観察することにより細胞間の連絡が解析されている．

　篩管液の成分分析に威力を発揮したのは，アブラムシやウンカを利用した研究である．これらの昆虫は口吻を篩管に射し込んで篩管液を吸う．エーテルによる麻酔後の切断，あるいは，レーザー銃による処理で，昆虫の体を除去しても口吻は刺さったままである．ここからしみ出す篩管液の体積はきわめて小さいので体積当たりの表面積が大きい．したがって水分の蒸発を防ぎながら（たとえば適当なオイル中で篩管液を採取するなどして），成分の分析を行わなければならない．こうして，篩管中の糖やアミノ酸の濃度が測定された．また，レドックス制御をつかさどるチオレドキシン（7.2.4項を参照）などのタンパク質や，miRNA（マイクロRNA）を含む各種のRNAが存在することが明らかになった．蛍光タンパク質を発現させる手法が盛んに用いられるようになり，篩管が情報伝達にも重要なはたらきをしていることが明らかになった．**花成ホルモン**（フロリゲン，florigen）である**FTタンパク質**も篩管を通って葉から茎頂分裂組織へ移動する．篩管による情報伝達の有無を確認するには接ぎ木を用いる．フロリゲンの存在も，葉で感知した日長シグ

ナルが，その後に接ぎ木した日長処理を行っていない植物の茎頂に達することで確実視されていた（フロリゲンについてはコラム 11.2 を参照）．

　樹木の転流機能を停止させるためには，形成層まで切り込みを入れて形成層より外側にある篩部を取り除く，環状除皮（girdling）がよく用いられる．樹皮を取り除いた部分の上部側の樹皮には糖が蓄積し，それがやがて細胞の増殖を伴う膨らみとして観察される．樹木の枝をよく観察すると，光合成が盛んな枝の付け根は膨らみ，場合によっては幹を巻き込むことが観察される．逆に光合成があまり行われない枝の付け根は幹によって巻き込まれる．このように，樹木全体の成長と枝の生産との関係を**巻き込み**によって知ることができる．

　より短期的な実験では，高温蒸気の噴射によって，死細胞によって行われる蒸散は損なわず，転流だけを阻害する熱ガードリング法や，枝のまわりをペルチエ素子などで冷やす冷却ガードリング法を用いることができる．

　19 世紀後半，ザックス（J. von Sachs）は，明け方に葉の片側から一定面積の葉片を採取し，夕方にもう片側から同面積の葉片を採取して，これらの重さの差から光合成速度を推定した（**葉半法**）．しかし，これでは日中に転流した糖の分が計算されない．明け方に葉柄を熱ガードリング処理すると，より正確な一日の光合成速度が推定できる（改良葉半法）．しかし，この場合には転流が行われない．糖の蓄積による光合成のフィードバック阻害が起これば実際よりも光合成速度が低めに見積もられることになる．

　光合成産物は，茎の先端の茎頂分裂組織に運ばれ，そこで若い器官の構築のために使われる一方，地下部にも運ばれ，地下部の構築や維持，イオン吸収などのために使われる．このように，正反対方向に物質を運んでいる篩管が共存している．このような複雑な方向性や輸送量制御の解明に挑む研究が始まっている．同種の 1 つの個体のなかでもアポプラスト型とシンプラスト型の輸送が行われている．このように，転流をめぐる課題は多いが，研究手法の開発が進んできた．この分野は大きな展開を見せるだろう．

10章　無機栄養の獲得

　独立栄養を営む植物は，水とCO_2とから有機物をつくる．しかし独立栄養生物とはいえ，無機栄養は別途取り込む必要がある．タンパク質には，NやSが含まれ，核酸にはNやPが含まれている．細胞液の主成分であるKをはじめとして，Ca，Mg，Feなどの吸収は必須であり，一部のC4植物にはNaも必要である．ここでは，植物がNやPなどの主要な無機栄養をどのように獲得しているのかをまず述べる．また，大部分の植物は菌類と共生し菌根をつくることができる．菌根はPやNの獲得に重要な役割を果たしている．マメ科植物などには窒素固定細菌との共生によって空気中のN_2ガスを固定できるものもある．これらの共生システムについても解説する．

10.1　栄養塩吸収の場

　栄養塩吸収は主として根で行われる．雷などの空中放電によって生じたNOx，あるいは鉱工業によって生じたNO_3^-やSO_4^{2-}は，降雨によってもたらされ，植物の葉や枝にまずトラップされる．後者は**酸性雨（酸性降下物）**として環境問題となっている．これらの栄養塩は，葉や茎の表面，とくに葉の気孔の周辺から吸収される．また，雨水は葉や茎の表面に沈着した栄養塩を溶かしながら地面へと向かう．これを**樹幹流**という．樹幹流は着生植物の水ならびに栄養塩の供給源ともなっている．樹木によっては雨水を効率よくトラップし，栄養塩を含んだ水を自身の根の周辺に優先的に供給するものもある．この傾向は広葉樹の方が強い．

　根の表皮には根毛が生じる．根毛の長さの合計は根毛を生じる根の長さの20倍から50倍に及ぶ．これによって根は吸収表面積を拡大し，水分や栄養塩の吸収に役立てている．Pがとくに不足しがちな西オーストラリアや南アフリカには，クラスター根をつくる植物がある（図10.1）．クラスター根は

■ 10 章　無機栄養の獲得

図 10.1　クラスター根
ヤマモガシ科の *Hakea sericea* のクラスター根．P の少ない西オーストラリアや南アフリカの植物には，P 濃度が低いと高密度の側根を形成する植物がある．クラスター根ができると，まず抗菌剤を分泌し，次にクエン酸などの有機酸を分泌し P が結合している金属をキレートする．（M. Shane 博士，H. Lambers 教授提供）

高密度で発生した側根である．側根にびっしりと生じた根毛により，土壌空間内の根または根毛の体積は著しく上昇し，以下に述べるように土壌中の P を効率よく吸収することができる．

多くの植物が形成する菌根は，植物と菌類の相利共生である．マメ科，ヤマモモ科，ハンノキ科の植物は根粒をつくり根粒菌（マメ科）や放線菌（ヤマモモ科，ハンノキ科）を共生させる．

10.2　栄養塩吸収の基礎

栄養塩はほとんどの場合土壌水中のイオンとして存在する．土壌水が根の表面までつながっていると，根の吸水による水のマスフローが起こる．また根のイオン吸収によって根のまわりのイオン濃度が低下すると，拡散によるイオンの移動も起こる．したがって，土壌中のイオンの移動を理解するためには，まず水の移動を理解しなければならない．土壌中の水分の移動については，5 章で学んだ．水の移動速度は土壌が乾燥するにつれて著しく低下する．また，土壌中の液相の連絡が断たれ，水の輸送が気相における水蒸気の輸送に依存するようになるとさらに移動速度が低下する．イオンの移動も同様に理解できる部分がある．しかし，土壌水の液相の連絡がなくなると，揮発性ではないイオンの移動は不可能である．乾燥した土壌中では，植物の成

10.2 栄養塩吸収の基礎

長は水分の供給によって律速されると理解されがちだが，同時に栄養塩の供給も低下する（図10.2）．乾燥地では，水そのものを与えるよりも施肥をした方が植物の成長を促進する場合がある．

イオンが根に吸収される際，イオンはまずアポプラストに入り，外皮や内皮の細胞膜を透過してシンプラスト中に取り込まれる．この状況を，化学ポテンシャルの観点

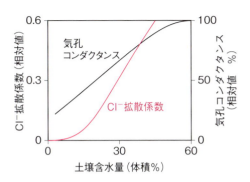

図 10.2　土壌含水量に対する土壌中の Cl^- の拡散係数と気孔コンダクタンスの関係
横軸は土壌空隙に対する水の体積（%）．気孔コンダクタンスはキョウチクトウ（Nerium oleander）のデータ．図5.10も参照のこと．どちらも砂質ローム土について求めたものだが，横軸の単位は異なる．（Chapin, 1991による）

から考えてみよう．細胞膜には膜電位がある．4章（p.40の問題4.2）で学んだように，各イオンについて化学ポテンシャルが膜の内外で等しいとして，膜電位を考慮した各イオンの平衡濃度を計算することができる．膜電位 ΔE は $-0.1\,V$（細胞膜の内側の電位が $100\,mV$ 程度低い）程度である．膜電位を $-0.118\,V$ とすれば，細胞内外のイオン活量（ほぼ濃度と等しい）の比率 a_i/a_o は，$a_i/a_o = 10^{2z}$ と表される．z はイオンの電荷数である．K^+ などの1価の陽イオンなら，細胞内のイオン濃度は細胞外の濃度の100倍，2価の陽イオンなら10,000倍．1価の陰イオンなら1/100，2価の陰イオンなら1/10,000である．たとえば，細胞外の土壌水中の硝酸濃度（NO_3^-）が $1\,mM$ であるとすれば，細胞内の濃度は $10\,\mu M$ と計算される．細胞内の濃度が $10\,\mu M$ 以下であれば，細胞外から細胞内へのイオンの移動は受動的である．それ以上の濃度となる場合には，能動輸送に依存しなければならない．たとえば，硝酸イオンは二次能動輸送[10-1]によって取り込まれる．陽イオンであ

[10-1] ATPなどのエネルギーを直接使う能動輸送を**一次能動輸送**，ATPのエネルギーを使って形成された H^+ の化学ポテンシャル差を使うものを**二次能動輸送**という．

れば，より高い濃度域までも受動的な輸送によって吸収することができる．しかし，そもそも膜電位を形成するのが，H^+-ATPase による ATP を利用した H^+ の汲み出しによるので，陽イオンを受動的に汲み込むことができる状態も，能動的に保たれているともいえる．

　土壌間隙が水で満たされて嫌気的になると，呼吸による ATP 供給が停止し，膜電位の絶対値が小さくなる（脱分極する）．また，アポプラストとサイトゾルの pH の差が小さくなり．サイトゾルの pH も低下する．

　細胞膜の内部は電荷をもたない脂肪酸の炭化水素部分によって成立しているため，イオンは通過することができない．膜の透過に際しては，そのイオンに特異的なチャネルや輸送体がはたらいている．これらのチャネルや輸送体には恒常的に発現しているものと，種々の条件下で誘導されるものがある．これらの発現制御機構の研究が進められている．

10.3　N

10.3.1　土壌中の N

　図 10.3 は N の循環を示す．土壌中の N のかなりの部分は生物由来である．それ以外には雷の放電によって生じた NOx が雨水によって供給される．工場や自動車から排気されるガスにも窒素化合物は含まれており，これが酸性降下物となって生態系に供給される（酸性雨も酸性降下物に含まれる）．雨水には数十 µM に及ぶ NO_3^- や SO_4^{2-} が含まれている．年間の雨量が 1000 mm だとすれば，年間数十 mmol m^{-2} の N や S が降下することになる．第一次世界大戦前の 1908 年，**ハーバー - ボッシュ法**（Haber-Bosch process）が開発されて以来，大気中の N_2 から工業的に合成された NH_3 が大量に農地に供給されている．

　生物体では N はおもにタンパク質や核酸に含まれる．生物体が分解される際，これらはまずアミノ酸や塩基に分解される．アミノ酸からはアンモニウムイオン（NH_4^+）が，塩基からも尿素をへて NH_4^+ が遊離する．動物の排泄物に含まれる尿酸や尿素も NH_4^+ に分解される．NH_4^+ は土壌中の**硝化細菌**によって硝酸イオン NO_3^- に酸化される．

図 10.3　窒素の形態および酸化数と相互転換に関わる生物（右）と地球表層における窒素循環（下）

右図（波多野隆介, 2006 を改変）
下図の単位は，現存量については Pg N（ペタグラム，10^{15} g，1 Pg = 1 Gt ギガトン）．流れ（→）については Tg N year^{-1}（Tg はテラグラム，10^{12} g，1 Tg = 1 Mt メガトン）．黒字は産業革命以前の推定値，赤字は現在の値である．（Galloway *et al.*, 2004, IPCC 2013, 2021 などに基づく．現代のデータは，国立天文台編『環境年表』, 2024 による）

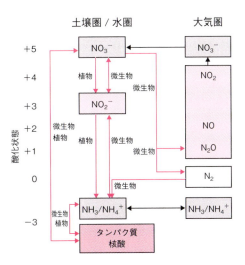

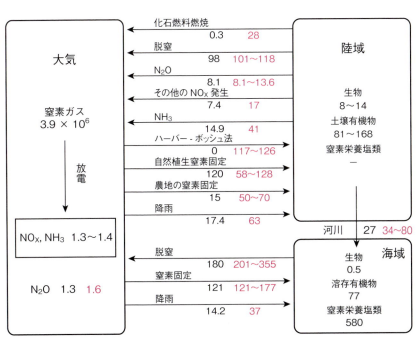

■ 10章　無機栄養の獲得

　植物が通常吸収して利用するのは，このうち，NO_3^-，NH_4^+である．寒冷地や高山などの低温環境では，有機物の分解が遅く，土壌中にアミノ酸も見いだされる．そのような地域では**アミノ酸**もよく吸収される．寒冷地の植物以外でも，たとえば，ツツジ科の植物はアミノ酸を吸収することが知られている．

　土壌鉱物の表面は負に帯電しているので，NH_4^+は吸着され移動しにくい．一方，NO_3^-は，土壌に吸着されにくいので流出しやすい．土壌が酸化的だとNO_3^-が多く，湿原や水田などの還元的環境ではNH_4^+が相対的に多くなる．また，土壌のpHもN源に影響を及ぼす．硝化の過程で土壌は酸性化され，酸性化が進むと硝化活性は低下する．日本の森林土壌は弱酸性で，NH_4^+が主なN源となっている．寒冷地の針葉樹林でもNH_4^+が主なN源である．これは硝化が遅いためでもあるが，バクテリアや菌類の無機N吸収による効果も忘れてはならない．バクテリアや菌類による有機物の無機化は決して植物のために行われているのではなく，Nが不足する際には，Nはバクテリアや菌類の成長に優先的に使われる．これを**固定化**（immobilization）と呼ぶ．

　酸化的な環境で，NH_4^+は独立栄養硝化細菌（単一の細菌ではなく，アンモニア酸化細菌と亜硝酸酸化細菌とを合わせてこう呼ぶ）や従属栄養硝化細菌によって，NO_2^-を経てNO_3^-となる．一方，還元的環境では，硝酸は還元され最終的に**N_2OやN_2として放出**される（脱窒素反応）．この反応は$NO_3^- \to NO_2^- \to NO \to N_2O \to N_2$の順に進み，$NO_3^-$およびそれぞれの中間体が嫌気呼吸の最終電子受容体となり呼吸電子伝達系でATPが合成される．毒性のあるNO_2^-やNOは細菌細胞内で速やかに還元され，中間体として放出されることは少ない．湿地帯や水田における温室効果ガスN_2Oの発生は地球温暖化の原因ともなっている．水田に施肥したNの10〜20％は脱窒素反応によってN_2として大気に逃げるが，施肥の方法によってこの値は大きく異なる．春の耕起時，土壌にアンモニア肥料をすき込み，直後に水を張って土壌を還元状態に保つと，脱窒によるNの損失は少ない．被覆肥料の利用もNの損失抑制に有効である．

10.3.2 NO₃⁻の吸収とシグナルとしてのNO₃⁻

硝酸イオン（NO₃⁻）は多くの植物の栄養源となる．植物への取り込みは硝酸トランスポーターが担っている．硝酸トランスポーターには高親和性型と低親和性型のものがあるため，植物へのNO₃⁻の取り込みのNO₃⁻濃度依存性は二相性を示す（図10.4）．二重親和性の硝酸トランスポーターも知られている．植物は，体内の窒素の状態を窒素同化の炭素骨格であるα-ケトグルタル酸や，窒素同化産物のアミノ酸であるグルタミンなどの存在量や存在比で感知することができる．トランスポーターの発現は，植物体内や土壌の窒素状態によって制御されている．

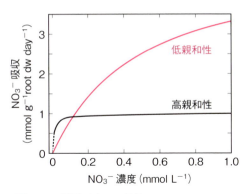

図 10.4　硝酸イオンの吸収
高親和性（$K_m = 10\ \mu\text{mol L}^{-1}$）と低親和性（$K_m = 0.5\ \text{mmol L}^{-1}$）のトランスポーター活性の濃度依存性．縦軸は，根の乾燥重量当たりの硝酸イオン吸収速度の典型的な値である．

NO₃⁻そのものもシグナル物質としてはたらく．NO₃⁻に応答して硝酸還元酵素や亜硝酸還元酵素遺伝子の転写を制御する *cis*-エレメント（転写因子などが結合するDNA上の領域）が同定されている．硝酸は発芽を誘導する．また，植物ホルモン**サイトカイニンの合成も誘導**する．

10.3.3　NH₄⁺

9章で触れたように，吸収されたNO₃⁻はサイトゾルの硝酸還元酵素（nitrate reductase）によって亜硝酸（NO₂⁻）に還元され，葉緑体や色素体の亜硝酸還元酵素（nitrite reductase）によってNH₄⁺に還元され，グルタミン酸＋NH₃＋ATP→グルタミン＋ADP＋Pᵢの反応を触媒するグルタミンシンセターゼ（GS）と，2オキソグルタル酸（α-ケトグルタル酸ともいう）＋グルタミン＋還元力⇄2グルタミン酸 の反応を触媒するグルタミン酸オキソグルタル酸アミノ基転移酵素（GOGAT，グルタミン酸シンターゼともいう）とからなるGS-GOGAT系によって，同化される．この同化を根で行う

植物もあれば葉で行う植物もある．根から地上部への NO_3^- や NH_4^+ の輸送は木部で行われる．

　NH_4^+ に還元するためには多大な還元力を消費するので，NH_4^+ の方がエネルギーの面からはよい窒素源である（9章参照）．しかし，高濃度の NH_4^+ は毒性を示す．この毒性のメカニズムについては長年研究されてきた．単独で高濃度の NH_4^+ を与えると毒性効果が顕著だが，NO_3^- が共存すると毒性は軽減される．NH_4^+ が過剰にあると，GSとGOGATが連動せず，GSの産物であるグルタミンが蓄積する．前ページの簡単な化学式には書いていないが，GSの反応では H^+ が放出され，細胞が酸性化する（GOGATでは H^+ が吸収される）．この酸性化が NH_4^+ 毒性の原因である可能性がある．NO_3^- が NH_4^+ に還元される過程でも H^+ は吸収されるので，NO_3^- の共存による NH_4^+ 毒性軽減もこれによって説明できる[*10-2]．水田の還元的環境で生育するイネは NH_4^+ を好むが，NH_4^+ の吸収が過剰にならないように抑制するメカニズムをもっている．

10.4　P

　Pは母岩に含まれているので，母岩の風化とともに減少する（コラム10.1参照）．いったん流失すると，陸域生態系に戻ってくることはほとんどない．例外的には，母川回帰したサケなどをワシやクマが食べ，水圏から陸域にリンが戻る．この量は，場合によっては森林にPを施肥する場合に匹敵する 0.6 g P m^{-2} に上ることもある．

　植物の利用できる主なPは**正リン酸イオン PO_4^{3-}**（リン酸と略称される，P_i）の形である．植物やその他の生物の遺体が分解されて生成した有機リン酸は，ホスファターゼによって遊離のリン酸となる．また，母岩の風化によって得られるリン酸も吸収される．土壌中のPの多くはイノシトールリン酸の形で存在する．これらもホスファターゼのはたらきで遊離のリン酸となる．種子などに含まれるフィチン酸（phytate，イノシトール - 六リン酸，図

[*10-2] 蜂谷卓士ら（2012，2021）などによる．

コラム 10.1
枯渇しつつあるリン資源

　水圏に流失したPはプランクトンに吸収されその死骸などとして深海に沈み，無機化され深海に留まる．海水は約2000年かけて地球規模で大循環しており，海底からの水塊が上昇する箇所が世界で数か所知られている（大規模湧昇域）．日本近海では，たとえば，暖流の黒潮が伊豆諸島に当たって渦が巻き深層水が上昇するなどの，小規模な湧昇域が知られている．湧昇域は大型珪藻などが第一栄養段階となる．イワシなどの魚類は大型珪藻を濾しとって食物とすることができ，次の段階はマグロなどの大型魚類となる．このように湧昇域では，食物連鎖あるいは食物網の栄養段階数が少ないのが特徴である．大量の栄養塩を使って，少ない栄養段階数で大型魚類を支えることができるので，湧昇域は良い漁場となる（12.2.1項のリンデマン比，コラム12.4を参照）．

　このような漁場に集まる海鳥の糞のかたまりがリン鉱石のグアノである．現在のまま採掘が続くとすれば数十年程度でグアノが消費しつくされると言われている．グアノの他にも生物遺体起源のリン鉱石がリン肥料の原料となる．しかし，産出国の輸出制限によって価格が高騰している．もし，深層水の栄養塩などを利用できる手段が開発されないとすれば，リンの不足は深刻な問題となる．

10.5）は難分解性であり，分解にはフィターゼ（phytase）が必要である．土壌細菌や菌類の中にはホスファターゼやフィターゼを菌体外酵素として分泌するものが多い．土壌に有機物を供給しそれを消費する土壌細菌や菌類の分泌する菌体外酵素によって遊離したPO$_4^{3-}$を吸収している植物もある．土壌細菌や菌類がこれらの酵素を分泌するのは自身の

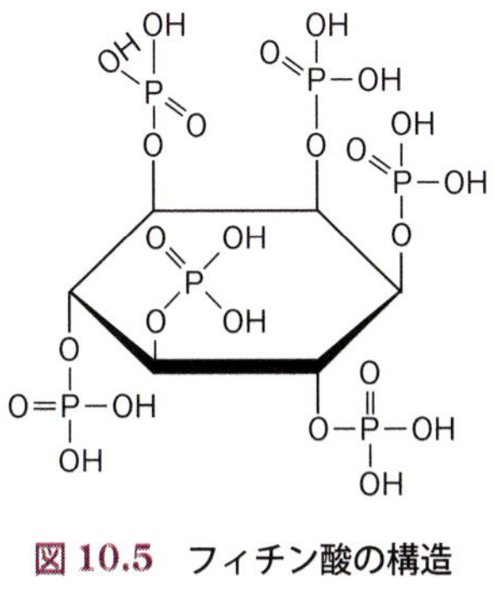

図 10.5　フィチン酸の構造

■ 10 章　無機栄養の獲得

吸収のため（固定化）であり，これらの酵素によって利用可能となったリン酸がすべて植物に吸収されるわけではない．

　P が少ない地域の植物には，根からクエン酸回路でつくられた**クエン酸やリンゴ酸を分泌**するものがある．pH が高い土壌では，有機酸による酸性化によって P の可溶化が促進される．pH が低い土壌では，PO_4^{3-} が土壌粒子の Al や Fe に結合しがちなので，クエン酸やリンゴ酸による**キレート作用**（chelate，金属イオンをはさむようにして錯体をつくること．ギリシア語でカニのはさみの意）によって金属イオンと結合している PO_4^{3-} を遊離させ吸収する（図 10.6）．

　土壌形成後長時間が経過した地質的に古い地域，たとえばオーストラリア西部や南アフリカなどは極端に P が少ない．これらの地域には，**クラスター根**をつくる植物が見られる（図 10.1）．とくにヤマモガシ科の植物に多い．クラスター根はいくつかの形態が知られているが，いずれも根毛をもつ側根

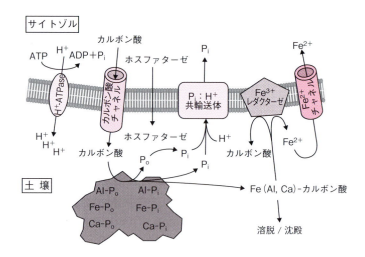

図 10.6　土壌中の P の吸収
植物は，金属イオンと結合している P をそのまま吸収することはできない．有機酸によって金属をキレートし，自由になったリン酸を吸収する．また，ホスファターゼによって有機物に結合しているリン酸を遊離させ吸収する．P_i は PO_4^{3-}，P_o は有機態の P を示す．（Lambers & Oliveira, 2019 を改変）

を高密度で生じる．クラスター根ができると，まずフェノール性の殺菌物質を分泌し土壌を殺菌し，その後にクエン酸やリンゴ酸などの有機酸を分泌し，金属イオンをキレートすることにより，金属イオンと結合していたリン酸を解離させる．有毒なアルミニウムなどは吸収しないが，キレートした Fe などは別途吸収する．クラスター根をつくる植物は，高密度の根や根毛によって土壌中のリンを吸収しつくす戦略をとっているといえよう．これらの植物にリン酸を充分に与えるとクラスター根はつくらない．地上部にリン酸を与えてもクラスター根の形成は抑えられる．このようにクラスター根の形成は全身的制御（systemic regulation）を受けている．

10.5　Fe

　Fe は，シトクロムの発色団であるヘムや鉄硫黄センターに含まれる重要な要素である．石灰岩土壌などの塩基性土壌では，難溶性の $Fe(OH)_3$ ができやすく，植物は鉄欠乏に陥りやすい．水耕栽培でも，NO_3^- が H^+ とともに植物に取り込まれる際などに塩基性に傾くと，$Fe(OH)_3$ が沈殿するので，pH の管理が重要である．ヒマワリや，トウモロコシ，ダイズのある品種では，鉄欠乏の土壌で育てると根の H^+-ATPase による H^+ の放出によって土壌を酸性化するものもある（図 10.7）．これによって，土壌表面にイオン結合している Fe^{3+} はキレートされやすい状態となる．双子葉植物やイネ科を除く単子葉類では，**キレート剤としてフェノール性の物質**を分泌する．同時にFe を取り込む際に還元酵素が作用し，Fe^{2+} として吸収する．有機酸の分泌も有効である．イネ科の植物は，ムギネ酸（mugineic acid）類などの**フィトシデロフォア**（phytosiderophore ＝ phyto（植物）＋ sidero（鉄）＋ phore（体））を分泌する．Fe^{3+} をキレートし，そのまま細胞内に取り込む．ムギネ酸の名前からもわかるように，高城成一が 1976 年に発見した．メチオニン回路からの生合成経路も日本で明らかにされた．外国人はムジネイックアシッドと発音するが，正しくムギネイックと発音したい．

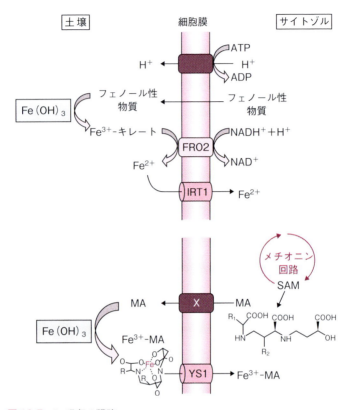

図 10.7 Fe 吸収の戦略
Fe(OH)$_3$ の形態の Fe^{3+} をフェノール性化合物やムギネ酸でキレートする．双子葉類の場合には Fe^{2+} に還元されて吸収される．FRO2：3 価鉄還元酵素，IRT1：2 価鉄トランスポーター（上）．イネ科の場合には，ムギネ酸がキレートした状態で吸収される（下）．SAM：S-アデノシルメチオニン，MA：ムギネ酸，X：K$^+$ とともにムギ根酸を分泌するトランスポーター，YS1：3 価鉄をキレートしたムギ根酸トランスポーター．（馬建鋒，2005 による）

10.6 Al

世界には**酸性土壌**が広く分布しており，**溶け出した 3 価の Al^{3+} や Mn^{3+}** などによって植物の根が傷む．Al^{3+} は根の細胞壁構築を阻害し，細胞膜の Ca^{2+} や Mg^{2+} の取り込みを阻害する．細胞内に取り込まれるとさまざまな細胞機能が阻害される．Al 耐性植物は有機酸を分泌し，Al をキレートして排

除する．また，根圏を塩基性に保つものもある．

10.7　Si

イネをはじめとするイネ科の植物は，Siをよく集積する．根の表面にはケイ酸のトランスポーターがあり，イネでは道管内のケイ酸濃度が土壌のケイ酸濃度よりも高くなる能動的な輸送が行われる．またケイ酸は，葉よりも蒸散速度がはるかに小さい穂に集積する．これは，茎の節において木部液から穂への選択的吸収輸送が行われるためである（馬 建鋒，2023）．この例は，栄養塩は蒸散流にのって受動的に運ばれるわけではないことを示している．鉄が欠乏する土壌では，ケイ酸がその効果を和らげ鉄吸収能を高める役割を示す．細胞壁の成分としても力学的強度を低コストで高めることが注目されている．

10.8　重金属耐性植物

重金属耐性の植物は古くから鉱山の探索に使われてきた．日本では，シダ植物ヘビノネゴザ（カナケシダという異名をもつ）やアブラナ科のハクサンハタザオが，古くから鉛やニッケルなどの鉱脈探索に用いられた．その他にも，ヤナギ，コシアブラ（以上木本），タカネグンバイ，ミゾソバ，モエジマシダ，ヒョウタンゴケなどが重金属耐性植物として知られている．耐性となるメカニズムとしては，サイトゾルにおける有機酸，重金属結合タンパク質であるメタロチオネイン（Cuを結合）やファイトケラチン（Cdを結合）などによるキレート作用，液胞へのキレートの蓄積，細胞壁におけるペクチンによるトラップなどが知られる．これらの植物を**ファイトレメディエーション**（植物によって汚染物質を取り除くこと，phytoremediation）に応用する研究が進められている．

10.9　菌　根

被子植物の82％およびすべての裸子植物は，菌類と共生し**菌根**（mycorrhiza, myco（菌類）＋ (r)rhiza（根））を形成することができる．

■ 10章　無機栄養の獲得

植物が陸上に進出してすぐの4億年前の前維管束植物アグラオフィトン（*Aglaophyton*）の化石にも，菌類との共生の痕跡が見られる．菌根にはいくつかの種類が認められる．**アーバスキュラー菌根**（arbuscular mycorrhiza, arbuscule は樹枝状体を意味する）および**外生菌根**（ectomycorrhiza）がその主なものである（図 10.8）．植物は根毛を形成することで体表面積を拡大している．しかし，根毛の直径は 10 μm 程度もある．これに対して菌糸の直径は 2〜3 μm であり，細かな土壌間隙に侵入が可能である．また，根 1 cm 当たりの菌糸の長さは 1〜10 m にも及ぶ．このように表面積を有効に拡大している．土壌間隙に侵入し有機酸などを分泌することにより，とくに P，さらに N やその他の無機栄養の吸収に大きな役割を果たしている．植物はこれに対して光合成産物を糖や脂質のかたちで供給している．

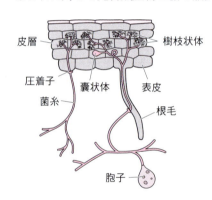

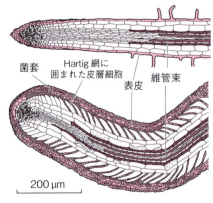

図 10.8　アーバスキュラー菌根と外生菌根
左上：アーバスキュラー菌根の模式図（江沢辰広氏 原図，Lambers & Oliveira, 2019 より）．AM 菌根ともよばれる．右上：コナラの外生菌根．菌套に覆われている．菌套から外に向かう菌糸は見えないが，菌糸は土壌中に拡がる．（木下晃彦氏提供），下：外生菌根の模式図．通常の根と外生菌根とを比較してある．（Lambers & Oliveira, 2019 より描く）

アーバスキュラー菌根の形成過程を見てみよう．根からの分泌液には，植物ホルモンの一種のストリゴラクトン（strigolactone）が含まれており，胞子から発芽した菌糸の成長や枝分かれを促進する．根の表面に達した菌糸は付着器あるいは菌足（appressorium）と呼ばれる構造をつくり，そこを足場として根の皮層に侵入する．皮層の細胞の中に樹枝状体をつくる．菌は myc ファクターと呼ばれる分泌性タンパク質を生産し，これが共生の進行に寄与する．樹枝状体の表面は植物細胞の細胞膜に覆われている．樹枝状体は菌と植物の接する表面積拡大に役立っている．植物側の細胞膜にはリン酸トランスポーターや，H^+-ATPase が発現する．

ストリゴラクトンは，半乾燥地域の作物（トウモロコシ，ソルガムなど）に壊滅的な被害をもたらす寄生植物 Striga 属植物との関連で見いだされた．この寄生植物の小さな種子の発芽，根の成長，宿主植物の根への寄生は，ストリゴラクトンによって誘導される．Striga 菌根菌の共生過程をほぼそのまま利用している．のちに，この物質が植物の枝分かれを制御している植物ホルモンであることが明らかになった（ラクトンは化学構造のラクトン環による．ストリゴラクトンは一群の化合物の総称）．作物播種前の土壌を，安定性の高いストリゴラクトンの類似化合物で処理して Striga の種子発芽を誘導し駆除する方法が開発されている．種子が小さいので発芽した幼根が宿主にたどり着けないと枯死する．その後，作物を播種する．

外生菌根では菌糸が根を囲い込む（菌套，菌帽）．表皮（被子植物）や皮層（裸子植物）のアポプラスト部に菌糸が存在し，一つ一つの皮層細胞をハルティッヒ網（Hartig net）が取り囲む．菌糸は菌套外の広い範囲に伸びている．根がこのような構造に囲まれているので，水ストレスや病原性菌類の感染などへの抵抗性が増す．

ラン科の植物はラン菌根（Orchidaceous mycorrhiza），ツツジ科の植物はエリコイド菌根（Ericoid mycorrhiza．ツツジ科を Ericaceae と呼ぶ）をつくる．

菌根は，とくに P や N の吸収に関係する植物と菌類の共生である．P を充分にあたえると，菌根は形成されない（図 10.9）．

■ 10章　無機栄養の獲得

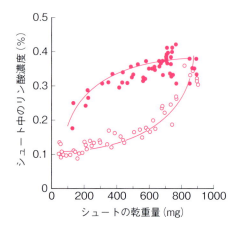

図 10.9　ニラネギ（*Allium porrum*, 一般名 leek）のシュート中のリン酸の濃度とその乾重量との関係

菌根菌（*Glomus mosseae*）に感染しているニラネギ（●）と感染していないニラネギ（○）．さまざまな施肥レベルで 10 週間ポット栽培したニラネギの，ポット当たりのシュート乾重量とシュート中のリン酸濃度との関係が示してある．低濃度のリン酸しか含まないポットでは非感染のニラネギの成長は悪いが，感染個体はかなりの成長を示し体内のリン酸濃度も高い．（Stribley *et al.*, 1980 による）

10.10　窒素固定

　マメ科，ヤマモモ科，ハンノキ科などの植物は根に**根粒**（nodule）をつくり，そこで**根粒菌**（広義．狭義には，マメ科は根粒菌，ヤマモモ科，ハンノキ科は放線菌）に**窒素固定**（nitrogen fixation）を行わせる．植物は根粒をつくり，根粒菌に栄養を与えるというコストを払う．マメ科植物と根粒菌の共生のプロセスは以下の通りである（図 10.10，図 10.11）．①貧 N 条件下にあるマメ科植物の根が**フラボノイド**を分泌する．②このフラボノイドが根粒菌の **nod ファクター**（nod factor）[10-3] をつくる遺伝子（*nod*）のプロモーターに作用する．③根粒菌がリポキトオリゴ糖の一種，nod ファクターを生産する．④根粒菌は根毛に到達する．nod ファクターを受けた植物では根毛の先端が巻く（curling）．巻いた根毛の内部には，先端側から感染糸が形成される．⑤根粒菌は感染糸を通って根の皮層に達する．⑥根の中心柱の木部に接した皮層細胞や内鞘細胞が分裂して，根粒が形成される．⑦根粒菌は分裂をくり返し**バクテロイド**と呼ばれる状態になる．バクテロイドはもはや単独培養ができない．バクテロイドは植物細胞膜に由来するペリバクテロイド膜によっ

＊10-3　根粒形成（nodulation）より．

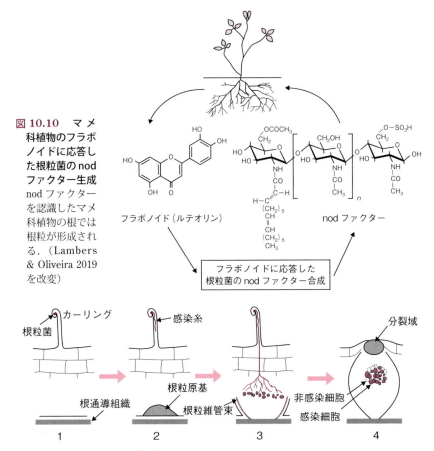

図 10.10 マメ科植物のフラボノイドに応答した根粒菌の nod ファクター生成
nod ファクターを認識したマメ科植物の根では根粒が形成される．（Lambers & Oliveira 2019 を改変）

図 10.11 根粒形成の模式図
表皮付近と内鞘付近のイラスト．根粒形成後にも根粒が成長する無限成長タイプを示す．分裂域のない有限成長タイプもある．（河内 宏, 2001 による）

て包囲されてシンビオソーム（symbiosome）を形成し窒素固定を行う．

　窒素固定をつかさどる酵素は，バクテロイド中の**ニトロゲナーゼ**である．この酵素は O_2 に弱いので，高濃度の酸素にさらされると失活してしまう．一方，バクテロイドの好気呼吸のためには，一定量の O_2 が必要である．このジレンマを解決しているのが，久保秀雄が 1939 年に見いだした**レグヘモグロビン**（マメ科植物の一般名詞 legume の leg ＋ h(a)emoglobin）である．

■10章　無機栄養の獲得

このため，根粒をつぶすと赤みを帯びる．これによってバクテロイドのまわりの O_2 濃度が制御される．

ここで行われるニトロゲナーゼの反応は以下の通りである．必要な ATP の個数は確定してはいないが，16 個程度と考えられている．

$$N_2 + 8H^+ + 8e^- + 16ATP \rightarrow 2NH_3 + H_2 + 16ADP + 16P_i \quad 10.1$$

産物のアンモニアは，アンモニウムイオンやアラニンなどのアミノ酸として宿主側サイトゾルに輸送される．

窒素固定速度を測定する際には，H_2 発生速度を測定する．また，ニトロゲナーゼはアセチレンをエチレンに還元する活性がある（N ≡ N と HC ≡

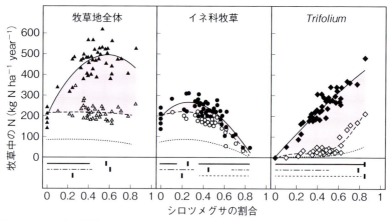

図 10.12　イネ科牧草ペレニアルライグラス（*Lolium perenne*）とオーチャードグラス（カモガヤ，*Dactylis glomerata*）およびマメ科のシロツメグサ（*Trifolium repens*）とアカツメクサ（*T. pratense*）の混植牧草地におけるシロツメグサ属植物の割合と地上部の窒素含量

スイスの牧草地における測定例．安定同位体法により，窒素成分を当年施肥した肥料由来，土壌有機物由来，マメ科の窒素固定に由来するものに分けた．左：牧草地全体，中：イネ科，右：マメ科植物．点線：肥料由来，点線と破線の間：土壌有機物由来，赤い影の部分：窒素固定由来．イネ科にも相当量の窒素固定由来の N が存在することがわかる．図の下方にある実線，一点鎖線，破線，などの水平線は以下を意味する．実線：全窒素，一点鎖線：窒素固定による N，破線：肥料と有機物由来の N が，■で示した最大値よりも有意に低い部分．肥料を控えてマメ科牧草に窒素固定をさせる場合，イネ科牧草と混植することによって全体のバイオマスや N 含量も増加することがわかる．（Nyfeler *et al.*, 2011 による）

CHがどちらも三重結合をもつことに注意）ので，アセチレン還元速度を測定すれば，窒素固定速度の相対値が得られる．安定同位体も使う．たとえば，植物が土壌中のNO_3^-やNH_4^+を吸収したのか空気中のN_2を固定して使ったのかは，土壌に$^{15}NO_3^-$や$^{15}NH_4^+$を与えて植物体のNの同位体比を測定すればよい．土壌水中のNと空気中のN_2の自然安定同位体比の違いを利用した測定も可能である．クローバーなどでは，植物体中のNの80％程度が空気中のN_2由来である．また，マメ科植物と非マメ科植物を混植[*10-4]したときには，マメ科植物が固定したNが非マメ科植物に吸収されることもある（図10.12）．マメ科植物が分泌した窒素化合物を非マメ科植物が利用する場合もあれば，菌根菌の菌糸を介して運ばれることもある．

窒素固定のために植物側の支払うコストは植物の純生産量の10％以上にものぼるほどで，非常に大きい．窒素栄養が充分にある場合には，植物はフラボノイドをつくらず根粒も付けない．根粒形成も全身的に制御される．

マメ科のモデル植物であるミヤコグサを用いた適正な根粒数や量の維持に関わる全身性制御の知見を述べよう（川口正代司らによる）．まず，種々の方法で根粒が異常に多く形成される変異体が得られた．このうち，HAR1 (hyper-nodulation aberrant root 1) の変異体 *har1* の機能を調べるために，接ぎ木が用いられた（接ぎ穂/台木がWT/WT，WT/*har1*，*har1*/WT，*har1*/*har1*，WTは野生型である）．これらのうち，多数の根粒がついたのは，*har1*/WTと*har1*/*har1*だったので，この遺伝子産物が地上部で機能していることが明らかになった．根粒菌が共生している場合，あるいはまわりの土壌の硝酸栄養が過多である場合に根でつくられたペプチドホルモンを，受容体キナーゼの一種HARが地上で受容，根へのmiRNA（マイクロRNA）やサイトカイニンの転流を促す．これを根で受けたTML（too much love）が根粒形成を阻害する．TMLを欠く変異体も根粒を大量につける．このように，地下部→地上部→地下部のシグナル伝達によって根粒の数が制御されている．全身制御については11章でも考察する．

＊10-4　亜熱帯アジアでは，トウモロコシとダイズの混植などが行われる．

11章 成長と分配

　植物の成長は，基本的には指数関数によって表現できる．これをもっとも単純に表現する相対成長率の式を使って植物の成長を考察しよう．成長と窒素利用効率についても学ぶ．植物の長期的な成長を考える際には窒素の植物体内のリサイクルも重要である．植物が環境に応答して可塑的にその姿を変えるのは，光合成産物をどの器官に分配するのかに依存している．物質再生産過程について学び，地上部／地下部比の環境応答を取り扱う．繁殖の効率に関しても議論する．樹木の成長についても考察しよう．

11.1　成長解析

　植物は光合成を行いその光合成産物を使って成長する．植物の成長に伴って葉の量が増えるので，光合成量は増えそれがさらに植物体の成長に使われる．つまり，植物の成長には金利計算でいう「複利的」な側面がある．まず，9章で導入した相対成長率について詳しく述べよう．時刻 t における植物体の重さ（乾燥重量とする場合が多い）を $W(t)$ とすると，時間 Δt に対応する成長 ΔW は，単位重量当たりの成長率（単位は，時間$^{-1}$）を r とすると：

$$r = \frac{1}{W} \cdot \frac{\Delta W}{\Delta t} \qquad 11.1$$

これを微分形で表現すると

$$r = \frac{1}{W} \cdot \frac{dW}{dt} \qquad 11.2$$

r を相対成長率あるいは**相対成長速度**（relative growth rate）と呼ぶ．RGR

と略記することも多い．この微分方程式を解くと[*11-1]，

$$W(t) = W_0 \cdot e^{rt} \qquad 11.3$$

ここで，W_0 は $t = 0$ における植物重である．このように成長は指数関数で記述できる．RGR をさまざまな要素に分解することができる．光を受けて光合成を行うのは葉なので，植物体の重量の増加は葉の量と関係がある．植物体全体の葉の重さを F_W，葉面積の積算値を F_A とすると，式 11.2 を以下のように分解することができる．

$$RGR = \frac{1}{W} \cdot \frac{dW}{dt} = \frac{F_W}{W} \cdot \frac{F_A}{F_W} \cdot \frac{1}{F_A} \cdot \frac{dW}{dt} \qquad 11.4$$

個体当たりの葉の重量（F_W/W）を葉重量比（leaf weight ratio, **LWR**），葉の単位重量当たりの面積（F_A/F_W）を比葉面積（specific leaf area, **SLA**）という．葉が厚いと比葉面積は小さくなる．$(1/F_A) \times (dW/dt)$ を**純同化率**または**純同化速度**（net assimilation rate, **NAR**）と呼ぶ．純同化率は光合成から呼吸を引いた純生産を葉の量で除したものであり，葉面積当たりの光合成速度と関係する．このように，相対成長率は，個体全体の形態に関係する LWR と，葉の厚さに関する SLA，生理機能に関係する NAR の積で表現でき，成長がどの要因で規定されるかがわかる．このような手法を成長解析と呼ぶ．図 11.1 に，24 種の草本植物の相対成長率と，式 11.4 の各項との関係を解析した例が示してある．成長解析には，高価な測定機器を要しない．成長速度の違いの要因に当たりをつけることや，品種間や種間の関係を調べる際にはたいへん有用な手法である．

[*11-1] 変数分離して，時刻 0 から t まで積分する．

$$\int_0^t r\,dt = \int_{W_0}^{W(t)} \frac{1}{W} dW$$

$$r \cdot t = \left[\ln W\right]_{W_0}^{W(t)} = \ln W(t) - \ln W_0 = \ln \frac{W(t)}{W_0} \qquad \therefore\ W(t) = W_0 \cdot e^{rt}$$

■ 11章　成長と分配

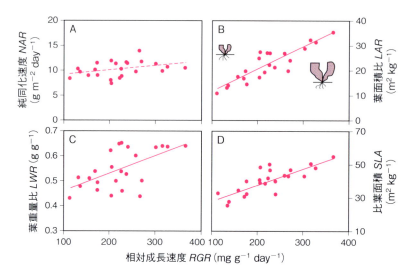

図 11.1　充分に無機栄養を与えて栽培した 24 種の草本植物の成長解析
相対成長速度の違いは，純同化速度よりも葉面積比や比葉面積に強く関係していた（Poorter & Remke, 1990 による）．異種の植物を比較するとこのような結果がもたらされる．一方，光合成機能に損傷を与える病原菌などによる相対成長速度の低下は，おもに純同化速度の低下によって説明される．

11.2　成長と窒素利用効率

葉の窒素利用効率については，8 章ですでに述べたが，窒素は植物の成長を律速する因子なので，成長を窒素利用の面から検討することも多い．**窒素生産性**（NP, nitrogen productivity, 単位はたとえば g 植物重 mol^{-1} N day^{-1}）は，

$$NP = \frac{1}{N} \cdot \frac{dW}{dt} = \left(\frac{1}{W} \cdot \frac{dW}{dt}\right) \cdot \left(\frac{W}{N}\right) = RGR/PNC \qquad 11.5$$

と表すことができる．PNC は植物体の乾燥重量当たりの N 含量（N/W, mol N g^{-1}, plant nitrogen content）である．

窒素は植物体内でリサイクルされるので，**長期的な窒素利用効率**（NUE,

単位は，g mol^{-1} N）を考える際にはリサイクルも考える．たとえば，窒素固定をしない植物の落葉の際には，葉の N の約半分が回収される．

$$NUE = \frac{\Delta W}{\Delta N} = \left(\frac{1}{N}\cdot\frac{\Delta W}{\Delta t}\right)\cdot\frac{N}{(\Delta N/\Delta T)} = NP\cdot MRT \qquad 11.6$$

NP はすでに述べた窒素生産性だが，長期にわたるデータを取り扱う際の単位には，たとえば年当たりのものを使う（g mol^{-1}N year^{-1}）．*MRT* は**平均滞留時間**（mean residence time，単位は year など）を表す．植物体内で N が何度もリサイクルして使われれば，*NUE* は大きくなる．窒素の乏しい場所で高い窒素利用効率を保つためには，*NP* を大きくする，あるいは *MRT* を長くする戦略をとりうる．

調査区の植生が**定常状態にあると仮定**すれば，*MRT* は調査区の植物の窒素含量（*N*）と，調査区の植物が *ΔT* の期間（たとえば 1 年間）に吸収する窒素量あるいは落葉などに含まれる窒素量（*ΔN*）の比率として求めることができる．落葉落枝に含まれる窒素量の測定は容易である．しかし，こうして簡単に *MRT* を求めることができるのは，定常状態のみであることに常に注意が必要である．安定しているように見える森林や草原などの生態系でも微視的に検討すれば，定常状態とはみなせないサイトも多い（12.4 遷移参照）．

11.3　物質再生産過程

図 11.2 には，門司正三らが提唱した**物質再生産過程**の模式図を示してある．ここで植物体は，葉などの光合成器官 *F*（葉群をさす foliage の *F*）と茎や根などの非光合成器官 *C*（イネ科などの桿をさす culm の *C* に由来）に分けられている．時刻 *t* から *t* + 1 の期間の総光合成量 ΔP_g を，光合成器官の量に比例するとして *aF* で表そう．これが光合成器官と非光合成器官に分配される．光合成産物は，植物体の構築と維持に使われる．これらの取り扱いについては 9 章で学んだ．維持呼吸，構成呼吸，枯死量をさしひいた量が，時刻 *t* + 1 の植物体量である．これを微分形で書くと，

■ 11 章　成長と分配

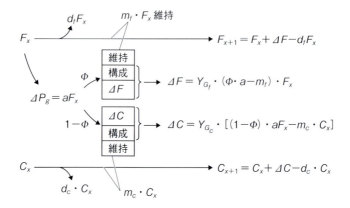

図 11.2　光合成器官と非光合成器官の成長モデル
光合成器官によって生産された光合成産物は，光合成器官と非光合成器官に ϕ と $1-\phi$ の比率で分配され，植物体の構成と維持に使われる．添字の f は光合成器官，c は非光合成器官を示す．m は維持呼吸係数，Y_G は成長転換効率，a は光合成に関する係数，d は死亡率を示す．（門司正三, 1960; 木村 允, 1973; 黒岩澄雄, 1990 を著者が改変）

$$\begin{aligned}\frac{dF}{dt} &= (\phi \cdot a - m_f) \cdot Y_{Gf} \cdot F - d_f \cdot F = [(\phi \cdot a - m_f) \cdot Y_{Gf} - d_f] \cdot F \\ \frac{dC}{dt} &= (1-\phi) \cdot a \cdot Y_{Gc} \cdot F - m_c \cdot Y_{Gc} \cdot C - d_c \cdot C\end{aligned} \quad 11.7$$

となる（記号の意味は図を参照）．これらを解くと[*11-2]，

$$\begin{aligned}F &= F_0 \exp(\alpha \cdot t) \\ C &= \frac{(1-\phi) \cdot a \cdot Y_{Gc} \cdot F_0}{\alpha + \beta}(\exp(\alpha \cdot t) - \exp(-\beta \cdot t)) + C_0 \exp(-\beta \cdot t)\end{aligned} \quad 11.8$$

ここで，α と β は，

＊ 11-2　式 11-7 の上の式は，式 11.2 と同じ形をしており，式 11.3 と同様の指数関数になる．下の式は定数変化法を用いて解く（補遺 11S-1 参照）．

$$\alpha = (\phi \cdot a - m_f) \cdot Y_{Gf} - d_f$$
$$\beta = m_c \cdot Y_{Gc} + d_c$$
11.9

　この解を吟味しよう．光合成器官の増加が指数関数的であることは明らかである．また非光合成器官についても，$\exp(-\beta t)$ は，時間とともに 0 に近づくので，充分時間がたてば指数的に増大するとみなすことができる．このように，図 11.2 の模式図は成長の微分方程式を表している．

　それでは，光合成器官と非光合成器官は無限に指数的に成長し続けるだろうか．成長転換効率（転形率）は，植物体の組成に大きな変化がなければほぼ定数として扱ってよいだろう．一方，維持呼吸係数と分配率 ϕ は時間とともに変化する．光を巡る競争がある場合，植物体が大きくなるにつれて植物体の高さ成長のための茎への投資が必要である．また，大量の養分や水分の吸収や，大きくなった植物体を力学的に支持するために根への投資も増える．したがって，ϕ は植物の成長とともに小さくなる．草本植物のように体の大部分が生きている細胞によって構成される場合には，非光合成器官の維持呼吸が大きくなるので，高さ成長に伴う ϕ の減少は顕著である．一方，樹木では，心材部の細胞は死んでおり，辺材部でも道管，仮道管に加えて大部分の繊維細胞などが死細胞であるため，成長とともに非光合成器官の（植物体の単位重量当たりの）維持呼吸係数が徐々に小さくなる．このため高さに伴う ϕ の減少はそれほど顕著ではない．これが，樹木が草本植物よりも大きくなることができる理由の 1 つである．

　光合成活性 a の季節に伴う変化や，植物体の成長に伴う下部葉の被陰による低下なども考慮しなければならない．このようないくつかの理由で，植物の成長は指数関数的な成長を続けることはなく頭打ちになる．

11.4　地上部と地下部の比率

　光合成産物の分配比を調節することによって植物個体は環境によく合った形になる．分配比調節の重要な例として，地上部と地下部の重量の比率の調節がある．たとえば，貧栄養条件や土壌水分が不充分な条件下では，植物の

■ 11章　成長と分配

地上部と地下部の比率（top to root ratio, T/R）は栄養や水が充分な条件下に比べて小さい．地下部の方が相対的に大きく，水分吸収や養分吸収を優先する形になる．地上部の葉の成長のために多くの光合成産物を分配すると，光合成が盛んになり植物体の成長にとって都合がよいようにも思えるが，光合成を行う際には蒸散もする．したがって，水分欠乏時には地下部に光合成産物を分配し，根を成長させ水分を確保しなければならない．逆に，富栄養条件，湿潤条件，弱光条件などでは，T/R比が上昇することが知られている．

図11.2の模式図では植物体を光合成器官と非光合成器官に分けたが，地上部と地下部への分配や，器官別の分配も同様に取り扱うことができる．図11.3に，ダイズを材料に行われたT/R比に及ぼす水分供給の影響を解析した実験のデータを示す．途中で水やりの条件を変えると，分配率は一過的な変化を示す．乾燥条件から湿潤条件に移すと，葉への分配率は増え根への分配率は減少する．湿潤条件から乾燥条件に移すとこの逆が起こる．これと同様の分配率の変化が無機栄養分の供給量の変化に応じても起こることが知られている．

地上部と地下部の比率の調節は，器官間の資源をめぐる競争（器官間競争）によって説明されてきた．器官間競争による

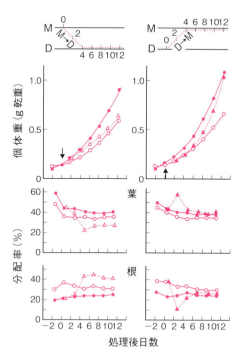

図11.3　若いダイズの成長と分配率に及ぼす土壌水分の影響
実線の●は湿潤条件（M）の，○は乾燥条件（D）の植物．△は湿潤→乾燥に，▲は乾燥→湿潤に栽培水分条件を変化させた植物を示す．矢印は播種後8日目，上部に処理日程を示す．葉や根への分配率の変化に注意．茎への分配率には有意な変化がなかった．（古幡勇・門司正三，1973による）

11.4 地上部と地下部の比率

説明の一例をあげよう．水分，栄養分ともに地下部の方が吸収しやすい．地下部が優先的にこれらの資源を得て，その残余を地上部が使うことができるので，地下部の成長が優先されるというものである．たとえば，水ポテンシャルは茎よりも根の方がほぼ常に高い．もし，地上部と地下部の成長の水ポテンシャル依存性が同じならば，地下部よりも地上部の成長が早く停止するはずである．神経系のない植物において，各器官が自律的であるとすれば，器官間競争は植物体全体のバランスのとれた成長をよく説明する．しかし，植物ホルモンやその他のシグナル分子が，器官間競争に先んじて分配を制御していることが明らかになってきた．各器官は**自律的**制御を行うのみならず，**全身的（システミック，systemic）**にも制御されている．

　土壌水分欠乏によるT/R比の制御には，乾燥に伴ってつくられる植物ホルモンの**アブシシン酸**が関与する．アブシシン酸は気孔を閉鎖させて蒸散を抑え植物体の過度の乾燥を防ぐとともに，地上部の成長を阻害する．一方，地下部の成長はアブシシン酸によってそれほど阻害されない（図11.4）．このように，アブシシン酸が関与することによりT/R比の迅速な調整が可能となる．アブシシン酸には細胞壁を固くする作用があり，それが成長抑制に効いていると考えられている．アブシシン酸の合成阻害剤フルリドンを与えると，地上部の成長が抑制されずT/R比の調整がうまくいかない．シロイヌナズナでは，地下部の乾燥に応答してペプチドホルモン（CLE25）が生産され，それが蒸散流によって地上部に運ばれ，地上部でアブシシン酸の生成を促す．これが気孔閉鎖を招く．T/R比への影響はまだ調べられていない．

　栄養に応じた器官形成についてもシステミックな制御がはたらいている．地上部における栄養塩の需要（あるいは充足度）が，シグナル物質の濃度を介して遺伝子発現を制御し，当該イオンのトランスポーターや同化系の発現を制御していることは10章で述べた．これらの物質濃度は側根形成の調節にも関与している．植物体全体が低窒素状態にあるときに，根の一部に窒素を与えると，そこに側根が形成される．しかし，葉に直接窒素栄養を与えるなどして地上部の窒素が充分な状態にすると根の一部に窒素を与えても側根形成は起こらない．また，根を2分して（コラム11.1参照），片方の根全体

■11章 成長と分配

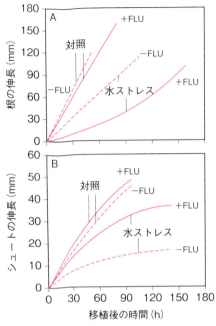

図11.4 トウモロコシの芽生えを湿潤（対照）あるいは水ストレス条件下で栽培したときのシュートと根の成長速度

＋FLUは，アブシシン酸の合成阻害剤であるフルリドンを作用させた場合を示す．根の伸長速度に対する水ストレス条件は，人工土壌（バーミキュライト）の水ポテンシャルが－1.6 MPa，茎の伸長速度に対する条件はこれよりも温和な－0.3 MPaである．－FLU条件では，温和な水ストレス条件でも茎の伸長は著しく抑えられるが，厳しい水ストレス条件でも根の伸長速度はそれほど抑えられない．(Saab et al., 1990による)

に高濃度の窒素をあたえた場合，低窒素環境にある根の一部に窒素を作用させても側根成長は起こらない．このように，土壌中のNに応じた側根形成は，体内のN状態によるシステミックな制御を受けている．根でN栄養欠乏状態に応答してつくられたペプチドホルモンが蒸散流によって地上部に運ばれて受容され，地上部の状況に応じてつくられたシグナル物質が篩部輸送により根に伝えられN吸収や側根形成を促進する．マメ科植物の根粒形成においても，根粒形成の情報はペプチドホルモンによって地上部に伝えられ，地上部のNの状態に応じたシグナルがmiRNAによって根に伝えられ根粒の形成が制御される．

　根で吸収されたNO_3^-は，硝酸還元酵素や亜硝酸還元酵素の遺伝子発現を促進する．多くの植物ではNO_3^-蒸散流によって地上部に運ばれ，地上部でNH_4^+に還元・同化され地上部の成長に寄与する．NO_3^-に応答して根でトランスゼアチン(t-Z, trans-zeatin)型のサイトカイニンが合成され蒸散流によって地上部に運ばれ，地上部の成長を促す．

> **コラム 11.1**
> **根分法（split root technique）と接ぎ木（grafting）**
>
> 　トウモロコシのヒゲ根を 2 分し，それぞれを異なるポットに植え，片側を乾燥条件 片方を湿潤条件にすると，地上部には湿潤な条件にある根によって充分な水分が供給される．しかし，乾燥した土壌にある根でつくられたアブシシン酸によって地上部の気孔は閉鎖し，地上部の成長も抑えられる．このように根を 2 分する方法は split root technique（根分法）と呼ばれ，種々の研究で重要な役割を果たしている．10 章ですでに述べたように，接ぎ木も地上部と地下部の役割やシステミックな制御の可能性を明らかにする際に有効である．

11.5　繁殖器官への分配

11.5.1　包括的モデル

　一年生草本植物を栽培する際に，無機栄養や水分を制限してストレスをかけると，花が早く咲くことはよく知られている．**二年生植物あるいは越年生植物**（biennial, winter annual）は，秋に発芽し冬季をロゼットとして過ごし，夏季長日条件になって開花する（コラム 11.2 参照）．この中には，たとえばオオマツヨイグサなどのように，ロゼットがある一定の大きさに達するまで数年間栄養成長を続け，ある一定のサイズに達してはじめて長日条件に反応する**可変性二年草**（facultative biennial）も多い．

　多年生植物の中には，ウバユリのように何年にもわたって地下の鱗茎に栄養を蓄積し，ある一定サイズに達した際に花を咲かせて果実をつくり死に至る**一回繁殖型**と，春植物のカタクリ（図 11.5）のように，ある一定サイズに達した際に花を咲かせて果実をつくり，残った鱗茎が大きくなればまた花を咲かせる**多回繁殖型**とがある．樹木は何度も繁殖する多回繁殖型の典型である．栄養成長から生殖成長への切換えはどのようなしくみで行われるのであ

■ 11 章　成長と分配

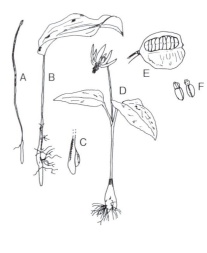

図 11.5　春植物カタクリの生活史
左：カタクリの開花個体．花を下から覗くと花弁に星形のもようが見える．
（大橋一晴氏提供）
右：A；種皮を被った一年目の芽生え．春先に地上に姿をあらわし，地上部は2〜3週間光合成を行い黄化するが，地下に鱗茎を残す（地上部の高さ6〜8 cm）．B；3〜4年目の個体．2年目以降の個体の地上部の光合成生産の期間は2か月程度におよぶ．（地上部の高さ，6〜8 cm）．C；子芋（付属体）と主鱗茎．根を省略した．D；開花個体（地上部の高さ,25 cm）．E；蒴果．一部の表皮を剥がして種子が見えるようにした．F；種子（長さ，約2 mm）．脂質に富むエライオソーム（elaiosome）をもっているのでアリが好み，アリ散布される．（河野昭一，1988, 1996 の写真，植物画などをもとに著者描く）

ろうか．また，繁殖型はどのように決定されているのだろうか．これも分配の問題として取り扱うことができる．植物個体の次世代への貢献度を最大化するように適応してきたはずだから，環境によって最適な分配パターンが選択されてきたと考えられる．

　このような問題を包括的に取り扱おう（図11.6）．植物体を**物質生産部分**（productive part，P部）と，**個体再生産部分**（reproductive part，R部）に分けて考える．Rには花，果実などの他，むかご，塊茎，球茎，鱗茎，塊

11.5 繁殖器官への分配

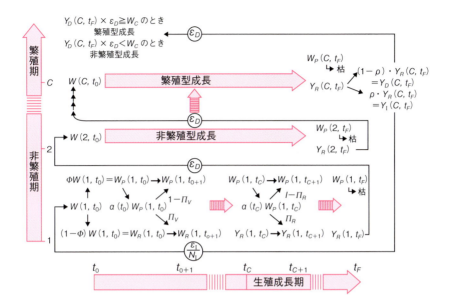

図 11.6 1 年の成長期間における生殖成長への切換え，および，生活史における繁殖成長への切換えを含むモデル

横軸は 1 年間を，縦軸は年次を示す．1 年目，物質生産部分は光合成生産を行う．$a(t_0)$，$a(t_C)$ は光合成に関する係数である．光合成産物は，物質生産部分と個体再生産部分へ $1-\Pi_V$ と Π_V の比率で分配され，それぞれの部分が成長する．生殖成長期に入ると，個体再生産部分への分配比率が高まる．こうして成長をくり返し充分に $Y_R(t_F)$ が大きくなると開花する．植物種や環境によってこれらのスケジュールは大きく異なるが，1 年の成長期間における生殖成長への切換えと生活史における繁殖成長への切換えは，多くの植物種に共通する．（横井洋太，1984 を著者が大幅に簡略化した）

根などの貯蔵・繁殖器官が含まれる．この図の横軸（t 軸）は 1 年間の時間軸である．縦軸（n 軸）は年度を示している．1 年目の植物の t に伴う成長を見てみよう．1 年目には，重量 $W(1, t_0)$ の繁殖子（種子，球茎，むかごなど）からの成長が示されている．この時点における P 部は $\Phi \cdot W(1, t_0)$，R 部は $(1-\Phi) \cdot W(1, t_0)$ として表してある．その後 t_C までは，P 部の重さに比例した生産が行われ，光合成産物が一定の割合 Π_V（$_V$ は栄養成長期 vegetative phase を示す）で R 部に分配される．したがって P 部への分配比率は $(1-\Pi_V)$ である．P 部 R 部それぞれで成長呼吸，維持呼吸が行われ，

一定比率で器官が枯死脱落する（図ではこれらは省略してある．詳細は図 11.2 を参照のこと）．成長は，日長や温度，あるいはストレスが刺激となって栄養成長期から生殖成長期にうつる．この時期を t_C とする．この時点の P 部の重量は $W_P(1, t_C)$，R 部は $Y_R(1, t_C)$ である（Y は収量を表す yield による．添字 R は**生殖成長期** reproductive phase を示す）．t_C 以降は R 部への分配率が Π_R に変わる．Π_R は 1 に近いことが知られている．成長期間は t_F で終わる．この時点で得られた繁殖子は次の成長期間に使われる．この際に ε_D の効率で子個体が生産される．これが 2 年目の $W(2, t_0)$ となる．すなわち，$Y_R(1, t_F) \times \varepsilon_D = W(2, t_0)$．カタクリでは，このように非繁殖型の成長が数年くり返される．

　カタクリの場合，R 部は地下部の主鱗茎である．その他の多年草でも小さなうちは繁殖子が 1 個である場合が多い．条件がよければ $Y_R(n, t_F)$ は年を経るごとに大きくなり，充分に大きくなると花が咲く．この年を C とする．C 年目の成長についても数式は非繁殖期と同様である．$Y_R(C, t_F)$ は分配率 $(1-\rho)$ で鱗茎などに，分配率 ρ で種子，むかご，塊茎，塊根などに振り分けられる．前者を $Y_D(C, t_F)$，後者を $Y_I(C, t_F)$ とする．ここで D と I は，親個体の生産が子個体の個体重に依存する（dependent）再生産と，個体重にはあまり依存しない（independent）再生産を意味する．年度 $n < C$ では，$W(n, t_0) = Y_R(n-1, t_F) \times \varepsilon_D$ なので，t_0 における個体重は鱗茎の重さに依存する．一方，種子，むかご，子イモなどは，個体当たりの数が多数なので，親個体の生産は子個体の重さにはあまり影響しない．$Y_D(C, t_F) \times \varepsilon_D$ がある**臨界値 W_C** よりも大きい場合には繁殖型成長をくり返し，小さい場合には再び非繁殖型の成長を行う．他方，$Y_I(C, t_F)$ からは，生産効率 ε_I（花茎や花弁などをつくるために用いられた物質量もふくめた量）で N_I 個の個体がつくられる．1 個の種子やむかごなどの重量は，$Y_I(C, t_F) \times \varepsilon_I / N_I = W(1, t_0)$ となる．

　これまでの議論から自明なように，図 11.6 も微分方程式を含む数式で表現することができる．このような物質分配図に基づく解析に加えて，数理的

にはよりスマートな最大原理や動的計画法などの**最適制御理論**[* 11-3]を適用した解析が進められてきた．これらのもたらす最適解は，多くの場合自然界で見られる現象が適応的であることを示す．このモデルは樹木個体の成長のモデルとして使うこともできるが，幼木の場合，毎年生殖成長を設定することには違和感がある．毎年の生殖成長は次年度の栄養成長のための貯蔵と考えるとよい．

11.5.2 最適切換え

生育期間が一定の場合には，t_Cまではの生産のすべてを P 部に分配し（$\Pi_V = 0$），その後は大部分を R 部に分配することが，t_F 時の Y_R を最大にする．ただし，生育期間の予測が不安定な環境（沙漠，洪水の起きやすい場所など）では，P 部と R 部の両方に分配することが有効な場合もある．生産速度が低い暗い林床や貧栄養の土壌環境では，早い時期に生殖成長に入ることも理論的に示される．これは，自然条件下の現象をよく説明する．たとえば，ヤマノイモの芽生えを異なる光強度で成長させると，R 部への分配の増加は，暗いほど早い時期から起こる．一年生草本の場合は繁殖期の式のみを使う．t_C 以降，Π_R は著しく大きくなる．また $Y_R(C, t_F)$ の大部分が種子に向けられる．ストレス環境では早期に開花すること，栄養を与えると開花が遅れることなどが理論的に示される．これらの挙動をもたらす生理学的機構についても研究が進んできた（コラム 11.2 を参照のこと）．

11.5.3 多年生草本や木本のように毎年種子をつくる場合の生涯の繁殖量

毎年 t_C を境に大部分の光合成産物が R 部に分配されるというスケジュールが順調にくり返すと，R 部は年々成長する．$Y_R(t_F)$ がある臨界値を越えた年に繁殖成長を開始し，その臨界値を越えた分を種子生産に分配することをくり返すのが理論的な最適解である．死亡率が一定ならば，最適サイズを維持しながら，種子生産をくり返す．死亡率が齢あるいはサイズとともに減少すれば，P 部は増大しながら種子生産をくり返すことが予測される．

[* 11-3] 制御工学の分野で使われる理論である．

11.5.4 二年生草本の繁殖戦略

オオマツヨイグサなどのような可変性二年草は，ある一定のサイズにロゼットが成長してはじめて長日条件に反応して開花する．ロゼットが大きくなるまでの死亡率と，大きいほど大量の種子ができることの兼ね合いで，内的自然増殖率（intrinsic rate of natural increase）[11-4]を最大にするサイズ依存性が選択されると説明されている（可知直毅，1997 など）．しかし，サイズ依存性繁殖をもたらすメカニズムはまだわかっていない．

[11-4] 与えられた環境下における最大可能な増殖率．

コラム 11.2
花成のメカニズム

阿部光知・荒木 崇・島本 功やドイツのグループによって，日長に応答して葉で発現し葉からシュート（茎）頂に移動する Flowering locus T（FT）タンパク質が，花成ホルモンのフロリゲンであることが実証された（阿部光知ら，2005; 玉置正二郎ら，2007）．FTは，花成ばかりでなく，ジャガイモ塊茎などの肥大にも関与していることが明らかになった．図 11.6 の t_c における成長様式の切換えにも FT が関与している可能性が高い．

シロイヌナズナに近縁の多年草であるハクサンハタザオでは，FT の発現は転写因子 FLC によって抑えられている．工藤 洋らによると，FLC の遺伝子発現量はその瞬間の気温とではなく，気温を 6 週間前までさかのぼって閾値（10.5℃）以下の温度と時間との積を積算したものとよい相関を示した．こうして，最低気温の時期を完全にやり過ごした後に，FLC が最低値となり，春の日長に応答して花成が起こる．ある日長を感知するだけだと秋にも花が咲いてしまうことになりかねない．寒い冬をやり過ごして暖かくなりかけたときに，花成が誘導されるのである（相川慎一郎ら，2010）．

越年草のサイズ依存開花については，光合成生産が充分な状態に至ってはじめて日長に応答して花成が誘導されるようである．8章で述べた糖シグナルの1つトレハロース6-リン酸の濃度は，植物体の炭水化物量濃度をよく反映している．また，シロイヌナズナにおいてトレハロース6-リン酸の濃度を遺伝的に操作すると，その濃度が高いほど開花が早くなる．植物体の炭水化物濃度を反映した花成誘導にもこのシグナルが効いている可能性がある．一方，貧栄養状態やストレス状態にある植物の花成が早まることも述べた．佐藤長緒らは，糖飢餓センサーであるリン酸化酵素 SnRK1 のリン酸化活性が低栄養条件で低下し，脱リン酸化された転写因子（Flowering BHLH4）が核に移行，これによって FT の発現が誘導されることを見いだした（眞木美帆ら，2021）．このように，植物の適応的な生態学的挙動の分子機構が，日本で次々と解明されつつある．くり返しになるが，Why 疑問と How 疑問の解明は，生物学を深める車の両輪なのである．

11.6　樹木の成長解析

11.6.1　パイプモデル

　樹木個体の各部分の断面積と葉の量を測定し，横軸に細い枝から幹までの断面積，縦軸にその枝や幹のもつ葉の面積や重量をとるとよく比例する．幹や太い枝については心材を除いた辺材部の断面積を使う．この関係は，樹木個体を一定量の葉をもつ単位パイプの集合として捉えることで説明されてきた（図 11.7）．これをパイプモデルと呼ぶ（篠崎吉郎，1964）．この関係にはダ・ヴィンチ（L. da Vinci）が気づいていたので，da Vinci モデルと呼ばれることもある．頑健性があり，多くの樹木種で成立するので，樹木の構造と機能の関係を研究する場合によく用いられてきた．

　しかし，現在に至るまでパイプの実体は明らかではない．水や無機栄養の通道においては，5章で述べたようにハーゲン-ポワズイユの法則が成り立つので，道管や仮道管の太さを考えると，単位量の水や無機栄養の通道に必

■ 11章　成長と分配

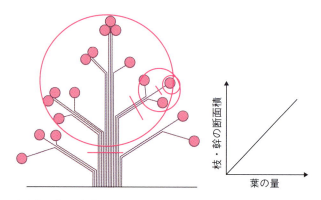

図 11.7　パイプモデルの概念図
図の●は葉の単位量を示す．これを機能的に支える茎を単位パイプとすれば，樹木個体は単位パイプの集合体とみなせる．枝や幹の断面の上流にある葉の量は，枝・幹の断面積に等しい．使われなくなったパイプ（たとえば心材）を除く場合には，辺材の断面積を求める．この関係には da Vinci も気が付いていた．（曽根恒星氏提供）．

要な材の面積が一定である必然性はない．樹木を支える力学的強度との関連についても議論される．パイプの実体の解明が待たれる．おそらく，樹種や環境によって異なるだろう．

11.6.2　枝の自律性

樹木個体内部の窒素分配に関しては，個体全体よりも枝に注目して解析されてきた．隣接する 2 本の枝を考えよう．これらのうち 1 本は明るい環境にあり，もう 1 本は被陰されているとする．このとき，明るい環境にある枝の光合成生産は高く，暗い環境にある枝の光合成生産は低い．このような場合に，明るい環境の枝から暗い環境の枝に光合成産物が輸送され，暗い環境にある枝の生産を補うことはあるだろうか．実際にはそのような相互扶助は起こらず，ある枝でつくられた光合成産物はその枝で使われるか，その枝よりも下流にある幹や根に転流される．これを**枝の自律性**と呼んでいる（ただし，隣接した枝の一方に成熟中の果実がある場合などには，果実のない枝からの光合成産物の転流が起こるので，厳密に成り立つ性質ではない）．

枝の自律性を仮定した樹木の成長のシミュレーションの例を図 11.8 に示す．上の図は樹木の成長をよく表しているように思える．一方，枝間で光合

11.6 樹木の成長解析

図 11.8 「枝の自律性」を仮定した樹木成長モデル
上：コンピュータ内に構築された枝ユニットに（仮想的に）光を照射して，各枝ユニットの光の吸収量にしたがって光合成生産量を計算，それによってつくる次世代の子枝の個数，親枝の生死を判断するという過程をくり返した場合の樹木の成長．林の中央部の個体の 6, 8, 10 年目の様子を示す．
下：上と同じ条件だが，光合成産物をすべての枝で均等に分け合うことを仮定した場合．光合成産物を分け合う場合には下部に枝が混み合い成長が悪い．（竹中明夫，1994 による）

成産物を分け合った場合には，枝が混んでしまい成長が遅れる（下図）．この例は，枝の自律性が樹木のすみやかな成長に本質的な役割を果たしていることを示していると言えよう．

枝の自律性モデルは，枝は光合成産物を自身または下流の大枝，幹，根に分配するが，自分の兄弟姉妹枝（sibling shoots）には分配しないことを仮定している．しかし，光合成産物のどの程度を自身で使うのか，どの程度を下流器官に転流するのかについては何も述べていない．

ある枝の光合成産物をその枝自身あるいは幹や根が使うとき，その比率はどのように決まるのだろうか．隣接する枝の環境が異なるような場合には，明るい側の枝が，自身の光合成産物を枝自身で使い幹や根にあまり転流しない．図 11.9 に沿って説明しよう．2 本の兄弟枝をもつ落葉樹を考える．生育期間の環境に応じて順次展葉するタイプとしよう（落葉樹の中には，冬芽中

225

11 章　成長と分配

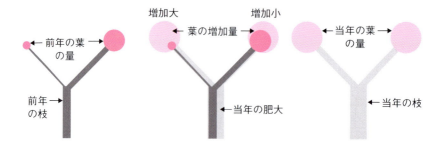

図 11.9　2 つの兄弟枝の環境が異なる場合の樹木の成長
3 つの図は，左：前年の生育期終了時の葉の量と枝の様子，中：当年の葉量増加と枝の肥大，右：当年の葉の量と枝の様子．前年（左図），当年（右図）とも，左右の枝および下部の枝について，枝の断面積と葉の量の間には比例関係がある．すなわちパイプモデルを適用する．中図は左側の枝の光合成環境が右側の枝よりも良くなった場合に，左側の枝は光合成産物の大部分を自身で消費し，右の枝は，光合成産物の大部分を下流に転流することを示している．この年の葉の量が最終的に同じになった場合（右図）にも，年輪の肥大を調べれば大きな違いがある．このような分配率の差別化が，効率のよい樹形形成には重要である．（曽根恒星ら，2009，曽根恒星氏提供）

に準備した葉のみを展開する，一斉展葉タイプのものもある）．最初の段階では左側の枝に比べて右側の枝の成長がよかった．このとき，葉の量と枝の断面積とは比例している．次の生育シーズン，右側の枝を寒冷紗で覆った．光合成をあまりできないので，前年に対して葉の量もそれほど増えなかった．一方，明るい環境にある左の枝は前年に比べて多くの葉を展開した．この生育期間の終わりの葉の量は，左右の枝で等しくなったとする．この時点でもパイプモデルが成立する．両側の枝の太さは等しくなる．

　この場合，盛んに光合成を行うことのできた左側の枝の光合成産物は自身の枝の葉の展開や肥大に使われ，幹や根へはあまり転流されなかった．一方，右側の枝の光合成産物は自身の肥大にはあまり使われず，幹や根へ優先的に転流した．このように，単に枝同士が物質のやりとりをしなかったのではなく，枝間の成長に差別化が起こる．明るいところにある枝がよりよく成長することで，環境に依存した，資源の利用が効率的でメリハリの利いた樹形が形成されるようだ．これを実現する生理機構についての研究が望まれる．

12章 陸域生態系の生態学

これまでに学んだ物理学的および生理学的な視点から，世界の陸域生態系の生産生態学，遷移，地球環境問題を議論しよう．大気 CO_2 濃度の上昇と植物の生産に関する補遺（12S.1）も是非読んでほしい．

12.1 世界の陸上生態系

12.1.1 大気の大循環と気候帯の成立

図 6.4 に示したように，極地方が受ける短波放射は，熱帯の 1/3 程度である．一方，極地方からの長波放射は，熱帯の 1/2 程度となる．したがって，低緯度地域で放射エネルギーは余り，高緯度地域では放射エネルギー収支がマイナスになる．このままだと熱帯はますます暖かくなり，極はますます冷えるはずであるが，空気や海流が熱帯から極へとエネルギーを運んで釣り合いが保たれている（図 12.1）．

12.1.2 大気の循環と気候

図 12.1 に示した大気の循環のうち，**ハドレー循環**（Hadley circulation）（図 12.2）について説明しよう．太陽放射が赤道付近（**熱帯収束帯**, intertropical convergence zone, ITCZ）を暖め，大量の水蒸気を蒸発させる．暖まり湿った空気は上昇する．空気の温度は上昇に伴って低下し，やがて空気に含まれた水蒸気は水滴となり雨となって落下する．水蒸気が液体の水滴に変化する際には凝結熱を放出するので，空気の上昇に伴う温度の低下は緩やかである（コラム 12.1 参照）．約 15 km の高さにまで上昇した空気は，対流圏上部において南北両半球で極方向に向かい，収束帯から南北に 2000〜3000 km 隔てた場所に下降する．下降する空気には水蒸気がほとんど含まれていないので，下降に伴う温度の上昇は熱帯収束帯における空気の上昇に伴う温度の低下よりも大きい．したがって，**亜熱帯高圧帯**（subtropical high）には乾燥し

227

■ 12章　陸域生態系の生態学

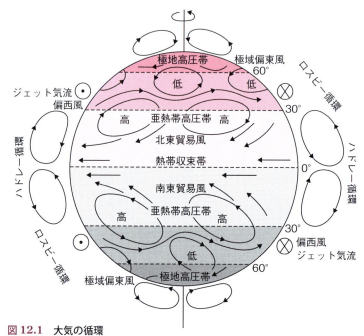

図12.1　大気の循環
⊙⊗は偏西風（ジェット気流）の方向を示し，⊙は紙面から読者側に向かう方向，⊗は読者側から紙面に向かう方向である．（松本忠夫, 1993を改変）

た高温の空気が吹きつけることになる．下降した空気は赤道方向と極方向に向かう．この大気の循環をハドレー循環という．

　地球上では地表にそって速度 v で運動する質量 m の物体に対して，北半球では進行方向に右向きに，南半球では左向きに力がはたらく．大きさは緯度 $f°$ の地点で $2\,mv \times \sin f$ である．したがって，極で最大，赤道では0である．これを**コリオリの力**（Coriolis force）という．北半球では，亜熱帯高圧帯に吹きおりてくる空気のうち赤道方向に向かう空気は，コリオリの力のため北東の風になる（**貿易風**, trade wind）．極方向に向かう空気は南西の風（**偏西風**, westerly wind）となる．偏西風はとくに対流圏上部で強く，北半球でも南半球でも東向きの強い気流となり，**ジェット気流**（jet stream）と呼ばれている．**海流**（ocean current）も貿易風と偏西風が海水に吹きつけることによって生じる．

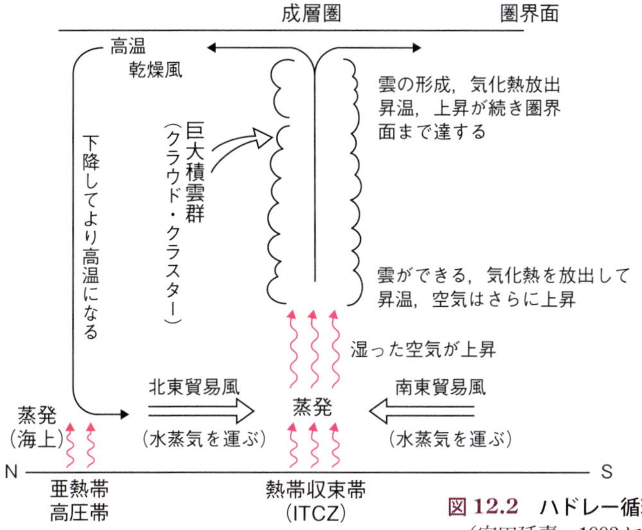

12.1 世界の陸上生態系

図12.2 ハドレー循環と水蒸気
（安田延壽，1992による）

コラム 12.1
空気の断熱膨張とフェーン（Föhn, Foehn）現象

　登山などの場合に，100 m 登ると 0.6℃気温が下がるとして山頂の気温を予測するが，実は気温の逓減率は一定ではない．気温の逓減率は，気圧の低下に伴い空気が断熱膨張するとして計算できる．空気はある圧力で膨張するので仕事をする．その仕事に使ったエネルギーの分，気体の温度が下がる．ところが，結露によって凝固熱が放出されれば気温の低下が緩和される．したがって，逓減率は空気が湿っているほど小さくなる．水蒸気をまったく含まない空気では 100 m 上昇するごとに 1℃気温が下がる．一方，湿度が高い空気では大量の水蒸気が結露するため，逓減率は 0.5℃程度になる．湿った風が山の斜面にそって上昇し雨を降らせた後，乾燥した空気が山の反対側の斜面を下る場合，山のふもとは著しい高温になる．この現象をフェーンと呼ぶ．風炎の字をあてたのは，ロシアのバルチック艦隊との日本海海戦の日（1905 年 5 月 27 日）の天候を「天気晴朗ナルモ浪高カルベシ」と予報した気象学者 岡田武松である．有名な「天気晴朗ナレドモ波高シ」は，海戦直前の東郷平八郎から大本営への電文．

大気の大循環とコリオリの力によって，地球レベルでの気候および植生を大まかに説明することができる．

熱帯収束域には多量の降雨があり熱帯多雨林が発達する．一方，亜熱帯高圧帯には乾燥した高温の空気が吹きつけるため沙漠となる．季節とともに熱帯収束域が南北に約24°移動することを考えると，熱帯多雨林と沙漠との間には，**熱帯季節林**，**熱帯疎林**，**サバンナ**が帯状に成立することが理解できる．

温帯域の大陸の西側の気候は，陸と海の比熱の違いによって決定されている．温帯域の低緯度地方では，夏，陸地の方が海よりも熱しやすい．海上を吹いてくる偏西風は水蒸気を多く含むが，暖かい陸上ではさらに多くの水蒸気を含むことができるようになるので陸地は乾燥する．一方，冬には陸地の方が海より低温になるので，海からの湿った風が陸地に雨をもたらす．このようにして，夏に乾燥し冬には雨が降る**地中海性気候**（mediterranean climate）が成立する（大陸の西の地中海，南アフリカ，南西オーストラリア，カリフォルニア，チリはいずれも地中海性気候でワインの名産地である）．高緯度になると，夏にも陸の温度が海よりも低くなり，夏にも雨が降る**西岸海洋性気候**（oceanic climate）となる．大陸の西の端から内陸部に進むと，気候帯の成立はこのように単純ではなく，地形要因なども考慮しなければならない．

大陸の東側は，**モンスーン**（季節風，monsoon）の影響を受ける．モンスーンとは，大陸と海洋の上の気温が季節によって逆転するために風向が反対となる現象である．とくにユーラシア大陸と太平洋やインド洋との温度差による季節風は，その周辺の国々に大きな影響を与えている．夏は大陸，冬には海の気温の方が高くなる．夏，大陸で暖まった空気は上昇しそこに海から湿った空気が吹き込む．山脈によって夏の季節風は遮られ，その海岸側には大量の雨が降る一方その内陸側は乾燥する．日本列島の太平洋側と日本海側の気候の差もモンスーンによってもたらされる．オーストラリア東岸，南北アメリカの東側もモンスーン気候帯である．

12.1.3　土　壌

気温は土壌に大きな影響を与え，土壌は植生に大きく影響する．10章で

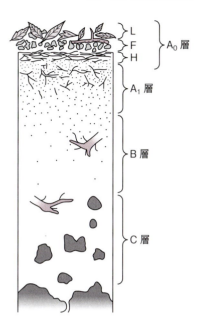

図 12.3 土壌層位
A₀ 層は L 層, F 層, H 層を含む. L 層は植生から供給された落葉, 落枝がほとんど分解されていない落葉層 (litter horizon), F は土壌中の微生物によって分解を受ける分解層 (fermentation horizon), H は激しい分解が終わり, 黒褐色不定形の腐植がつくられる腐植層 (humus horizon), A₁ 層は有機物に富む層, B 層では有機物が少なくなり, C 層は母岩である礫を含む層.
(田川日出夫, 1982 による)

述べたように, 母岩の風化度合いは大陸の齢に依存する.

土壌断面はいくつかの**土壌層位**(soil horizon)に分けられる. 土壌鉱物をほとんど含まない A₀ 層は, A 層以下とは不連続だが, A 層以下は連続的に変化する (図 12.3). 植物遺体などの有機物の分解は, 土壌動物や土壌微生物 (菌類, 細菌類など) が担う. 温帯の森林土壌の菌類や細菌類の生重量は, 1 m² 当たり 500 g にも及ぶ. これらはセルラーゼ, ペクチナーゼ, ホスファターゼなどの菌体外酵素を分泌し, 植物遺体を分解し分解産物を吸収している. 温度と水分はこのような微生物活性[12-1]を規定する重要な要因である.

土壌有機物の分解は以下の**オルソン**(J. S. Olson)**の式**によって記述できる. 土壌有機物の量 (たとえば g C m⁻²) を a としよう. 分解率を一次反応の速度定数とみなして μ とおき, 1 年間に土壌に与えられる有機物量 (落葉, 落枝,

---

[12-1] **土壌呼吸**は, 植物の地下部の呼吸に, このような微生物の呼吸を加えたものである.

■ 12 章　陸域生態系の生態学

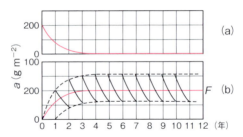

図 12.4　土壌中の有機物量の変化
a：$L = 200\ \text{g m}^{-2}$, $\mu = 1\ \text{year}^{-1}$ のときの分解曲線．有機物量がほぼ 0 になるまでには 3 年かかる．
b：毎年 200 g m^{-2} のリターの供給がある場合，($L = 200\ \text{g C m}^{-2}\ \text{y}^{-1}$) の有機物量の変化．黒線は有機物量の変化，破線は上限と下限を表す．赤線は平均値．
(Olson, 1963 による)

枯死体など，リター (litter) と呼ばれる) を $L\ (\text{g C m}^{-2}\ \text{y}^{-1})$ とすると：

$$\frac{da}{dt} = L - \mu a \qquad 12.1$$

と書くことができる．式 12.1 を積分すると：

$$a = \frac{L}{\mu}(1 - e^{-\mu t}) \qquad 12.2$$

となる（図 12.4）．式 12.2 によって，もし，毎年同量のリターが供給されるとすれば，何年程度で有機物量が安定するのかがわかる．極相に達した森林では，土壌中の有機物量が一定に保たれるので，$da/dt = 0$, このときの有機物量を a_S（添字の S は，定常状態 steady state を表す）とすれば，$\mu = L/a_S$. このようにして求めた μ と植生との関係を図 12.5 に示す．温度が低いと土壌微生物の活性が低下するので植物遺体の分解が遅い．逆に，熱帯では有機物は即座に分解され，土壌中の有機物量が少ないことがわかる．

こうして，低温の高緯度地帯の土壌には有機物が大量に蓄積する．極地方や高山で，森林限界を越え高木が分布しない地域を**ツンドラ** (tundra) と呼ぶ．ツンドラでは未分解の有機物が蓄積し，その下は**泥炭**（peat）化する．また土壌下部は永久凍土となる．表土は黒色を呈する．ツンドラの低緯度側にある**森林**（**タイガ**，taiga）では，針葉樹の落葉に含まれる有機酸は降雨とと

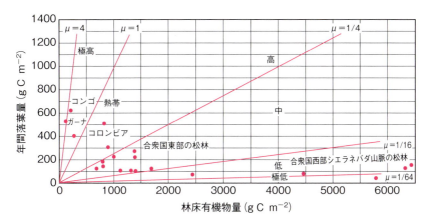

図 12.5　分解率 μ と植生との関係（Olson, 1963 による）

もに下降し，鉄やアルミニウムを溶かしこれらの成分に乏しい溶脱層をつくる一方，その下層は塩基に富む層となり，鉄，アルミニウムなどが沈着・集積する．このように溶脱層，集積層をもつ土壌を**ポドゾル**（podsol）という．

中緯度地方の草原では，温暖な気候のため植物遺体はよく分解され，腐植や塩類に富む**モリソル**（mollisol）（あるいは**チェルノジョーム**，chernozem）と呼ばれる肥沃な黒色土壌となる．世界の穀倉地帯はこのような土壌帯に当たる．日本の大部分を含む広葉樹林帯は，粘土化が進んだ**褐色森林土壌**（brown forest soil）である．また，火山灰に由来する黒ボク土（andosol，暗い色をした暗土に由来）も多い．

低緯度地帯では，高温のため微生物活性が高く有機物の分解は著しく速い．このため土壌の有機物量は少なく貧栄養である．鉱物質土壌が露出することも多い．また，排水のよい山地で粗い土性の土地では，**熱帯ポドゾル**と呼ばれる土壌となることがある．

12.1.4　陸域の生態系

生態系は気候帯にしたがって成立している（図 12.6）．横軸に年平均降水量，縦軸に年平均気温をとると，その大まかな分布が記載できる（図 12.7）．たとえば，熱帯では，雨量が多いと熱帯多雨林が成立し，少なくなるにつれて季節林，疎林，沙漠となる．もちろん，この図では温度の年較差などは表

■ 12 章　陸域生態系の生態学

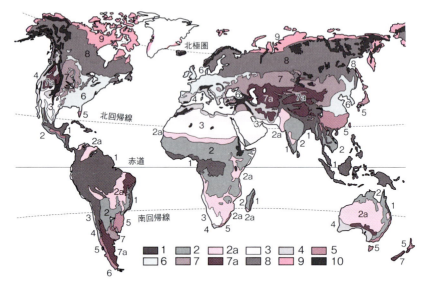

図 12.6　世界の自然植生
1：熱帯多雨林，2：熱帯季節林；2a：サバンナ，3：熱帯・亜熱帯の沙漠，4：常緑硬葉樹林，5：常緑広葉樹林（照葉樹林），6：落葉広葉樹林（夏緑樹林），7：ステップ；7a：寒冷な沙漠，8：針葉樹林（タイガ），9：ツンドラ，10：高山荒原．（Walter, 1964 を，田川日出夫, 1982 が改変したものによる）

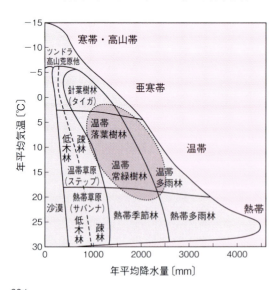

図 12.7　温度と降水量から区分された世界の主な自然植生
影のかかった部分は日本の気温と降水量の位置を示す．（Whittaker, 1975 を安田弘法ら, 2012 が改変したもの）

現できないので，海洋性気候や大陸性気候の違い，照葉樹林と硬葉樹林の違いなどは表現できないという欠点がある．

図 12.7 の形がほぼ三角形であることに注目しよう．高緯度地方で森林が成立するために充分な雨量は，低緯度地方で森林が成立するためには充分でないのである．ブディコ（M. I. Budyko）による**放射乾燥度**（radiative dryness, 図 12.8）を用いれば，より明確にこのような事情を表現することができる．放射乾燥度とは，その場所の純放射エネルギー（Φ_n, J m^{-2} year^{-1}）*12-2 を，降雨量（P, kg m^{-2} year^{-1}）をすべて蒸発するために必要なエネルギー（ΛP）で除したものである（$\Phi_n/(\Lambda P)$）．Λ は単位質量の水の気化熱である．すなわち $\Phi_n/(\Lambda P)$ を計算することによって，純放射エネルギーと雨をすべて蒸発させるのに必要なエネルギーの大小を判定できる．低緯度ほど純放射エネルギーが大きいために，そのエネルギーに見合う降水量がなければ森林は成立しない．これが図 12.7 が三角形になる理由である．森林が成立するのは，放射乾燥度（$\Phi_n/(\Lambda P)$）が 1 以下の場所に限られる．一方，放射乾燥度が 3 を越えると沙漠となる．

放射乾燥度は植生の成立条件の予想だけではなく，土壌の状態を知る上でも有用である．たとえば，放射乾燥度が 1 以下の場所に成立している森林を伐採したとする．樹木を伐採すると土壌栄養塩の植物による吸収が停止する．雨量が多いので雨は土壌の栄養塩を溶かして流出水となり，土壌の貧栄養化と河川の富栄養化を招く．熱帯多雨林の樹木を伐採すると貧栄養な土壌がさらに貧栄養になるのはこのためである．一方，放射乾燥度の大きいところで植物を栽培するために，土壌に水を与えるとする．水は土壌中の溶質を溶かす．しかし Φ_n が大きいので大部分の水が土壌表面から蒸発する．その際に

---

* 12-2　純放射エネルギーとは，$\Phi_n = \alpha_s I_{SW} + \sigma T_{sky}^4 - \varepsilon \sigma T_s^4$ によって計算できる．I_{SW} は短波放射，α_s は地面の短波放射の吸収率（$= (1 - r)$，r は地面のアルベドまたは短波放射反射率），T_{sky} は空を完全放射体と見なしたときの絶対温度で，晴れた日には気温よりも 20 K 低く，曇っていれば気温よりも 2 K 低いとする．ε は地面の射出率，σ はステファン‐ボルツマン定数である．6 章の表 6.1 などを参照．詳しくは補遺 6S.2 エネルギー収支を参照．

■ 12章　陸域生態系の生態学

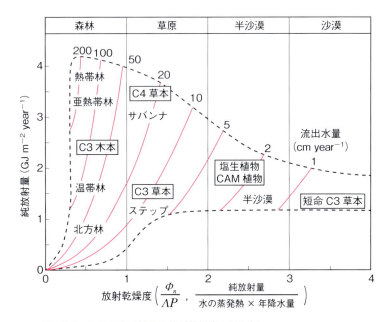

図 12.8　世界の自然植生と放射乾燥度との関係
森林が成立するのは，放射乾燥度が1以下の場所である．流出水とは，土壌から下方に移動し河川などに流れる水のことで，降水量と同じ深さの単位で表してある．放射乾燥度が小さいと流出水が多い．
（Budyko, 1971 を，及川武久, 2000, 著者が改変）

土壌中の溶質は表面方向に移動する．その結果，土壌表層に高濃度の溶質が集積する．地下水位が地面に近い場合にも，乾燥が厳しいと地下水が地面で蒸発する際に塩類を地面近くに集積する．

乾燥地において完全な灌漑を行うことは難しい．**不完全な灌漑はかならず塩害**を招く．古代エジプト，メソポタミア，インダス文明の滅亡の一因は塩害なのである．スポット灌漑や点滴灌漑と呼ばれる方法は，与えた水分のすべてを植物に吸収させようとする優れたシステムである．

生態系を分類する際にはフンボルト以来，**相観**が用いられる．植物群落の最上層を構成する優占種が高木か，灌木か，草本植物か，それらが密に生えているのか，疎に生えているのか，常緑か，落葉か，などが植生分類の重要な要素となる．以下に，いくつかの代表的な植生について述べる．

12.1 世界の陸上生態系

熱帯多雨林（tropical rain forest）は，熱帯の多雨地帯に成立する常緑広葉樹林である．アジアでは，インドネシア，マレーシアに豊かな森林が分布していた．樹種の数はきわめて多い．たとえば，マレー半島の，ある 2 ha のプロットには，直径 10 cm 以上の樹木が 1167 本あった．種数は 276 に及ぶ．このうち 112 種類の樹木は，2 ha のプロットに 1 本しか出てこなかった．主要樹種はフタバガキ科などである．典型的な森林の林冠は 30～40 m の高さになるが，さらに高い**突出木**（emergent）が存在するのも特徴的である．強風が吹かないため，このような突出木が存在できる．

熱帯ポドゾルには**熱帯ヒース林**（tropical heath）が成立する．熱帯ヒース林は一般に貧栄養で，ウツボカズラなどの食虫植物が分布する．

熱帯山地林（tropical montane forest）は，熱帯多雨林の成立する緯度にある山地林である．2000～3000 m の高度の山地にはよく雲や霧がかかる（雲霧帯）．湿度が高いので樹木の幹にはさまざまな着生植物が繁茂する．高度に伴い樹高は低くなる．

熱帯季節林（tropical seasonal forest）は，季節によって熱帯収束域から遠くなる地域に成立する．乾季に落葉する落葉樹（雨緑樹林，rain-green forest）や半落葉樹を主体とする森林である．タイの北部などに見られ，チーク（シソ科）など堅い材をもつ落葉樹が生育する（コラム 12.2 参照）．

サバンナ林（savanna woods）や**棘低木林**（thorn woods）と呼ばれる森林はさらに乾燥した地帯に成立する．乾燥のため，葉は小型になり棘のあるものも多い．地面は主として C4 のイネ科草本によって覆われる．

照葉樹林（laurel-leaved forest）は，熱帯から暖温帯にかけて成立する常緑多雨林をさす．アジア地区ではヒマラヤ南麓，雲南，台湾，日本西南部にかけて発達する．常緑のブナ科植物を優占種とするクチクラ層の発達した葉をもつ樹木により成立している．カシ類，マテバシイ，タブノキなどが代表種となる．もともとはカナリー諸島のゲッケイジュ林（*Laurus canariensis*）に与えられた名前であり，南半球では常緑性の *Nothofagus* 属（ナンキョクブナ属とも呼ばれるが，その名のもととなった *N. antarctica* は落葉性．もちろん南極には分布しない）が代表的である．

コラム 12.2
草,常緑樹と落葉樹,雨緑樹と夏緑樹,葉の寿命

　草を英語で何というかと問うと grass と答える人も多いが,grass は剣状の葉(blade)をもつイネ科草本をさす言葉である.双子葉類の草本植物は forb と呼ぶ.単子葉,双子葉をふくめて草本植物を herbaceous plants,あるいは単に herb という.

　「常緑樹」とは樹木全体として一年中緑に見える木,つまり緑の葉が常にある樹木,「落葉樹」とは葉のない時期がある樹木をさす.常緑樹の葉の寿命は一般には落葉樹よりも長い.針葉樹には数十年にわたるものもある.

　なお,日本では,落葉樹といえば秋に落葉するが,世界の植生を見渡すと,熱帯季節林において乾季に落葉する樹木も多い.前者を夏緑樹(summer green tree),後者を雨緑樹(rain green tree)と呼ぶ.

　常緑樹の定義は,樹木全体として一年中緑葉をもつものである.常緑樹の葉の寿命は一般には長いが,クスノキの日当たりのよい場所についた葉の寿命はほぼ1年である.マングローブの常緑樹のなかにも葉の寿命が半年程度のものがある.

　日本では,低緯度から高緯度になるにつれて,あるいは標高が高くなるにつれて,タブ,シイ,アラカシ,シラカシなどの常緑広葉樹から,ブナやミズナラのような落葉広葉樹に移り変わり,さらに寒冷な地域になると,エゾマツ,トドマツ,シラビソ,オオシラビソなどの常緑針葉樹となるが,落葉広葉樹に混じる針広混交林,針葉樹を主とする亜高山針葉樹林となる.

　光合成に適した季節が長い暖地では常緑広葉樹が優占する.葉の光合成の速度が低下しはじめるまで,2シーズン以上にわたって葉をつけることが多い.

　冷涼な地域では冬季に気温が低下し,土壌が凍結することもある.水を吸収できないのに,地上部から蒸発散によって水が失われると乾燥害が起こる.秋の落葉はこのようなストレスの回避に役だってい

> る．また，寿命が短いので，コストの安い葉をつければよく，コストの節減にもなる．葉の寿命の短い常緑樹のクスノキの葉も安普請である．光合成のできない期間がより長い寒冷地では常緑針葉樹が優占する．春に葉をつけて秋口に落葉していては，その期間の光合成だけでは葉をつけるためのコストを支払うことができない．葉は，元がとれるまで数シーズンにわたって光合成をする．常緑広葉樹樹と常緑針葉樹とでは，「常緑」の意味が異なっているのである．詳しくは，菊沢喜八郎（2005）を参照のこと．

硬葉樹林（hard-leaved forest, sclerophyllous forest）は，冬に降雨があり夏の乾燥が厳しい地中海性気候の地域に成立する．オリーブ（モクセイ科），コルクガシやイシガシ（いずれもブナ科）など，硬い葉をもつ常緑樹が優占する．灌木林も多い．硬葉は力学的に強く，クチクラが発達しているので乾燥にも強い．

夏緑樹林は冷温帯に発達する**落葉広葉樹林**（broad-leaved deciduous forest）．ブナ林は中央ヨーロッパ，中国，北アメリカ東部から中央部，日本の日本海側などに見られる．その他に，ミズナラ林などがある．南半球では落葉性の *Nothofagus* 属などが優占する．

亜寒帯（垂直分布としては亜高山帯）では，生育に不適な冬季の低温期間が長く，**針葉樹林**（coniferous forest[*12-3]，needle-leaved forest）が発達する．シベリアのタイガなどがこれに含まれる．日本では，北海道にトドマツやエゾマツ（マツ科）が優占する森林，本州の亜高山帯にはシラビソ，オオシラビソ（マツ科）が優占する森林がある．カンバ類，ヤマナラシ（ポプラ）類が混じる針広混交林を形成することも多い．

ツンドラ（tundra）は亜寒帯や高山帯の植生である．夏の生育期間は2～3か月ときわめて短く，地衣類，蘚類に混じって，ツツジ科やヤナギ科の群

---

*12-3　coniferous は「球果類の」を意味する．名詞は conifer.

落が見られる．タイガと接する箇所では，落葉性のカラマツ類（マツ科）が多くなる．

ヒース（heath）は，イギリス，ヒマラヤなどの高山の森林限界近くや高山帯に発達し，常緑のツツジ科の灌木を主体とする植生である．

草原にはいくつかの種類がある（コラム 12.2 参照）．

サバンナ（savanna）は，熱帯の寡雨地域における低木を交えた草原をさす．主として C4 のイネ科植物が分布する．CAM を行う多肉植物も多い．

ステップ（steppe）は，温帯の豊かな土壌に成立する広葉型草本と，主として C3 のイネ科型のまざる草原である．**プレーリー，パンパ**などのコムギの穀倉地帯はステップである．本来は樹木の分布の可能な地域である．

高茎草原（tall herbage）は，乾燥が原因でできる草原ではなく，冷涼で，比較的湿った，やや暗い環境に成立する．草丈が数 m に達するハナウドやシシウドなどのセリ科やキク科の植物にまざってシャクナゲ（ツツジ科）などが見られる．オオイタドリやアキタブキの草原はこれに含まれる．

高山草原（alpine meadow）は，山岳では森林限界以上，平地では寒帯の森林限界より高緯度に見られる草原である．冬は積雪によって低温から保護される．高山のお花畑と呼ばれる草地もこれに属する．

沙漠，乾荒原（desert）の占める面積も広い．沙漠とはいっても，植物の生えない場所から，少量の植物の生える場所までさまざまである．サボテン科，トウダイグサ科，キク科，ハマビシ科などの植物が繁茂する．土壌は砂とは限らないので沙漠とした．

12.2　純一次生産

一次生産とは，**独立栄養生物**（autotrophic organism）が無機物から有機物を生産することをさす．従属栄養生物（heterotrophic organism）による生産を，二次，三次……生産と呼ぶ．一次生産を行う生物は，植物と**化学合成細菌**（chemoautotroph）である．植物を食べる**植食動物**（herbivore）による生産を二次生産，植食動物を食べる**肉食動物**（carnivore）による生産を三次生産，さらにその肉食動物を食べる動物の生産は四次生産という．

12.2.1 純一次生産

植物は，光合成によっていったんつくられた炭水化物を呼吸系によって酸化する過程で ATP を取り出している．また，呼吸系の中間代謝産物を利用して植物体をつくり出す．したがって，呼吸は植物の生活に必須なプロセスである．しかし，いったん呼吸によって失われた CO_2 は，植物体の構築に使うことはできない．われわれを含む動物が食べることもできない．そこで，光合成による CO_2 固定速度から，呼吸速度を引いた正味の光合成が重要視される．

葉や植物体の正味（みかけ）の光合成速度（net photosynthetic rate）は，真の光合成速度（gross photosynthetic rate）から呼吸速度（respiration rate）を差し引いたものである（図 12.9）．生態系レベルでは，正味の光合成速度を**純一次生産**（net primary production, P_n），真の光合成速度を**総一次生産**（gross primary production, P_g）と呼ぶことが多い．なお，生産量としては，土地面積当たり，年当たりの炭素量や乾燥重量として表すことが多い．

P_n の内訳は，植物の成長に使われるもの（Y, yield），枯死脱落（L, 落葉，

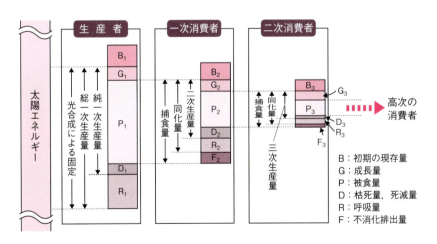

図 12.9　生産者の一次生産と消費者の二次生産の内訳
分解者の二次生産も捕食した有機物をもとに消費者と同様に行われる．（川口秀之, 2012 による）

■ 12章　陸域生態系の生態学

落枝など，litter），動物による被食（G, grazing）である．すなわち：

$$P_n = P_g - R = Y + L + G \qquad 12.3$$

植食者の純二次生産についても考えてみよう．純二次生産 P_n' は，摂食量を I，不消化排出量を F，呼吸を R とすれば，

$$P_n' = (I - F) - R = A - R = Y + L + G \qquad 12.4$$

と表現することができる．ここで $I - F$ を同化量（A）と呼ぶ．同化量は一次生産における総一次生産に相当するものであり，一定時間に消化管などから体内に吸収された有機物量を意味する．動物の純生産も，体の成長や生殖などによる動物体，ミルク，卵などの生産をふくめた成長（Y），毛，爪，などの脱落，個体群などを扱う場合には死亡個体もふくめた死滅量（L），吸われた血液や寄生虫に奪われた同化産物量なども含める被食（G）に分けることができる．

表12.1 は，アメリカの湖 Ceder Bog Lake および Lake Mendota の生産力を示したものである（リンデマン，R. L. Lindeman, 1942）．ここで生産力と呼ばれているのは，植物プランクトンの場合には総生産（P_g），消費者では同化量（A）に当たるものである．リンデマンは，ある栄養段階にある生物

表12.1　湖沼の生産力と累積効率

	Ceder Bog Lake		Lake Mendota	
	生産力 (MJ m^{-2} year^{-1})	累積効率 (%)	生産力 (MJ m^{-2} year^{-1})	累積効率 (%)
光合成有効放射	2235	—	2235	—
植物プランクトン	4.6	0.20	20.0	0.89
植食動物	0.61	13.3	1.74	8.7
肉食動物	0.13	22.3	0.096	5.25
大型肉食動物	—	—	0.013	13

ここでいう生産力は総生産量や同化量である．栄養段階が1段階上の生物の同化量との比率を累積効率あるいはリンデマン比と呼ぶ．（Lindeman, 1942を改変）
リンデマンは27歳で亡くなったが，指導教員であったハッチンソンらの努力でいくつかの論文が世に残った．数や重さで現象を語っていたレベルから，エネルギーの流れを解析するレベルに高めた功績は大きい．

の同化量とすぐ下位の栄養段階の総生産または同化量との比率を**累積効率**（progressive efficiency）と名づけたが，この比率は現在では，**リンデマン比**と呼ばれることも多い．純生産の比率を比較することもある．いずれも，ほぼ，10％程度におさまる場合が多いので，10％の法則とも呼ばれている[*12-4]．

12.2.2　生態系の一次生産量の推定

生態系の一次生産量の推定には2つの方法を用いる．1つは**光合成法**と呼ばれる方法である．これは，森林を例にとると，いろいろな高さからとった葉について測定した光－光合成曲線と森林内の光強度の分布とから森林の総光合成速度（総一次生産）を求め，別に求めた呼吸速度から，純光合成速度（純一次生産）を求めるものである．

もう1つは**積み上げ法**（summation method）と呼ばれるものである．まず森林を例にとって述べよう．ある期間 $t_2 - t_1$ の森林の純一次生産量（P_n）は次の式で求めることができる．

$$P_n = Y + L + G \qquad 12.5$$

P_n，Y，L，G はそれぞれ，期間 $t_2 - t_1$ の間の**純一次生産量，現存量の増分**（$Y_2 - Y_1$），**枯死・脱落量，被食量**である．

現存量の増分の測定は以下のようにする．まず適当な方形区を設け，時刻 t_1 において，その中の樹木のサイズを測定する．よく測定されるのは，胸高直径である．時刻 t_2 に，同じ樹木の胸高直径を同じ位置で測定する．測定は，1～2年後の同じ季節，気象条件の似ている日に行うことが望ましい．測定後，できればその方形区の樹木を伐採し乾燥して重量を測定する．その方形区の樹木を伐採することができない場合には，近隣の類似したプロットの樹木について胸高直径を測定後伐採する．地下部も掘り返して根の重さも測定するのが望ましい．しかし，大木の根をすべて掘りとるためには多大な時間と労

[*12-4]　世界の食糧問題を考える際，肉食者と草食者（ベジタリアン）とでは，必要とする農地面積が異なることもリンデマン比を考えれば理解できよう．「私は肉食獣のライオンしか食べない」という人ばかりだと，世界の食糧事情はどうなるだろうか．リンデマン比を10％としたが，これは定数ではない．食物の探索が容易だと増加し，20％程度にもなる．

力がかかるため，根の重量に関するデータは著しく少ない．地上部の 10 〜 30％程度とすることが多い．樹木個体の乾燥重量を胸高直径の関数で表現し，方形区における測定値から樹木個体の乾燥重量を推定することによって，期間 $t_2 - t_1$ の成長量が推定できる．log（樹木個体乾燥重量）を log（胸高直径）に対してプロットすると直線関係が得られ，これを回帰式とする場合が多い．

枯死量 L は，期間 $t_2 - t_1$ における枯死個体量と生存個体の部分的枯死量との和として定義される．これを直接測定するのは厄介なので，一般にはリタートラップを用いる．リタートラップは，開口部の面積が一定となるようなネットでつくられる．これを，生産量を測定すべき森林に設置する．これにトラップされる落葉・落枝を定期的に回収し，その乾燥重量を測定する．地下部の枯死量の推定は別に行わなければならないが，困難である．

被食量の推定には目の細かいリタートラップを用いる．リタートラップ中の虫糞を集め，その乾燥重量を求める．フィールドで採取した虫に実験室内で葉を食べさせて被食量と糞量との関係から被食量を推定する．

積み上げ法を用いると，成長を実測するために少なくとも 2 回の計測が必要である．1 回の測定である期間（たとえば 1 年間）に新たに形成された植物体部分を直接測定して純生産量を求めることもある．これを**変形積み上げ法**と呼ぶ．この方法では，生育期間の終わりにその年の新生部分を，それ以前に形成された部分と区別して測定する．当年生の葉や枝の区別は可能だし，幹や枝，根についても年輪があればその年の成長分を測定することができる．こうして求めた当年分の新生部分に，新生部分の損失量，すなわち，枯死・脱落量 L_N と被食量 G_N を足したものが純生産量となる．

草原の場合の純一次生産にも同じ式が適用できる．しかし，地上部は毎年枯れて，翌年新しく形成されるので，枯死量や被食量が小さい場合には，その生育期間中の地上部現存量の最大値を近似的に地上部生産量とみなすことができる．複数の種から成り立つ草原では，複数回のサンプリングが必要となる．多年生草本の場合には，地上部の生産の一部は前年に地下部に貯えられた物質によっているので，当年の地下部の成長と物質の転流を考慮して推定が行われる必要がある．

12.2 純一次生産

表12.2 マレーシア，パソーの熱帯多雨林の生産
（現存量の単位は kg m^{-2}． P_n, R, $P_n + R$の単位は kg m^{-2} y^{-1}）

	葉	幹	大枝	小枝	その他のリター	根	計
現存量 B_2	0.830	38.060	8.620	—		?	47.510
現存量増分 ΔB	0.009	0.512	0.120	—		0.064	0.705
枯死量 L	0.630	0.367		0.386	0.129	0.400	1.912
被食量 G	0.028	?	?	?	?	?	0.028
純生産量 P_n	0.667		1.514			0.464	2.645
呼吸消費量 R	2.610	0.520	1.310	—		0.610	5.050
総生産量 $P_n + R$	3.277		3.344			1.074	7.695

吉良（大阪市立大学）らが主として積み上げ法で行った生産推定．被食量の推定は昆虫の糞の重さ（24.5 g m^{-2}）から逆算した．根の現存量や枯死量は実測値ではない．根の現存量増分は地上部の増分の10%，根の枯死量は細根の現存量の20%と仮定した．（吉良龍夫，1976による）

　積み上げ法，あるいは変形積み上げ法によって求められた純生産と，別に測定した呼吸速度を合計して総生産を求める．表12.2は，大阪市立大学のチームが測定したマレーシア，パソー（Pasoh）の熱帯多雨林の一次生産量である．

12.2.3 渦相関法とリモートセンシング

　光合成法や積み上げ法に加えて近年盛んになったのは，植生全体のCO_2やH_2Oの吸収，放出の，**渦相関法**による測定である．充分な面積をもつ植生のなかほどにタワーを建てて，上空の1点で，空気の動き（風速）とガス濃度の測定を行う．植生上の空気は，多くの**かたまり**（packet）あるいは**渦**（eddy）として動いている．このかたまりの動きとガスの濃度を1秒間に1～1000回測定し，その上下方向（z軸方向）の空気の動きの成分を計算し，それにガス濃度を乗じて，ガスのフラックスを計算する（図12.10）．これを積算すれば，蒸発散速度やCO_2吸収あるいは放出速度が計算できる．

　渦相関法には，三次元風速計と赤外線ガス分析器が用いられる．三次元風速計は，ドップラー効果による超音波の受信に要する時間の変化から，風や対流による空気の3次元の動きを測定する．7章に述べたように，CO_2やH_2Oは赤外線を吸収するので，これらの濃度は赤外線ガス分析器で測定できる．素早い応答が必要な場合には，空気中に赤外線を発信して適当な距離をおいて受信する外気型（open-path）赤外線分析器が用いられる．

■ 12 章　陸域生態系の生態学

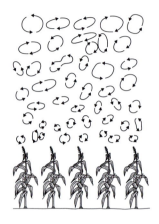
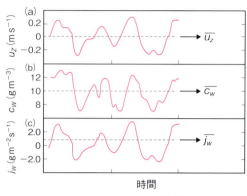

$\overline{u_z}, \overline{c_w}, \overline{j_w}$ は平均値を表す．

図 12.10　渦相関法による葉群や植生のフラックス測定
左：渦の概念図．渦は空気の小さなまとまりである．渦は離合集散をくり返しつつ含まれる分子を運ぶ．葉群の上部にいくほど大きくなる傾向がある．（Nobel, 2020 による）
右：渦相関法による葉群蒸散速度の計測概念図
u_z：z 軸方向の空気の流れ（風と考えてもよい）の時間変化，c_w：（水蒸気濃度）の時間変化，j_w：水蒸気のフラックス．横軸の時間は渦の大きさによって異なる．森林上空などの大きな渦であれば，測器の時間分解能は 1 Hz 程度でよいが，丈の低い草原などでは，数桁高分解能の測器が要求される．（Jones, 1992, 2014 などによる）

コラム 12.3
IBP における光合成生産力の測定

　人口の増加に伴う食糧供給などへの危機感から，生物生産力の実態を調査して，最大生産力を明らかにするための国際生物学事業計画（International Biological Program 1965 〜 1974）が行われた．6 章と 8 章で紹介した門司と佐伯の理論は，IBP の光合成生産に関する理論的研究の基礎をつくった．また，吉良龍夫の率いた大阪市立大学のチームは，本章で取り上げた精緻な積み上げ法，変形積み上げ法を開発し，熱帯多雨林の生産力測定で世界をリードした．

しかし，こうして測定されるガス交換速度は生態系全体のものであり，植物の呼吸と土壌微生物の呼吸の区別をつけることはできない．また，植物の蒸散と地面からの蒸発の区別もできない．地上で種々の測定を行って，渦相関法による測定値とすり合せることが重要である．日本国内で20か所程度，世界で500か所にも及ぶ渦相関法タワーが稼働している．

衛星を用いて地上の植生のさまざまなスペクトルが測定されている．森林のバイオマス，葉面積指数が推定できるようになった．また，クロロフィル蛍光の測定も可能になりつつある．これらは，生産力の有力な推定手段として期待できる．

12.3　世界の植生の一次生産

図 12.11 は，世界の生態系の純一次生産をまとめたものである．現存量は，土地面積当たりの植物体量である．80℃程度の通風乾燥器で充分に乾燥させた乾燥重量で表現する．炭素量やエネルギーで表現することもある．植物体は，ほぼ炭水化物からなっている．分子量 180 のグルコースを燃焼する際の自由エネルギー（$-\Delta G$）2840 kJ mol^{-1} から計算すると，グルコース 1 kg 当たりのエネルギーは，16 MJ となる．実際には

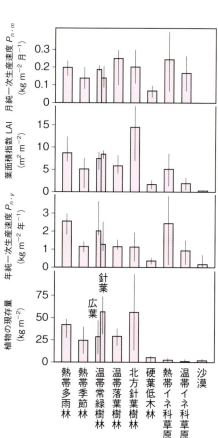

図 12.11　各種生態系の植物現存量，葉面積指数，純一次生産速度
棒グラフは平均値とレンジを示す．月純一次生産速度は成長期間内の月平均値．葉面積指数（leaf area index, LAI）は，6章と8章では F あるいは F_{tot} と記してある．（Schulze, 1982 による）

より「高価」な窒素化合物，リグニン，脂質などによって，植物体 1 kg 当たりのエネルギーはグルコースよりも大きくなり，**草本で 17 MJ kg^{-1}，木本で 17〜20 MJ kg^{-1}** である．木本植物では熱帯から亜寒帯にむかってエネルギー含量が高くなり，また被子植物よりも裸子植物の方が高い傾向がある．リグニン含量の影響が大きい．

森林生態系の現存量は大きい．温帯常緑樹林のうち針葉樹林には，北米西海岸などでとくに巨大なセコイアメスギ（スギ科，5.3.3 項参照）や，ヨーロッパのドイツトウヒ林などの現存量が大きな林が含まれる．熱帯季節林や硬葉樹低木林の現存量はこれらに比べて小さい．草原の現存量は森林に比べて格段に小さい．一方，葉面積指数は針葉樹林や森林の方が大きいものの，熱帯イネ科草原などではそれほどの遜色はない．温帯イネ科草原には乾燥したステップなども含まれるので地域差が大きい．プレーリーなどの草原の LAI は大きい．年純一次生産を比較すると熱帯多雨林がもっとも大きいが，熱帯イネ科草原や温帯イネ科草原もそれほど低いわけではない．生産が行われる期間に限った**月純一次生産速度**を比較すると，森林と草原の差はほとんど見られなくなる．

表 12.3 は，生態系の純生産を示したものである．**純生産/総生産**（P_n/P_g）の比率も示してある．森林はこの比が小さく，草原は大きい．また，水圏はこの比率がさらに大きい．

ブディコの放射乾燥度図（図 12.8）から明らかなように，森林は正味の放射量に対して降水量が充分な地域に発達する．そのような植物の生育にとって良好な場所では植物の密度が高まり，光をめぐる競争が起こる．光をめぐる競争では高さ成長が鍵であり，死んだ細胞を中心に生きた細胞が表面を取り囲むことが可能な樹木が，生きた細胞を多くもつ草本植物よりも有利である．しかし大木となると，光合成生産に関与する光合成器官と比べて生きた細胞に限定しても非光合成器官の割合が増える傾向にあり，これが P_n/P_g 比が小さい原因となっている（図9.10を参照）．草本植物を主体とする生態系は，生育に不適な期間があるので P_g は小さいが，生育期間には LAI も維持され，さらに P_n/P_g 比も大きいので，純生産は森林生態系に比べてそれほど低くな

12.3 世界の植生の一次生産

表12.3 陸上生態系の炭素ストックと純一次生産

生態系	面積 (10^6 km^2) WBGU	面積 MRS	炭素量 (kg C m^{-2}) WBGU 植物体	炭素量 WBGU 土壌	炭素量 MRS 植物体	純一次生産 (kg C m^{-2} year^{-1}) WBGU	純一次生産 MRS	P_n/P_g Golley
熱帯林	17.6	17.5	12	12.3	19.4	0.78	1.25	0.3
温帯林	10.4	10.4	5.7	9.6	13.4	0.63	0.78	0.3
寒帯林(北方林)	13.7	13.7	6.4	34.4	4.2	0.23	0.19	0.3
熱帯サバンナ,イネ科草原	22.5	27.6	2.9	11.7	2.9	0.79	0.54	0.58
温帯イネ科草原,疎林	12.5	17.8	0.7	23.6	1.3	0.42	0.39	0.58
沙漠/半沙漠	45.5	27.7	0.2	4.2	0.4	0.03	0.13	—
ツンドラ	9.5	5.6	0.6	12.7	0.4	0.11	0.09	0.67
耕地	16	13.5	0.2	8	0.3	0.43	0.30	0.61
湿地	3.5	0	4.3	64.3	—	1.23	—	—

WBGU：森林のデータはDixon(1994)，草原などのデータはAtjayら(1979)による．MRS：Mooneyら(2001)による．Golley：Golley(1972)による．植物体の乾燥重量の約45％がCなので，現存量や生産量を乾燥重量として求めるためには，この表の値を2.2倍すればよい．

い．生育期間（1年のうちの月数）と LAI の積は平均葉積と呼ばれ，総生産量をよく説明する．

7章や8章で，光合成による太陽エネルギーの固定効率を試算した．表12.4は，沙漠などを除いた水分がそれほど制限されていない生態系について，生育期間中の全短波放射に対する一次生産のエネルギー効率を示している．生育期間中の総生産（P_g）の効率は，森林が草原よりも高い．ところが，**P_n/P_g 比は一年生草本＞多年生草本＞森林**，の順である．これらの積で

表12.4 生育期間の生態系に太陽から到達する全短波入射量に対する生産効率

	$P_n/\Delta P_g$	総生産効率(％)	純生産効率(％)
森林生態系	0.25〜0.50	2.0〜3.5	0.5〜1.5
草原(多年生草本)	0.45〜0.55	1.0〜2.0	0.5〜1.0
草原(一年生草本)および耕地	0.55〜0.70	〜1.5	〜1.0

生育期間のデータに基づいている．1年間の平均値ではない．草原は森林が成立しない環境に成立する．このため総生産の効率は低い．しかし呼吸量／総生産比は小さいので，純生産の効率は森林生態系にひけを取らない．（吉良龍夫, 1976による）

12章 陸域生態系の生態学

ある純一次生産効率には，それほどの違いが見られない．

地表（海面も含む）に到達する全短波エネルギーは，地球全体で1年間に2.6×10^{24} J y^{-1}程度になる．これを沙漠や荒原など植生が発達していない地域や海洋も含めて，どの程度の効率で固定しているかを示したのが表12.5である．地表面（海面）に到達した短波放射のエネルギーのうち，純生産として固定されるものは，0.2％程度である．

うっそうとした巨木によって成立する**極相林**と，若い樹木によって構成される森林とではどちらのほうが一次生産が大きいだろうか．吉良と四手井は人工林の成長について，以下のような説明を行った（図12.12）．人工林の葉の量は，稚樹が一斉に大きくなって**林冠が閉じる**（個々の樹木の樹冠で林冠が隙間なく埋まること）とき（図12.12左中）に最大であり，その後は増えない．したがって，総生産はこの時点で最大になる．ところが，幹や根はさらに太くなるので（図12.12左下），呼吸速度はさらにその後も増える．したがって，純生産が最大になるのは，林冠が閉鎖するころであり，その後純生産は漸減する．このように，純一次生産量が最大になるのは若齢林で，巨

表12.5 陸域と海洋の純一次生産（P_n）と太陽エネルギーの固定

	P_n (Pg C 年$^{-1}$)			地表面に到達する太陽エネルギーに対するP_nの比率（％）		
	陸域	海洋	全球	陸域*	海洋*	全球
WBGU	60					
MRS	63					
Geider	56	48	104	0.29	0.12	0.17
Behrenfeld エルニーニョ	57	54	111	0.29	0.13	0.18
ラニーニャ	58	59	117	0.30	0.14	0.19

WBGU，MRSは表12.3に同じ．Geider, Behrenfeltは，Geider *et al.* (2001), Behrenfelt *et al.* (2001)．エルニーニョ（El Niño）は，東太平洋赤道付近の海水温度が高くなる現象．ペルー沖で，栄養塩を大量に含む深層水の湧昇が抑えられ海洋の生産が低下する．ラニーニャ（La Niña）はこの海域の温度が低下する現象．まとめて，El Niño-southern oscillation（ENSO）と呼ぶ．バイオマスは純一次生産に2.2をかけて求めた．バイオマス（乾燥重量）当たりのエネルギーは，陸上植物で18 MJ kg^{-1}，海洋のプランクトンでは20 MJ kg^{-1}を使った．地球表面に到達するエネルギー，2.6×10^{24} Jを，陸域と海洋で表面積に応じて3：7に分配した．陸上と海洋のP_n/P_gを0.40と0.63とすれば，P_gとして固定される太陽エネルギーは，陸域，海洋，全球で，0.75，0.22，0.37％となる．（Whittaker, 1975などをもとに著者が計算）

12.3 世界の植生の一次生産

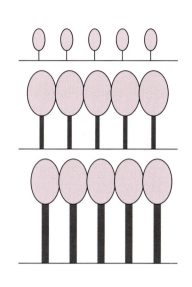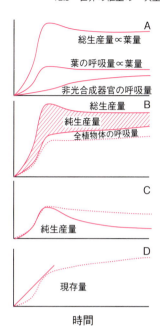

図 12.12　人工林の成長と生産との関係
左図　人工林における樹木の成長の様子．上：稚樹が成長する，中：林冠が閉じる．このとき葉量が最大になる，下：幹や根はさらに大きくなるが葉量は増えない．
右図　A：総生産量，葉および非光合成器官の呼吸量，B：総一次生産量と呼吸量，C：純生産量，D：現存量．この図では葉量はほぼ総生産量に比例する．葉の量は林冠が閉じて間もなく最大量に達し，その後は一定であるか漸減する．一方，非光合成器官（材や根）の現存量は葉の量が最大に達した後にも増加し，やがて頭打ちとなる．その結果，純生産量は早い時期にピークに達し，その後減少する（吉良・四手井，1967による）．B，Cの実線は吉良龍夫・四手井綱英によるが，材の呼吸量などを過大評価しているので点線程度が妥当であろう．Dの原点からの接線は，人工林によるCO_2固定速度を最大にする時点を示す．接線の時点で伐採し，植え換えれば，もっともCO_2の固定効率がよい．

木による林は，総生産こそ多いものの，呼吸による損失が大きく純生産は最大ではない（図12.12）．これは，自然林にも定性的には当てはまることである．表12.4のように，P_n/P_g比の大きな違いは，このような樹木のサイズの違いを反映している．林冠が閉じるのに充分な葉の量があれば，若い樹木によって構成される森林の方が純生産量は大きいのである．測定サイトには，立派な森林が選ばれる傾向がありそうである．世界レベルの純生産の推定において，測定サイトが充分ランダムに選ばれているとは言えないかもしれない．

コラム 12.4
水圏の生産

　前世紀末から水圏の純一次生産の推定値が増加し，現在は，陸域：水圏の純一次生産量はほぼ1：1とされる（表12.5）．これには，従来のプランクトンネットをすりぬけていたピコプランクトンの評価，生産量推定法の進歩など，種々の理由がある．水圏の生産の要点をまとめておこう．

　水圏の一次生産の基盤は植物プランクトンの光合成である．光強度は水面でもっとも強く水深とともに減衰する．一方，プランクトンの死骸や動物プランクトンの糞は沈降するため，無機塩類（N, Pに加えてFe, 珪藻に必須のSiなど）の濃度は，水面でもっとも低く光の届かない深層で高くなる．水は4℃で最も重い，そして熱帯域でも1000 m以深では水温は4℃である．表面が暖かいと海水は成層し，上下の撹拌がなくなる．表層の栄養塩は希薄となり，このために熱帯の外洋の生産性は低い．

　暖流は低緯度から中緯度に向かうにつれて表面から水分が蒸発し比重が増加する．高緯度に至ると，塩分濃度に加えて水温も4℃に近づくので沈む．もっとも顕著な沈降は大西洋北部で起こる．沈降した水は2000年におよぶ海底の旅を続け，太平洋東岸などで湧昇する（図を参照，ENSOの海洋生産への影響については表12.5を参照）．

　高緯度地域では海面温度が低下するので深層水との比重差がなくなり，海が荒れると深層水と表面水とが混合する．このため千島列島に沿って南下する寒流の親潮の栄養塩濃度が高い．一方，成層した海域からの暖流である黒潮は貧栄養である．貧栄養で透明度が高いので太陽光の反射が少なく黒く見える．黒潮が伊豆諸島を通過する際には，深層水巻き上げタイプの湧昇が起こる．また黒潮と親潮がぶつかる三陸沖～常磐沖には潮目が生じ，ここでも深層水との撹拌が起こる．明るい水面近くに栄養塩が供給され，植物プランクトンの光合成生産は高まる．

　表に，海洋の3区域の生産を示した．これを表12.3と比較すると，湧昇域の純一次生産は陸域の森林に匹敵するレベルである．一方，外洋域の植物プランクトンの現存量は，熱帯多雨林のそれを4桁下回る．一次生産量を現存量で除した回転率は，水圏で著しく大きくなる．

12.3 世界の植生の一次生産

　光合成を行うプランクトンのサイズは栄養塩濃度によって大きく異なる．栄養塩濃度が低い海域のプランクトンは小さい．ピコプランクトン（細胞径 0.2〜2 μm）と呼ばれ，シアノバクテリアや真核プランクトンが含まれる．細胞が小さいので細胞表面積／体積比が大きく，希薄な栄養塩の吸収に有利である．魚はこのような小さな細胞を直接食べることはできない．栄養段階としては，ピコプランクトン→原生動物プランクトン→甲殻類（カイ脚類）などの動物プランクトン→ヤムシなどのメガ動物プランクトン→動物プランクトン捕食魚（ハダカイワシなど）→魚類を捕食する大型魚という栄養段階がある．一方，よい漁場となる湧昇域では，栄養塩濃度が高いので，1細胞が数十 μm にも達する細胞がはしご状につながった珪藻などが増殖する．これをプランクトンネット型のエラをもつカタクチイワシ類やマイワシ類などが直接食べる．水族館で大きな口をあけて海水を濾しとりながら泳いでいるイワシを見てほしい．南極では大型珪藻→オキアミ→クジラとなる．栄養段階が上がるごとに，その生産量にはリンデマン比がかかることは表12.1で学んだ．面積当たりの漁獲量では海域による一次生産の差がさらに拡大され，差は5桁に及ぶ．湧昇域では獲物の探索が容易なのでリンデマン比は20%に達する．

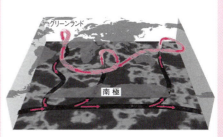

図　海洋の大循環
1周に1000〜2000年かかる．（海洋研究開発機構のHP（2024年7月）を改変）

表　海洋の生産

	面積 $10^{12} m^2$	純一次生産 $gC\,m^{-2}$年$^{-1}$	一次生産者現存量 $g\,m^{-2}$	栄養段階数	リンデマン比 %
外洋域	326	130	3	5	10
沿岸域	36	250	10	3	15
湧昇域	0.36	420	20	1.5	20

面積と純一次生産はMartinら（1987）．現存量，栄養段階とリンデマン比はWhittaker（1975）およびRyther（1969）による（高橋正征, 2012）．当時の現存量は過小評価だろう．外洋にはピコプランクトンだけでも約3〜8 g m^{-2}が存在する．（Buitenhuisら, 2012）

12.4 遷 移

火山の噴火による火山礫や溶岩によって，現在の植生が破壊され土壌が埋められたような場合，あるいは氷河によって土壌が削りとられたりした場合にも，そこには植物が侵入し，いくつかの種が交替してやがてはその気候にあった極相林となる．このプロセスを**遷移**（succession），あるいは植生遷移と呼ぶ．土壌がない状態からの遷移を**一次遷移**と呼ぶ．一次遷移には，火山の噴火などによって土壌がなくなった状態から起こる**乾性系列**，湖沼や湿原が徐々に堆積物によって陸地化するような**湿性系列**などが含まれる．一方，山火事で森林が焼けた場合や，農耕地が放棄された場合には土壌が残る．土壌が存在している場合の遷移を**二次遷移**と呼ぶ．

日本には火山が多く，歴史的にも噴火が記録されている．各時代の噴火によって一次遷移が始まるので，植生調査や土壌調査によって，遷移の様子が明らかにされている．桜島のような温暖な土地にあっても，土壌の形成を伴う極相林の成立のためには，数百年を要している（表 12.6）．

富士山の寄生火山である宝永火山は，1707 年に大噴火を起こし，その火山灰は江戸にも降った．富士山の東南，御殿場側は数 m の火山礫で覆われた．富士山の森林限界は 2500 m 付近であるが，御殿場側では，標高 1500 m 程度までしか樹木が上っておらず，現在でも一次遷移の様子を観察することができる．

桜島の遷移において，最初に登場するのは，イタドリ，ススキ[*12-5]，タマシダなどの草本植物である．次に，先駆樹種が登場し，次第にヤシャブシ（放線菌との共生で窒素固定を行う），アカマツ，クロマツなどの**陽樹**，最後に**極相林**（climax）である**陰樹**のタブノキ林に移る．このような種の移り変わりは，ティルマン（D. Tilman）の**資源量比仮説**（resource ratio hypothesis）によってよく説明できる（図 12.13）．たとえば，乾性一次遷移は，初期，裸

＊12-5　八丈島ではハチジョウススキ，富士山ではススキ属のカリヤスモドキがこれに替わる．

12.4 遷移

表 12.6 桜島の噴火年代の異なる溶岩流における主な植物種の移りかわり

各溶岩で最大の個体数を示す種名	各溶岩における個体密度（ha 当たり）			
	昭和溶岩	大正溶岩	安永溶岩	文明溶岩
大正溶岩				
ヤシャブシ	—	56	—	—
タマシダ	2	2083	186	—
イタドリ	10	487	76	10
ベニシダ	—	392	19	68
ススキ	3	357	170	193
ミツデウラボシ	+	166	6	—
安永溶岩				
アラカシ	—	+	884	768
ネズミモチ	—	—	846	255
ナワシログミ	—	—	734	245
ヒサカキ	—	81	564	137
シャシャンボ	—	1	514	77
マルバウツギ	—	100	460	63
シャリンバイ	—	—	372	78
ハクサンボク	—	—	156	145
クロマツ	1	4	96	93
ノリウツギ	—	42	68	—
ジャノヒゲ	—	—	188	145
チヂミザサ	—	16	178	152
ヤブラン	—	—	140	112
ヒトツバ	—	112	850	177
ツタ	—	33	176	125
文明溶岩				
イズセンリョウ	—	—	—	325
コガクウツギ	—	3	4	297
タブ	—	41	4	282
ヤブツバキ	—	—	2	263
マテバシイ	—	—	—	162
ヤブニッケイ	—	—	8	202
イヌビワ	—	47	56	128
フジウツギ	—	—	—	110
マルバハギ	—	—	106	257
ホシダ	—	—	66	208
チガヤ	—	—	—	177
ササクサ	—	—	92	110
テイカカズラ	—	—	—	997
ヘクソカズラ	—	65	118	428
ナツフジ	—	—	—	318
サルトリイバラ	—	—	138	203
サネカズラ	—	—	—	140

それぞれの噴火が起こったのは，昭和溶岩(1946)，大正溶岩(1914)，安永溶岩(1799)，文明溶岩(1476)である．昭和，大正，安永，文明溶岩について各種の個体数を調べ，各溶岩に典型的に見られる種のリストを作成した．イタドリ，タマシダ，ススキなどの先駆種から，ヤシャブシ，ノリウツギなどの先駆樹種，クロマツなどの陽樹，アラカシやタブなどの陰樹からなる極相林に遷移することがわかる．土壌がない状態からの一次遷移では，温暖の地であっても，極相林となるには数百年かかることがわかる．（田川日出夫, 1964 を，林 一六, 1989 がまとめたものによる）

■ 12章　陸域生態系の生態学

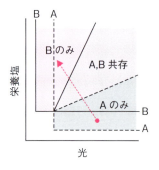

図12.13　ティルマンの資源量比仮説
種Aは貧栄養でも生存可能だが光が弱いと生存できない．一方，種Bは強い光は要求しないが，高レベルの無機栄養を要求する．これらの2種が一次遷移に現れるとすると，種Aの方が先駆的に現れる．植物現存量の増加に伴い光量は減少する．しかし，土壌には無機栄養が蓄積するのでBが現れる．A, Bが共存する時期もあるだろう．（原図）

地で起こる．したがって光は充分にある，一方栄養塩は少ない．このような場所には，強光に強く栄養塩は少なくても生育できるような種が最初に侵入する．この種の侵入によって，その場所の栄養塩のレベルは徐々に上がる一方，光のレベルはやや弱まる．陽樹は芽生えがやや強い光を要求し，陰樹は芽生えが弱光下でも生育できる．陽樹の芽生えは陽樹の成木の下では育たないが，このような場所でも陰樹の芽生えは大きくなることができる．これも種間競争の原理に基づく資源量比仮説によって説明できる交替であろう．

　しかし，種間競争を考えなくてもよい局面がある．たとえば，先駆植物のイタドリは地下茎が拡がりその先端付近から地下茎が出るので，こんもりとした島状のパッチ（島状個体）をつくる．成長にしたがってパッチの真ん中付近にドーナツ状の穴ができる．これは外向きに拡がる地下茎（地下部シュート）の分枝角が40°になっているためである（図12.14）．これによって地下茎全体が外側へ向かい，地上茎（地上部シュート）は明るい場所を占めるようになる．穴のあいた真ん中の部分の土壌の栄養塩レベルは裸地に比べてはるかに高く，また，物理的にもシュートの壁に囲まれているので，風も弱まり火山礫の移動も少ない．ここにはノコンギクやカリヤスモドキが定着する．また，陽樹のミネヤナギ，カラマツや，ダケカンバが定着するのもパッチ周縁部にほぼ限られる．このようなプロセスを**促進関係**（**扶助関係**，facilitation）と呼び，遷移の進行に大きく寄与している．

　パッチ周縁部のミネヤナギなどの定着には，菌根菌との共生が必要条件である．また，カラマツやダケカンバも，ミネヤナギの菌根菌叢のある場所に

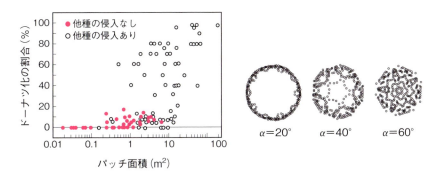

図12.14 イタドリのパッチの成長とドーナツ化，および他種の侵入
左：富士山におけるイタドリパッチのドーナツ化の度合いと他種の侵入過程，右：イタドリの地下茎の分枝角度と地上部シュートの存在場所のシミュレーション．主軸に対して分枝角度が20〜40°のときにはドーナツ化する．富士山のイタドリの平均分枝角は約40°である．(足立直樹ら，1996による)

定着する．遷移初期に限らず，遷移への菌根菌の関与が詳しく検討されなければならない．

　陽樹の林にせよ，陰樹からなる極相林にせよ，森林の内部は均一ではない．成木も，やがては病気，雨や雪の重み，嵐や落雷などの理由で倒れる．規模が小さい倒木であっても，日光が射し込むようになるし，数本あるいはもっと大きな規模で樹木が倒れると，林床にも日光が充分に射し込むようになる．このような場所を**ギャップ**と呼ぶ．ギャップには，先駆樹種や陽樹が入り込み，陰樹の極相種までの遷移がくり返す．森林を微視的に見れば，遷移の諸相が見られる．二次遷移は，一次遷移と比較してきわめて速やかに進行する．森林内部で起こる小さなギャップの再生は二次遷移として捉えることもできる．土壌有機物や菌根菌が速やかな遷移の進行を可能にしているだろう．

12.5　地球環境変化

　最終氷河期以来1万年（図12.15）以上にわたって，大気 CO_2 濃度は280 ppm でほぼ一定であった．ところが産業革命が起こった18世紀後半から大気の CO_2 濃度は増加しはじめ，2012年には，400 ppm を突破した（図12.16）．これは，人類による化石燃料の消費と，森林破壊に依っている（図

■ 12 章　陸域生態系の生態学

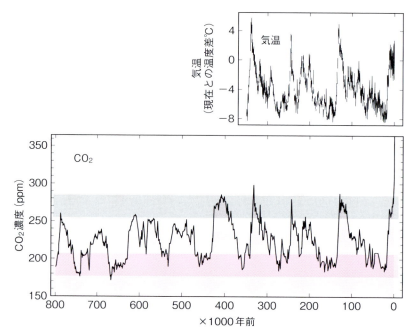

図 12.15　**南極の氷床コアサンプリングによる古環境の推定**
氷期（濃い色アミ）の CO_2 濃度は約 200 ppm，間氷期（灰色のアミ）の CO_2 濃度は約 280 ppm の変化を示してきた．気温も CO_2 と同調した変化を示す．因果関係はこれとは逆で，ミランコビッチサイクル（脚注 12.7 参照）により地球の表面温度が決まり，CO_2 の海水への溶解度や，植物プランクトンによる生産量変化（氷期の方が CO_2 取り込みが大きい）などによって大気 CO_2 濃度が決まる．ガスは直接コアから採取できる．一般に，蒸発や昇華は $H_2^{16}O$ の方が $H_2^{18}O$ よりもしやすいが，温度が高まるとその差が小さくなることを利用して気温を推定する．CO_2 のデータは，Lüthi *et al.* (2008)．温度は，日本のドームふじ深層氷床コアの解析による．（環境年表，2024）

12.17）．大気中の CO_2 をはじめとする温室効果ガスは，地表が射出する長波放射（遠赤外線）をよく吸収し，それを地表に再射出するため，長波放射が宇宙空間に射出されにくくなる．大気もふくめた地球全体から射出される長波放射が，太陽から地球に入射する短波放射と釣り合うまで地表面の温度は上昇する．これが地球温暖化の原因である．CO_2 は太陽からの短波はほとんど吸収しないが，長波を吸収する．ガラスも同様で，可視光には透明だが，長波は吸収してしまう．これが，ガラス温室が暖かくなる理由と考えられて

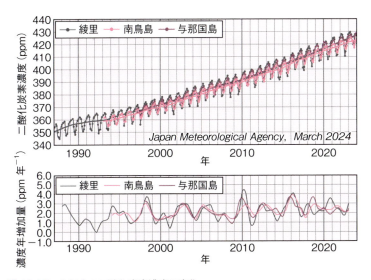

図 12.16　大気中の二酸化炭素濃度の変化
気象庁による，岩手県綾里，東京都南鳥島，沖縄県与那国島の連続計測．CO_2 濃度は植物の光合成により夏季に最小値を示す．また，北緯が増すほど陸域の面積が大きくなり年振幅が大きくなる．（気象庁HPより．2024 年 6 月）

いたため，CO_2 などのガスが**温室効果ガス**[*12-6] と呼ばれるようになった．

温室効果ガスには CO_2 の他，H_2O，CH_4（メタン），N_2O（一酸化二窒素，亜酸化窒素ともいう），それにオゾン層を破壊するフロンがあげられる．

地球の放射バランスを図 12.18 に示す．地表の温度を決定する要因としては，まず，太陽から入射する短波エネルギーがどの程度反射されるかである．雲や氷雪が多いと反射率（アルベド）が大きくなる．1991 年 6 月のフィリピン，ピナツボ火山の噴火によって火山灰や硫酸エアロゾルなどが成層圏をただよい，2 年間にわたり地球の平均気温が約 0.6℃ 低下した．この場合はピナツボ火山単独だが，いくつもの火山が連動して噴火したり，大隕石がぶつかっ

---

*12-6　短波放射も長波放射も吸収しにくい岩塩板を使って温室をつくっても，空気がよどむので温室内部は暖まることが証明されている．したがって，温室効果ガスという用語は不適切である．

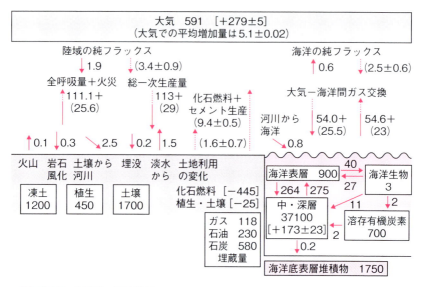

図 12.17　全地球の炭素循環
　□で囲んだ数値は炭素の現存量で単位は Pg C = 10^{15} C g. 1 Pg（ペタグラム）= 1 Gt（ギガトン）に当たる．また□の中の，[ ]内の数値は 1750 年から 2010～2019 年までの人為的な活動による変化量を示している（単位は Pg C）．化石燃料の埋蔵量については最新の値のみを示した．実線の矢印は 1750 年以前の年間のフラックス．点線のフラックスは 2010～2019 年の平均フラックスで値は（ ）内．吸収単位はいずれも Pg C 年$^{-1}$．化石燃料の消費と土地利用の変化で毎年 11 Pg C 年$^{-1}$ が主に CO_2 の形で放出される．陸域と海洋の吸収増加は，3.4，2.5 Pg C 年$^{-1}$ で，その残りが大気中に蓄積する．現在の総一次生産は陸域で 142 Pg C 年$^{-1}$，海洋で 80 Pg C 年$^{-1}$ である．表 12.5 の純一次生産のデータを使うと，P_n/P_g は陸域で約 0.46，海洋で約 0.67 と計算される．（『環境年表』，2023 による）

たりした場合に撒き上がった砂塵や森林火災によるエアロゾルなどによってアルベドが増加すれば，気温の低下はより著しくなる．さらに低温によって氷雪が増え，ますますアルベドが大きくなり地球の寒冷化が進む．これが，**全球凍結**や**生物大絶滅**の一因とされている．

　温室効果ガスでもあり，アルベドを大きく変更する雲の主成分である大気中の H_2O が温暖化の 1 つの鍵を握っていることは確実である．温室効果ガスとしての H_2O の効果は，CO_2 の効果の 2 倍程度といわれている．

　温室効果ガスが増加すると，地球の表面温度が上昇するのは，物理的に充

12.5 地球環境変化

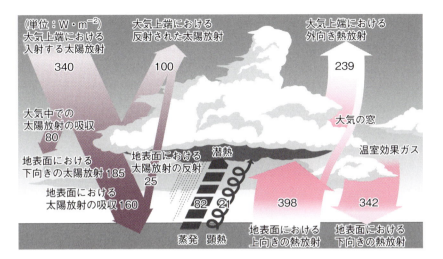

図12.18　地球表面のエネルギーの出入り
地球の受ける太陽エネルギーは太陽定数×地球の断面積となるが，それを地球表面積で平均するので 1/4 の値（1366/4 ～ 340 W m^{-2}），地球のアルベドは約 0.3（6章参照）なので約 100 W m^{-2} となる．地表面に到達する太陽放射（短波）は 160 W m^{-2} である．太陽放射に温められた地球表面は熱（赤外線あるいは長波）を放射する．大気の成分が吸収しない波長域の長波はそのまま宇宙空間に抜けるが，大部分は大気に吸収され，地表と宇宙に向けて再放射される．図 12.8 で検討したように，地表面の純放射は水の蒸発熱としても使われる（蒸発，潜熱）．顕熱は，対流や風によるエネルギーの動きであり，地表面の熱が奪われる．地表面に注目すれば，短波と長波によって地表面に供給されたエネルギーは，長波放射，潜熱伝達，顕熱伝達によって失われる．（『環境年表』，2023 による）

分根拠があり，大気中の CO_2 を始めとする温室効果ガスの上昇が，現在進行中の温暖化を推進していることは間違いない．太陽と地球の関係には，ミランコビッチサイクル[*12-7] と呼ばれる周期性がある．また，太陽活動にも周期性とそれが乱れる時期がある．これが雲が形成される際の核をつくる宇宙線の地球への入射量に影響する．今後，太陽の活動が弱まり地球に到達する

[*12-7] セルビアの M. Milankovitch が唱えた地球軌道の 3 要素による周期的変化．自転軸の歳差運動，地軸傾斜角の変化，地球公転軌道の離心率などが，日射量の約 10 万年周期をもたらす（図 12.15 参照）．

宇宙線の量が増えるので，地球は 14 〜 17 世紀がそうだったような，小氷河期に向かう可能性も指摘されている．しかし，このような要因と，CO_2 濃度の上昇による温暖化傾向とは，別個に理解されなければならない．

　温暖化が進むと，海水が地殻よりも大きく膨張し海面が上昇する[*12-8]．海抜が低い島嶼国や，海岸付近の大都市などでは海面上昇による被害が起こるだろう．植物にとっても，温暖化や CO_2 濃度の上昇は大きな問題となる．過去には，現在よりもはるかに高い CO_2 濃度や気温の時期があり，植物もそのような環境にさらされていた．しかし，全球凍結などの極端な環境変化が起こった時期を除けば，地球史上の CO_2 濃度や気温の変化速度は緩やかであり，植物が環境変化に対して適応しつつ追随することが可能だった可能性がある．少なくとも，適切な環境へ移動することはできたはずである．しかし，産業革命以降の CO_2 濃度や気温変化は著しく急速であり，植物が，この変化に適応し，常に適応度の高い状態を保つことは不可能である．

　図 12.19 は，日本の森林生態系の優占種樹木が，今後どのような分布を示すのかを予想したものである．緯度 1° は 110 km に相当し，平均気温は約 1℃ 異なる．したがって，今後 100 年間で 3℃ 気温が上昇するとすれば，樹木は 3.3 km 年$^{-1}$ で北上しなければならないことになる．樹木には種子ができるようになるまでに何年もかかるようなものも多い．また，ブナ類，カシ類，ナラ類などは種子が大きく，カケスやネズミ類による移動距離は大きくない．したがってこの移動速度の実現は難しい．都市や交通網によって森林が分断されていることも樹種の北上を難しくしている．

　CO_2 濃度の上昇の光合成に及ぼす影響については 8 章ですでに述べた．CO_2 は光合成の基質であり，高 CO_2 環境は植物にとって一見好都合のように思えるが，光合成や成長が CO_2 の上昇に比例して応答することはない．高 CO_2 で成長がかえって抑えられるという実験例も多い．高 CO_2 条件でよい生産性を示す植物をつくり出さなければ，増え続ける人口を支える食糧生

[*12-8]　これまで地球の水循環系から隔離された状態だった地下水のくみ上げ量の増加も海面上昇の重要な原因である．

12.5 地球環境変化■

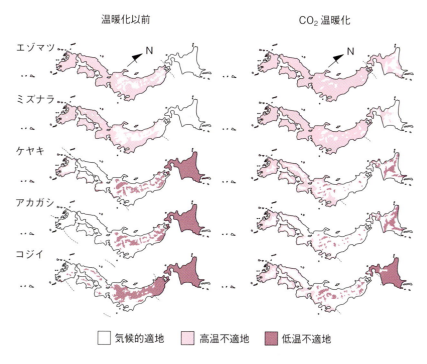

図 12.19 気候温暖化による5樹種の気候的適地の分布変化
大気 CO_2 濃度が2倍になり平均気温が3〜4℃上昇するとした場合の変化.（内嶋善兵衛ら, 1992 より）

産は困難だし, 代替エネルギーとしてのバイオマス生産にも期待がもてない. また, 植生の光合成による大気 CO_2 濃度上昇の緩和効果も小さいものになるだろう. 大気 CO_2 濃度の上昇と植物の生産に関しては補遺（12S.1）に詳しく述べた.

参考文献・引用文献

図表の引用も多くの場合，参考文献から採用した．引用文献についてはタイトルを省略した．

全体の参考文献
岩城英夫 編 (1979)『群落の機能と生産』朝倉書店．
Campbell, G. S., Norman, J. M.（久米 篤ら 監訳）(2003)『生物環境物理学の基礎 第 2 版』森北出版．
Gates, D. M. (1980) "Biophysical Ecology" Springer, New York (Reprinted by Dover in 2003).
Jones, H. G.（久米 篤・大政謙次 監訳）(2017)『植物と微気象 第 3 版』森北出版．
加藤美砂子 (2019)『植物生理学』裳華房．
吉良竜夫 (1976)『陸上生態系』共立出版．
小池孝良ら 編 (2020)『木本植物の生理生態』共立出版．
国立天文台 編 (2023)『環境年表 2023-2024』丸善出版．
甲山隆司ら (2004)『植物生態学』朝倉書店．
黒岩澄雄 (1990)『物質生産の生態学』東京大学出版会．
Lambers, H., Oliveira, R. S. (2019) "Plant Physiological Ecology" 3rd Ed., Springer, New York.
Larcher, W.（佐伯敏郎・舘野正樹 監訳）(2004)『植物生態生理学 第 2 版』シュプリンガー・ジャパン．
牧野 周ら（2022）『エッセンシャル植物生理学』講談社．
門司正三 (1976)『生態学総論』共立出版．
近藤純正 (2000)『地表面に近い大気の科学』東京大学出版会．
Monsi, M., Saeki, T. (2005) Ann. Bot., 95: 549-567.（ドイツ語原著（1953）の英訳）
Monteith, J. L., Unworth, M. H. (2008) "Principles of Environmental Physics" 3rd Ed., Academic Press, Burlington.
日本地球惑星科学連合 編（2020）『地球・惑星・生命』東京大学出版会．
日本光合成学会 編（2021）『光合成』朝倉書店．
日本生態学会 編 (2012)『生態学入門 第 2 版』東京化学同人．
日本生態学会 編（森長真一・工藤 洋 編）(2012)『エコゲノミクス』共立出版．
Nobel, P. S. (2020) "Physicochemical and Environmental Plant Physiology" 5th Ed., Academic Press, San Diego.
Raven, P. et al. (2005) "Biology of Plants" 7th Ed., Freeman, New York.
Real, L. A., Brown, J. H. (1991) "Foundation of Ecology: Classic Papers with Commentaries" Chicago University Press, Chicago.
桜井英博ら (2017)『植物生理学概論 改訂版』培風館．
多田隆治 (2017)『気候変動を理学する 新装版』みすず書房．
Taiz, L. et al.（西谷和彦・島崎研一郎 監訳）(2017)『植物生理学・発生学 第 6 版』講談社．
寺島一郎 編 (2001)『環境応答』朝倉書店．
Whittaker, R. H. (1979)（宝月欣二 訳　原著 1975）『生態学概説 第 2 版』培風館．

1章

引用文献

太田猛彦（2012）『森林飽和』NHK 出版.

鶴見和子 (1981)『南方熊楠』講談社.

(その他の 1 章の引用文献は 1 章補遺本文中にまとめてある)

2章

参考文献

Darwin, C. (1859) "On the Origin of Species" John Murray, London.(たとえば Penguin Classics (2009) などで読むことができる)

河田雅圭 (2024)『ダーウィンの進化論はどこまで正しいのか？』光文社新書.

Niklas, K. J. (1997) "Evolutionary Biology of Plants" Chicago University Press, Chicago.

酒井聡樹ら (2012)『生き物の進化ゲーム 大改訂版』共立出版.

嶋田正和ら (2005)『動物生態学 新版』海游舎.

引用文献

Elton, C. (1927) "Animal Ecology" Sidewick & Jackson, London.

細谷祐一 (2002) 科学基礎論研究，29：75-80.

Hutchinson, G. E. (1957) Cold Spring Harbor Symp. Quant. Biol., **22**: 415-427.

松本忠夫 (1993)『生態と環境』岩波書店.

森島啓子 (1996)『植物の生き残り作戦』井上 健 編，平凡社，p. 64-77.

長田敏行 (2017)『メンデルの軌跡を訪ねる旅』裳華房.

高橋成人 (1982)『イネの生物学』(科学全書) 大月書店.

3章

参考文献

Beerling, D. (2015) (西田佐知子 訳)『植物が出現し、気候を変えた』みすず書房.

長谷部光泰 (2020)『陸上植物の形態と進化』裳華房.

井上 勲 (2007)『藻類 30 億年の自然史 第 2 版』東海大学出版会.

伊藤元己 (2012)『植物の系統と進化』裳華房.

川上紳一 (2000)『生命と地球の共進化』日本放送出版協会.

西田治文 (2017)『化石の植物学』東京大学出版会.

及川武久・山本 晋 編著 (2013)『陸域生態系の炭素動態』京都大学学術出版会.

田近英一 (2021)『地球環境 46 億年の大変動史』化学同人.

島崎研一郎 (2023)『気孔』裳華房.

引用文献

Sack, F. D., Paolillo, D. J. Jr (1983) Amer. J. Bot., **70**: 1019-1030.

4 章
参考文献
Bell, A. D., Bryan, A. (2008) "Plant Form" New Ed., Oxford University Press, Oxford.
Esau, K. (1965) "Plant Anatomy" 2nd Ed., John Wiley, New York.
Esau, K. (1977) "Anatomy of Seed Plants" 2nd Ed., John Wiley, New York.
Haberlandt, G. (1914) "Physiological Plant Anatomy"(ドイツ語第4版からの英訳)Today and Tomorrow's, New Delhi.
原　襄 (1984)『植物の形態 増訂版』裳華房.
原　襄 (1994)『植物形態学』朝倉書店.
福原達人　HP（https://staff.fukuoka-edu.ac.jp/fukuhara/index.html 植物形態学関係の美しい写真と正確な解説が得られる）
熊沢正夫 (1979)『植物器官学』裳華房.
Mauseth, J. D. (1988) "Plant Anatomy" Benjamin /Cummings, Melo Park, CA.
西谷和彦 (2011)『植物の成長』裳華房.
大原 雅 (2010)『植物の生活史と繁殖生態学』海游舎.
引用文献
馬場啓一 (2001)『環境応答』寺島一郎 編, 朝倉書店, p. 153-160.
唐原一郎 (1995) 化学と生物, **33**: 246-251.
Sage, T., Sage, R. (2009) Plant Cell Physiol., **50**: 756-772.
桜井直樹 (1997) 化学と生物, **35**:581-588.

5 章
参考文献
Boyer, J. S. (1995) "Measuring the Water Status of Plants and Soils" Academic Press, San Diego.
de Kroon, H., Visser, E. J. W.（森田茂紀・田島亮介 監訳）(2008)『根の生態学』シュプリンガー・ジャパン.
Holbrook, N. M., Zwieniecki, M. A. eds. (2005) "Vascular Transport in Plants" Elsevier, Amsterdam.
加藤 潔 (1991)『物質の輸送と貯蔵』茅野充男 編, 朝倉書店, p. 39-48.
Koide, R. T. *et al.* (1989) "Plant Physiological Ecology" Pearcy, R.W. *et al.* eds., Chapman & Hall, London, p. 161-183. (Reprinted by Kluwer, Dordrecht in 2000)
Kramer, P., Boyer, J. S. (1995) "Water Relations of Plants and Soils" Academic Press, San Diego.
丸田恵美子 (2012)『冬の樹木の生理生態学』岩波出版サービスセンター.
佐伯敏郎 (1981)『水とイオン』熊沢喜久雄 編, 朝倉書店, p. 78-97.
森林水文学編集委員会 編 (2007)『森林水文学』森北出版.
Slatyer, R. O. (1967) "Plant-Water Relationships" Academic Press, London.
Tyree, M. T., Zimmermann, M. H.（内海泰弘ら 訳）(2007)『植物の木部構造と水移動様式』シュプ

リンガー・ジャパン.

引用文献

Briggs, L.J., (1950) J. Appl. Physic., **21**: 721-722.

Higinbothum, N., *et al.* (1967) Plant Physiol., **42**: 37-46.

Ooeda, H. *et al.* (2017) Plant Cell Physiol., **58**: 354-364.

Scholander, P. F. *et al.* (1965) Science **148**: 339-346.

Stirzaker, R. J., Passioura, J. B. (1996) Plant Cell Environ., **19**: 201-208.

Taneda, H. *et al.* (2022) Plant Physiol., **190**: 1687-1698.

6 章

参考文献

Campbell, G. S., Norman, J. M.（久米 篤ら 監訳）(2010)『生物環境物理学の基礎 第 2 版』森北出版.

Gates, D. M. (1980) "Biophysical Ecology" Springer, New York. (Reprinted by Dover in 2003)

Grime, J. P. (2001) "Plant Strategies and Vegetation Processes" 2nd Ed., Wiley, Chichester.

北海道大学低温科学研究所・日本光合成学会 共編 (2008)『光合成研究法』低温科学 第 67 巻.（北海道大学低温科学研究所 HP から最新版のダウンロードが可能）

古谷雅樹 (2002)『植物は何を見ているか』岩波書店.

近藤純正 (2000)『地表面に近い大気の科学』東京大学出版会.

Monteith, J. L., Unworth, M. H. (2008) "Principles of Environmental Physics" 3rd Ed., Academic Press, Burlington.

柴田和雄 (1976)『分光測定入門』共立出版.

引用文献

Ballaré, C. L. *et al.* (1990) Science, **247**: 329-332.

Evans, J. R. (1999) "Plants in Action" Atwell, B. *et al.* eds., Macmillan Education Australia, South Yarra, p. 23-44.

Fleagle, R. G., Businger, J. A. (1963) "An Introduction to Atmospheric Physics" Academic Press, New York.

Nagashima, H., Hikosaka, K. (2012) New Phytol., **195**: 803-811.

Nagashima, H. *et al.* (1995) Ann. Bot., **75**: 173-180.

Papageorgiou, G. C., Govindjee eds. (2004) "Chlorophyll a Fluorescence" Springer, Dordrecht.

Smith, H. (1982) Annu. Rev. Plant Physiol., **33**: 481-518.

Suetsugu, N. *et al.* (2005) Proc. Natl. Acad. Sci. USA, **102**: 13705-13709.

7 章

参考文献

Blankenship, R. E. (2021) "Molecular Mechanisms of Photosynthesis" 3rd Ed., Blackwell, Oxford.

Sage, R. F. *et al.* (2012) Annu. Rev. Plant Biol., **63**: 19-47.

園池公毅（2008）『光合成とは何か』講談社ブルーバックス．
von Caemmerer, S. (2000) "Biochemical Models of Leaf Photosynthesis" CSIRO, Collingwood.
引用文献
Berner, R.A. (2006) Geochim. Cosmochim., Acta **70**: 5653-5664.
Berner, R.A., Kothavala, Z. (2001) Amer. J. Sci., **301**: 182-204.
Caemmerer, S. von, Farquhar, G. D. (1981) Planta, **153**: 376-387.
沈 建仁 (2021) 日本光合成学会編『光合成』朝倉書店，p. 179-186.
Noji, H. *et al.* (1997) Nature, **386**: 299-302.
Tazoe, Y. *et al.* (2006) Plant Cell Environ., **29**: 691-700.
Tazoe, Y. *et al.* (2008) Plant Cell Physiol., **49**: 19-29.
Yoshida, K., Hisabori, T. (2023) Plant Cell Physiol., **64**: 705-714.

8 章
参考文献
Björkman, O. (1981) "Encyclopedia of Plant Physiology" New Series, Vol. 12A, Lange, O. *et al.* eds., Springer, Berlin, p. 57-107.
彦坂幸毅（2016）『植物の光合成・物質生産の測定とモデリング』共立出版．
Hubbard, K. E. *et al.* (2012) Ann. Bot., **109**: 5-17.
南川雅男・吉岡崇仁 編 (2006)『生物地球化学』培風館．
酒井 均・松久幸敬 (1996)『安定同位体地球化学』東京大学出版会．
Terashima, I. *et al.* (2006) J. Exp. Bot., **57**: 343-354.
Terashima, I. *et al.* (2011) Plant Physiol., **155**: 108-116.
引用文献
Ando, E. *et al*. (2022) New Phytol., **236**: 2061-2074.
浅田浩二 (1999)『植物の環境応答』渡辺 昭ら 編, 秀潤社, p.107-119.
Cornic, G., Masacci, A. (1996) "Photosynthesis and the Environment" Baker, N. R. ed., Kluwer, Dordrecht, p. 347-366.
Demmig-Adams, B., Adams, W. W. III. (2006) New Phytol., **172**: 11-21.
Ehleringer, J. R., Pearcy, R. W. (1983) Plant Physiol., **73**: 555-559.
Evans, J. R. (1989) Oecologia, **78**: 9-19.
Fujita, T. *et al.* (2013) New Phytol., **199**: 395-406.
Fujita, T. *et al.* (2019) Funct. Plant Biol., **46**: 467-681.
Hashimoto-Sugimoto, M. *et al.* (2006) Nature Cell Biol., **8**: 391-397.
Henderson, S. *et al.* (1994) "Ecophysiology of Photosynthesis" Schulze, E. -D., Caldwell, M. M. eds., Springer, Berlin, p.529-549.
Hikosaka, K., Anten, N. P. R. (2012) Funct. Ecol., **26**: 1024-1032.
Hikosaka, K., Terashima, I. (1995) Plant, Cell Environment, **18**: 1111-1128.

Hirose, T., Werger, M. J. A. (1987) Oecologia, **72**: 520-526.
Ishikawa, C. *et al.* (2009) Plant Prod. Sci., **12**: 345-350.
Jordan, D. B., Ogren, W. L. (1984) Planta, **161**: 308-313.
児玉 豊 (2018) 化学と生物，**57**: 21-28.
Kono, M. *et al.* (2017) Plant Cell Physiol., **58**: 35-45.
皆川 純 (2021) 日本光合成学会編『光合成』朝倉書店，p. 35-40.
Miyata, K. *et al.* (2012) Photosynth. Res., **113**: 165-180.
Mizokami, Y. *et al.* (2015) Plant Cell Environ., **38**: 388-398.
Mizokami, Y. *et al.* (2022) Ann. Bot., **130**: 265-283.
Mott, K., Parkhurst, D. F. (1991) Plant Cell Environ., **14**: 509-515.
Sage, R., Pearcy, R. (1987) Plant Physiol., **84**: 959-963.
Sage, R. *et al.* (1989) Plant Physiol., **89**: 590-596.
Su, X. *et al.* (2017) Science, **357**: 815-820.
Takahashi, F. *et al.* (2018) Nature, **556**: 235-238.
Tazoe, Y. *et al.* (2006) Plant Cell Environ., **29**: 691-700.
Terashima, I., Saeki, T. (1983) Plant Cell Physiol., **24**: 1493-1501.
Terashima, I. (1986) J. Exp. Bot., **37**: 399-405.
Tieszen, L. L. *et al.* (1979) Oecologia, **37**: 337-350.
Yamori, W. *et al.* (2014) Photosynth. Res., **119**: 101-117.
横田明穂 編著 (1999)『植物分子生理学入門』学会出版センター.

9 章

参考文献

Amthor, J.（信濃卓郎 訳，及川武久 監訳）(2001)『呼吸と作物の生産性』学会出版センター.
Holbrook, N. M., Zwieniecki, M. A. eds. (2005) "Vascular Transport in Plants" Elsevier, Amsterdam.
野口 航 (2001)『環境応答』寺島一郎 編，朝倉書店 , p. 195-206.
及川武久 (1979)『群落の機能と生産』岩城英夫 編，朝倉書店 , p. 150-204.
Thornley, J. H. M. (1976) "Mathematical Models in Plant Physiology" Academic Press, London.

引用文献

Hachiya, T. *et al.* (2007) Plant Cell Environ., **30**, 1269-1283.
Kimura, M. *et al.* (1978) Bot. Mag., **91**: 43-56.
McCree, K. J. (1970) "Prediction and Measurement of Photosynthetic Productivity" Setlik, I. ed., Pudoc, Wageningen, p. 221-229.
Noguchi, K. *et al.* (2001) Plant Cell Environ., **24**: 831-840.
Penning de Vries, F. W. T. (1975) "Photosynthesis and Productivity in Different Environments" Cooper, J. P ed., Cambridge University Press, Cambridge, p. 459-480.
Penning de Vries, F. W. T. *et al.* (1983) "Potential Productivity of Field Crops under Different

Environments" International Rice Research Institute, Los Baños, Laguna Philippines, p. 37-59.
Pooter, H. *et al.* (1991) Physiol. Plant., **83**: 469-475.
Szaniawski, R. K., Kielkiewicz, M. (1982) Physiol. Plant., **54**: 500-504.

10 章
参考文献
Epstein, E., Bloom, A. J. (2005) "Mineral Nutrition of Plants: Principles and Perspective" 2nd Ed., Sinauer, Sunderland.
間藤徹ら 編著 (2010)『植物栄養学 第 2 版』文永堂出版.
齋藤雅典 編著（2020）『菌根の世界』築地書館.
齋藤雅典 編著（2023）『もっと菌根の世界』築地書館.
引用文献
Golloway, J. N. *et al.* (2004) Biogeochem., **70**: 153-226.
Hachiya T. *et al.* (2012) Plant Cell Physiol., **53**: 577-591.
Hachiya T. *et al.* (2021) Nat. Comm., **12**: 4944.
河内 宏 (2001)『代謝』山谷知行 編，朝倉書店，p.38-47.
Ma, J. F. (2005) Crit. Rev. Plant Sci., **24**: 267-281.
馬 建鋒 (2023) 肥料科学, **45**: 109-139.
Nyfeler, D. *et al.* (2011) Agr. Ecosystem Environ., **140**: 155-163.
Stribley, D. P. *et al.* (1980) J. Soil Sci., **31**: 655-672.
Takagi, S. (1976) Soil Sci. Plant Nutr. **12**: 423-433.

11 章
参考文献
巌佐 庸 (1998)『数理生物学入門』共立出版.
引用文献
Abe, M. *et al.* (2005) Science, **309**: 1052-1056.
Aikawa, S. *et al.* (2010) Proc. Natl. Acad. Sci, USA, **107**: 11632-11637.
Furuhata, I., Monsi, M. (1973) J. Fac. Sci. Univ. Tokyo. Sect III, **11**: 243-262.
可知直毅 (1997) 日本生態学会誌, **47**: 171-174.
河野昭一 編著（1988）『ニュートン　植物の世界』教育社.
河野昭一 (1996)『植物の世界』朝日新聞社, **109**(10): 30-32.
Monsi, M. (1960) Bot. Mag. Tokyo, **73**: 81-90.
Poorter, H., Remkes, C. (1990) Oecologia, **83**: 553-559.
Saab, L. N. *et al.* (1990) Plant Physiol., **112**: 1329-1336.
Sanagi, M. *et al.* (2021) Proc. Natl. Acad. Sci. USA, **118**: e2022942118.
Sone, K. *et al.* (2009) J. Plant Res.,**122**: 41-52.

Takenaka, A. (1994) J. Plant Res., **107**: 321-330.

Tamaki, S. *et al.* (2007) Science, **316**: 1033-1036.

横井洋太 (1984) 遺伝 , **38**(4): 32-38.

12 章

参考文献

林 一六 (1990)『植生地理学』大明堂.

菊沢喜八郎 (2005)『葉の寿命の生態学』共立出版.

日本生態学会 編，原 登志彦 担当編集 (2014)『地球環境変動の生態学』共立出版.

多田隆治（2017)『気候変動を理学する 新装版』みすず書房.

田川日出夫 (1982)『植物の生態』共立出版.

Tilman, D. (1982) "Resource Competition and Community Structure" Princeton University Press, Princeton.

内嶋善兵衛 (2005)『〈新〉地球温暖化とその影響』裳華房.

引用文献

Adachi, N. *et al.* (1996a) Ann. Bot., **77**: 477-486.

Adachi, N. *et al.* (1996b) Ann. Bot., **78**: 169-179.

Behrenfeld, M. J. *et al.* (2001) Science, **291**: 2594-2597.

Buitenhuis, E. T. *et al.* (2012) Earth Syst. Sci. Data, **4**: 37-46.

Geider, R. J. *et al.* (2001) Global Change Biol., **7**: 849-882.

Kira, T., Shidei, T. (1967) Jpn. J. Ecol., **17**: 70-87.

Lindeman, R. L. (1942) Ecology, **4**: 399-417.

Lüthi, D. *et al.* (2008) Nature, **453**: 379-382.

Martin J. H. *et al.* (1987) Deep Sea Res., **34**: 267-285.

松本忠夫 (1993)『生態と環境』岩波書店.

及川武久 (2000)『生命を支える光』佐藤公行・和田正三 編，共立出版，p. 177-190.

Olson, J. S. (1963) Ecology, **44**: 327-332.

Ryther, J.H. (1969) Science, **166**: 72-76.

Schulze, E. -D. (1982) "Encyclopedia of Plant Physiology Vol. 12 B" Lange, O. *et al.* eds., Springer, Berlin, p. 615-676.

高橋正征 (2012)『生物圏の科学』松本忠夫編 著，放送大学教育振興会，p.146-162.

安田延壽 (1992)『水の気象学』武田喬男ら 著，東京大学出版会，p. 115-130.

索　引

欧　字

AOX　171
C4　116
CAM　116, 117
CO_2濃縮機構　150
COX　170
D1　157
FTタンパク質　187
GS-GOGAT系　114
H^+-ATPase　35
K戦略型　97
PEPCase　116
place　7
Qサイクル　107
RuBPカルボキシレーション律速　127
RuBP再生速度によって律速　128
RuBPの再生　111
r戦略型　97
SAM　119
SPAC　57

あ

アーバスキュラー菌根　202
亜寒帯　239
アクアポリン　139
圧縮あて材　51
圧（静水圧）ポテンシャル　53
圧流説　185
圧力　37
あて材　50
亜熱帯高圧帯　227
アブシシン酸　134, 215
アポプラスト　35
　──型　185
　──経路　70
アンローディング　187

い

育種　15
維持呼吸　175
一次生産　240
一次遷移　254
一次電子受容体　103
一次能動輸送　191
一回繁殖型　217
遺伝子のシャッフル　27
遺伝子頻度　13
遺伝的変異　9
陰樹　254

う

渦　245
渦相関法　245
裏側（背軸側）　44

え

永久萎凋点　69
枝の自律性　224
越年生植物　217
塩害　236
遠赤色光　77

お

オームの法則　60
オキシゲナーゼ　112
オゾンホール　78
表側（向軸側）　44
オルソン（J. S. Olson）の式　231
温室効果ガス　83, 259
温度　37

か

開環テトラピロール　85
外骨格型　40
概日性リズム　94, 138
外生菌根　202
解糖系　168
海綿状組織　88
海流　228
化学合成細菌　240
化学浸透説　107
化学ポテンシャル　36
過還元状態　159
拡散係数　60
隔膜形成体　34
撹乱依存型　93, 98
カスパリー線　46, 70
花成ホルモン　187
かたまり　245
褐色森林土壌　233
活性酸素　23
仮道管　48
過分極状態　133
可変性二年草　217
夏緑樹林　239
カルヴィン-ベンソン-バッシャム回路　109
カロテ（チ）ノイド　84
環境　2
環境形成作用　2
乾荒原　240
環状テトラピロール　85
乾性系列　254

272

索 引

完全放射体 81

き

気孔 25, 131
気孔コンダクタンス 60
気孔周辺部の蒸散 136
忌日性 154
基底状態 101
機能型 4
キノンサイクル 107
基本（的）ニッチ 8
ギャップ 257
吸光度 83
境界層 59
境界層コンダクタンス 60
強光位 154
競争型 98
競争阻害 126
共鳴移動 103
共役二重結合 84
極相林 250, 254
キレート作用 198
菌根 27

く

グアノ 197
偶然 13
クエン酸 198
クエン酸回路 169
クチクラ 25
クチン 25
クラスター根 198
グラナ 100
クリプトクロム 97
クローナル植物 30
クロロフィル 83
群集 2

け

形成層 42
ゲーム理論 167
原形質連絡 34
減数分裂 27

こ

高茎草原 240
光合成法 243
高山草原 240
向日性 154
構成呼吸 175
光量子 75
硬葉樹林 239
呼吸鎖電子伝達系 170
呼吸商 174
黒体 81
個生態学 5
個体群 2, 4, 9
五炭糖リン酸 111
コック（B. Kok）効果 141
固定化 194
コリオリ力 228
コルク形成層 42
コレオケーテ 24
子を残しやすい個体の子が残る 11
根圧 71
根冠 42
根端分裂組織 42
根分法 217
根粒 204
根粒菌 204

さ

再充填 73
最適切換え 221
最適制御理論 221

サイトカイニン 195
細胞間隙 131
細胞質 131
細胞の体積を一定 147
細胞板 34
細胞壁 32, 131
細胞膜 131
細胞膜 H^+-ATPase 132
佐伯敏郎 89
柵状組織 88
沙漠 240
サバンナ 230, 240
　——林 237
作用 2
酸化還元電位 104
酸化還元レベルに応答 148
酸化的ペントースリン酸回路 169
酸性雨 189
酸素発生型光合成 22
三炭糖リン酸 111
散乱 159

し

シアノバクテリア 22
シアン耐性経路 171
ジェット気流 228
ジェネート 30
紫外線 77
自家不和合性 15
篩管 48
篩管組織 48
資源比率仮説 254
篩細胞 48
脂質 179
システミックな制御 216
自然誌 2
自然選択 10
実現ニッチ 8

273

湿性系列 254
シトクロム 104
　── b6f 104
　──経路 170
篩部柔細胞 48
弱光位 154
シュート 29
　──（茎）頂分裂組織 41
重力ポテンシャル 53, 72
樹幹流 189
種の起源 1
シュプレンゲル‐リービッヒの最少律 124
純一次生産 241
順化 14
馴化 14
循環型電子伝達経路 107
純生産／総生産 248
純同化速度 209
純同化率 209
硝化細菌 192
蒸散 57
照葉樹林 237
小葉枕 153
初期電荷分離 103
植食動物 240
自律的 215
進化 12
心材 49
真正中心柱 49
浸透ポテンシャル 53
振動レベル 101
シンプラスト 35
　──型 185
　──経路 46, 70
針葉樹林 239
森林 232

す

水圏 252
水素結合 65
水平伝播 12
スクロース 112
スケーリング 2
ステップ 240
ステファン‐ボルツマンの式 79
ストレス耐性型 98
ストロマ 99
スペクトログラフ 94

せ

ゼアキサンチン 155
西岸海洋性気候 230
青色光応答 132
生態系 4
成長転換効率 177
成長方向の制御 92
生物大絶滅 260
正リン酸イオン PO_4^{3-} 196
赤外線 77
赤色光経路 133
積分球 87
セコイアメスギ 64
背ぞろい現象 95
世代交代 27
背伸び現象 94
セルロース 32
遷移 4, 254
全球凍結 260
線形電子伝達経路 107
穿孔 47
全身的 215

そ

相観 236

相対成長速度 177, 208
相対成長率 177
層別刈り取り法 91
側根 48
促進関係 256
組織 42
組織系 42

た

ダーウィン 1
ターンオーバー 181
第 1 励起状態 101
第 2 励起状態 101
大気の窓 78
代謝回転 181
太陽定数 80
多回繁殖型 217
高さ 37
脱窒素反応 194
脱粒性 14
単位（性）個体 29
炭酸脱水酵素 138, 139
短枝 45
炭素安定同位体比 120
短波 77
タンパク質 179
単面葉 45

ち

チェルノジョーム 233
チオレドキシン 111
地上部と地下部の比率 214
地中海性気候 230
窒素固定 204
窒素生産性 210
窒素利用効率 144
中心柱 46
長枝 45

索引

長波 77
チラコイド 100

つ

通水障害 73
接ぎ木 217
積み上げ法 243
積み込み 185
ツンドラ 232, 239

て

泥炭 232
適応 9
適応戦略 4
適合溶質 74
鉄硫黄センター 104
テローム説 28
電位 37
電位差 35
電荷再結合 103
デンプン 112
転流 185

と

道管 48
道管組織 48
道管要素 48
糖センサー 144
同調 160
等面葉 44
独立栄養生物 240
土壌呼吸 231
土壌層位 231
突出木 237
トレードオフ 17

な

内鞘 48
内皮 46

に

肉食動物 240
二次遷移 254
二次能動輸送 191
ニッチ 7
日長感知 93
ニトロゲナーゼ 205
二年生植物 217

ね

ネオクロム 97
根，茎，葉 28
熱散逸 155
熱帯季節林 230, 237
熱帯山地林 237
熱帯収束帯 227
熱帯疎林 230
熱帯多雨林 237
熱帯ヒース林 237
熱帯ポドゾル 233

の

能動的輸送 40
濃度勾配の維持 181
ノッドファクター 204

は

ハーゲン-ポアズイユ (Hagen-Poiseuille) の式 66
ハーバー-ボッシュ法 192
バクテロイド 204
ハドレー循環 227, 229
伴細胞 48
反作用 2
反応中心 103

ひ

ヒース 240
被陰回避 96
ビオラキサンチン 155
光化学反応 103
光屈性 96
光呼吸 112
光阻害 153
光発芽 93
光捕集性（アンテナ）クロロフィル 101
非循環型電子伝達経路 107
皮層 46
引張りあて材 51
比特異係数 127, 148
表面張力 64
昼寝現象 136

ふ

ファーカーの光合成モデル 124
ファイトレメディエーション 201
ファントホフの式 54
フィールド容水量 67
フィコビリン 85
フィチン酸 197
フィトクロム 93
フィトクロモビリン 85
フィトシデロフォア 199
風船型 40
富栄養化 235
フェーン現象 229
フェントン反応 159
フォトトロピン 96, 132, 153, 154
複組織 42
扶助関係 256

不斉中心柱 49
復活植物 59
物質再生産過程 211
物質転流 181
部分モル体積 38, 53
プラスチド 34
プラストシアニン 104
ブラックマン 124
フラボノイド 204
プランクの分布則 76
分節（性）個体 30
分裂組織 41

へ

平均滞留時間 211
ベーア‐ランベルトの法則 84
壁圧 52
ヘキソキナーゼ 144
ペクチン 32
ヘッケル 1
ヘミセルロース 32
ペルオキシソーム 112
ヘロックス 134
ベンケイソウ型酸代謝 117
辺材 49
偏西風 228

ほ

ボイセンイェンセン 89
膨圧 52
貿易風 228
胞子体 27
放射乾燥度 235

放射中心柱 48
保守的 145
ホスホエノールピルビン酸カルボキシラーゼ 116
ポドゾル 233
ポリマートラップ機構 187

ま

マイヤー 16
膜交通 181
膜電位 35
マトリックポテンシャル 67

み

水ポテンシャル 24
水利用効率 27
ミトコンドリア 112

も

毛管現象 64
目的論 20
木部柔細胞 48
モジュラー個体 30
モリソル 233
漏れ率 124
門司正三 89
モンスーン 230

ゆ・よ

ユニタリー個体 29
夜明け前の水ポテンシャル 72
陽樹 254

葉枕 92, 153
葉肉コンダクタンス 139
葉肉の光合成 134
葉半法 188
葉面積指数 90
葉緑体 99, 112
葉緑体包膜 131

ら

落葉広葉樹林 239
ラグランジュ（Lagrange）の常数法 165
楽観的 145
ラメート 31

り

リグニン 32, 180
リブロース 1,5-ビスリン酸 109
両面葉 44
林冠が閉じる 250
リンゴ酸 170, 198
リン酸再生供給速度 129
リンデマン比 243

る

累積効率 243
ルビスコ 45

れ

励起状態 103
レグヘモグロビン 205

著者略歴

寺島　一郎
（てらしま　いちろう）

1957 年	筑豊に生まれ，佐賀で育つ
1976 年	ラサール高校卒業
1980 年	東京大学理学部生物学科（植物学コース）卒業
1985 年	東京大学大学院理学系研究科博士課程（植物学専攻）修了　理学博士
1985 年	日本学術振興会奨励研究員
	オーストラリア国立大学博士研究員
1988 年	東京大学理学部助手
1994 年	筑波大学生物科学系助教授
1997 年	大阪大学大学院理学研究科教授
2006 年	東京大学大学院理学系研究科教授
2023 年	東京大学名誉教授
	東京大学農学生命科学研究科・生態調和農学機構・特任研究員
2024 年	台湾 國立中興大學生命科學院　玉山学者－専案教授

主な著書

"Canopy Photosynthesis: From Basics to Applications"(Springer, 2016 年, 分担執筆)
『植物学の事典』(丸善出版, 2016 年, 編著)
"The Leaf: A Platform for Performing Photosynthesis"(Springer, 2018 年, 編著)
『光合成』(朝倉書店, 2021 年, 分担執筆)

新・生命科学シリーズ　植物の生態 ― 生理機能を中心に ―（改訂版）

2013 年 8 月 30 日　第 1 版 1 刷発行
2017 年 6 月 20 日　第 3 版 1 刷発行
2024 年 10 月 5 日　改訂第 1 版 1 刷発行

検印省略

定価はカバーに表示してあります。

著作者	寺　島　一　郎
発行者	吉　野　和　浩
発行所	東京都千代田区四番町 8-1
	電話　03-3262-9166（代）
	郵便番号 102-0081
	株式会社　裳　華　房
印刷所	株式会社　真　興　社
製本所	牧製本印刷株式会社

一般社団法人
自然科学書協会会員

JCOPY　〈出版者著作権管理機構 委託出版物〉
本書の無断複製は著作権法上での例外を除き禁じられています。複製される場合は，そのつど事前に，出版者著作権管理機構（電話03-5244-5088，FAX 03-5244-5089，e-mail: info@jcopy.or.jp）の許諾を得てください。

ISBN 978-4-7853-5877-8

© 寺島一郎，2024　　Printed in Japan

☆ 新・生命科学シリーズ ☆

＊価格はすべて税込(10%)

動物の系統分類と進化	藤田敏彦 著	定価 2750 円
動物の発生と分化	浅島 誠・駒崎伸二 共著	定価 2530 円
ゼブラフィッシュの発生遺伝学	弥益 恭 著	定価 2860 円
動物の形態 －進化と発生－	八杉貞雄 著	定価 2420 円
動物の性	守 隆夫 著	定価 2310 円
動物行動の分子生物学	久保健雄 他共著	定価 2640 円
動物の生態 －脊椎動物の進化生態を中心に－	松本忠夫 著	定価 2640 円
植物の系統と進化	伊藤元己 著	定価 2640 円
植物の成長	西谷和彦 著	定価 2750 円
植物の生態（改訂版）－生理機能を中心に－	寺島一郎 著	定価 3300 円
気 孔 －陸上植物の繁栄を支えるもの－	島崎研一郎 著	定価 2860 円
脳 －分子・遺伝子・生理－	石浦章一・笹川 昇・二井勇人 共著	定価 2200 円
遺伝子操作の基本原理	赤坂甲治・大山義彦 共著	定価 2860 円
エピジェネティクス	大山 隆・東中川 徹 共著	定価 2970 円

図解 分子細胞生物学	浅島 誠・駒崎伸二 共著	定価 5720 円
行動遺伝学入門	小出 剛・山元大輔 編著	定価 3080 円
しくみと原理で解き明かす 植物生理学	佐藤直樹 著	定価 2970 円
植物生理学 －生化学反応を中心に－	加藤美砂子 著	定価 2970 円
陸上植物の形態と進化	長谷部光泰 著	定価 4400 円
花の分子発生遺伝学	平野博之・阿部光知 共著	定価 3630 円
イチョウの自然誌と文化史	長田敏行 著	定価 2640 円
光合成細菌 －酸素を出さない光合成－	嶋田敬三・高市真一 編集	定価 4950 円
タンパク質科学 －生物物理学的なアプローチ－	有坂文雄 著	定価 3520 円
遺伝子科学 －ゲノム研究への扉－	赤坂甲治 著	定価 3190 円
ゲノム編集の基本原理と応用 －ZFN, TALEN, CRISPR-Cas9－	山本 卓 著	定価 2860 円
進化生物学 －ゲノミクスが解き明かす進化－	赤坂甲治 著	定価 3520 円

裳華房ホームページ　https://www.shokabo.co.jp/